高等职业教育精品工程规划教材

# 维修电工实训教程

## （第2版）

顾怀平　主　编

杨中兴　许宝利　副主编

陈玉兰　主　审

U0302897

电子工业出版社

**Publishing House of Electronics Industry**

北京·BEIJING

## 内 容 简 介

本教程主要围绕项目实施，按必须完成的任务要领展开维修电工基本技能操作，使学生能够掌握维修电工基本知识，取得中级维修电工职业资格证书。

教程共设有 7 个项目，分别为安全用电、照明电路的安装与检修、常用低压电器的检测与维护、电机基本控制线路的安装、典型机床控制电路的分析与维修、电子线路的安装与调试、PLC 技术及应用。

本教程针对部分教学重点和难点制作了多媒体素材，使用移动终端扫描教程中相应位置处的二维码即可在线观看。

本教程将理论与实践相融合，具有新颖性、可读性、实用性和可操作性强的特点，可作为职业院校电工类和机电类等相关专业技能教学教材，也可作为维修电工初级/中级考证培训、企事业单位岗位培训及中职对口单招电工技能考试复习用书。

未经许可，不得以任何方式复制或抄袭本书之部分或全部内容。

版权所有，侵权必究。

**图书在版编目（CIP）数据**

维修电工实训教程 / 顾怀平主编. —2 版. —北京：电子工业出版社，2018.9

ISBN 978-7-121-32376-8

Ⅰ. ①维… Ⅱ. ①顾… Ⅲ. ①电工—维修—职业教育—教材 Ⅳ. ①TM07

中国版本图书馆 CIP 数据核字（2017）第 183896 号

责任编辑：郭乃明　　特约编辑：范　丽
印　　刷：北京七彩京通数码快印有限公司
装　　订：北京七彩京通数码快印有限公司
出版发行：电子工业出版社
　　　　　北京市海淀区万寿路 173 信箱　邮编　100036
开　　本：787×1 092　1/16　印张：18　字数：457.6 千字
版　　次：2014 年 1 月第 1 版
　　　　　2018 年 9 月第 2 版
印　　次：2021 年 1 月第 3 次印刷
定　　价：45.00 元

# 前　言

　　"维修电工实训"是高职电类专业的一门必修课程，其目的和任务是使学生理解专业理论知识，熟练掌握电工操作技能，提高分析问题、解决问题及动手实践的能力，养成科学的工作方法、学习方法以及良好的职业道德意识，培养学生的职业技能，提高学生的综合素质。

　　本教程根据《维修电工职业标准》和《维修电工国家职业技能鉴定标准》，以高等职业学校电类专业所必备的电工技能为主线，本着知识内容"必需、够用"的原则，充分考虑学生的认知水平和已有的知识、技能、经验和兴趣，降低理论教学的难度，简化原理、公式的推导及分析，强化知识和技能的应用性、可操作性，以理实一体化的形式将技能训练融合在各知识点中。

　　为更好地适应电类专业"维修电工"课程的教学要求，全面提升教学质量，在充分调研企业生产和学校教学情况、广泛听取教师对第一版教程反馈意见的基础上，对《维修电工实训教程》进行了修订，本次修订工作的重点主要体现在以下方面：第一，合理更新教程内容，根据企业岗位技能需求及学校教学实践需要的变化，调整了部分教程内容，淘汰陈旧过时的内容，补充更新新知识、新技术等内容；第二，在教程内容的呈现形式上，针对教程中的部分教学重点和难点，制作了多媒体素材，使用移动终端扫描教程中相应位置处的二维码即可在线观看，适应了信息化环境下的教学需求。

　　为遵守行业惯例及便于工程技术人员理解，一些用词我们沿用了业界惯用的用法，如联锁、电机等。

　　教程共设有 7 个项目，分别为安全用电、照明电路的安装与检修、常用低压电器的检测与维护、电机基本控制线路的安装、典型机床控制电路的分析与维修、电子线路的安装与调试、PLC 技术及应用。建议学时 148～160，各学校可根据教学实际灵活安排。各部分内容学时分配见下表。

| 项　　目 | 项　目　内　容 | 分　配　学　时 |
| --- | --- | --- |
| 项目一 | 安全用电 | 4 |
| 项目二 | 照明电路的安装与检修 | 12 |
| 项目三 | 常用低压电器的检测与维护 | 4 |
| 项目四 | 电机基本控制线路 | 60 |
| 项目五 | 典型机床控制电路分析与维修 | 30 |
| 项目六 | 电子线路安装与调试 | 18 |
| 项目七 | PLC 技术及应用 | 20 |
| 机动 | | 12 |
| 合计 | | 160 |

　　本教程由江阴市华姿中等专业学校顾怀平主编并统稿，由杨中兴、许宝利担任副主编。修订工作具体分工如下：项目一由江阴市华姿中等专业学校顾怀平负责修订；项目二由辽宁建筑

职业学院杨中兴负责修订；项目三由江阴市华姿中等专业学校李如发负责修订，由江阴市华姿中等专业学校王燕制作多媒体素材；项目四由江阴市华姿中等专业学校顾怀平负责修订并制作多媒体素材；项目五由瑞金中等专业学校许宝利负责修订；项目六由江阴市华姿中等专业学校王燕负责修订并制作多媒体素材；项目七由江阴市华姿中等专业学校戴永军、刘腊梅负责编写并制作多媒体素材。全教程由无锡市学科带头人、江阴市华姿中等专业学校高级工程师陈玉兰提出修订意见并对修订稿进行了主审。

在本教程的编写及修订过程中，得到了江阴市华姿中等专业学校领导和老师的大力支持，编写过程参阅了多种同类教材和专著，在此一并表示感谢。

由于编者水平有限，编写经验不足，加上时间仓促，教程中错漏之处在所难免，诚望读者指正。

编　者

2018 年 6 月

# 目　　录

# 项目一　安全用电

**知识目标**

（1）了解电工安全操作规程。
（2）了解触电、电气火灾等常见电气意外，熟悉安全用电常识。
（3）掌握安全电压概念及常用电气保护措施。
（4）了解雷电伤人的常见方式。

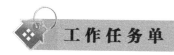

**技能目标**

（1）会正确处理触电、电气火灾等常见电气意外。
（2）掌握预防触电的措施。
（3）会快速实施人工急救。
（4）掌握室内外预防雷电伤害的措施。

## 任务一　电工安全操作规程认知

**工作任务单**

| 序号 | 任务内容 |
|------|----------|
| 1 | 了解倒闸操作的安全工作规程 |
| 2 | 了解停电检修操作的安全工作规程 |
| 3 | 了解带电检修操作的安全工作规程 |

 **知识链接一　倒闸操作的安全工作规程**

倒闸操作是指合上或断开开关、闸刀和熔断器以及与此相关的操作。

### 1. 倒闸操作的基本要求

倒闸操作应根据操作指令，按倒闸操作顺序，由专职电工进行操作。复杂的倒闸操作应由两人进行，一人操作，一人监护。操作前先核对设备，确认无误后再进行操作，实行"二点一等再执行"的操作法，即操作人先指点铭牌，再指点操作设备，等监护人核对无误，发出"对"或者"执行"命令后，再进行操作。

### 2．倒闸操作的基本顺序

（1）切断电源时（断电倒闸操作），应先断开负荷开关，再断开电源隔离开关。如断开三相单投闸刀时，须用绝缘棒操作，先拉中间一相，再拉左右两相。

（2）合上电源时（送电倒闸操作），应先合上电源隔离开关，然后再合上负荷开关。如合上三相单投闸刀时，须用绝缘棒操作，先合左右两相，再合中间一相。

### 3．拆装携带型临时接地线

携带型临时接地线是电工操作人员在工作时防止突然来电的唯一有效措施，同时可使电气设备断开部分的剩余电荷也因接地而放尽。拆装接地线应由两人操作，并须带绝缘手套。装设时，应先接接地端，在证明工作设备上确实无电后，将接地线立即接到设备的各导体上。拆除时，应先拆除工作设备上的接地端，再拆接地端。

接地线应使用截面积不小于 $25mm^2$、外包透明绝缘材料的多股铜芯软线，严禁使用不符合规定的导线作为接地线和短路之用。

### 4．倒闸操作票

使用倒闸操作票的目的是防止倒闸操作错误而发生错拉、错合等现象。倒闸操作票的内容为：操作目的和操作任务，操作项目和顺序，下令人和受令人、操作人和监护人签字。

 **知识链接二　停电检修的安全工作规程**

### 1．停电检修工作的基本要求

停电检修工作必须在验明确实无电之后才能进行。停电检修时，对有可能送电到所检修的设备及线路的开关和闸刀应全部断开，并在已断开的开关和闸刀的操作手柄上挂上"禁止合闸，有人工作"的标示牌，必要时应加锁，以防止误合闸。对多回路的线路，更要做好防止突然来电的准备措施。

### 2．停电检修工作的基本顺序

首先应根据工作票内容，做好全部停电的倒闸操作。停电后对电力电容器、电缆线等应用绝缘棒放电并装设携带型临时接地线。然后用验证良好的验电笔，对所检修的设备及线路进行验电，在证实确实无电时才能开始工作。

### 3．检修完毕后的送电顺序

拆除携带型临时接地线并清理好工具，然后按倒闸操作票内容进行送电倒闸操作。

 **知识链接三　带电检修的安全工作规程**

为了保证带电检修过程中的人身安全，带电检修必须满足几个基本要求。

（1）带电作业的电工，应穿好长袖上衣和长裤，扣紧袖口，严禁穿背心、短裤进行带电工作。带电工作应带绝缘手套，穿绝缘鞋，使用有绝缘柄的工具。

（2）带电操作的电工必须经过训练，考试合格并熟练掌握带电检修的操作技术。同时应由有带电操作实践经验的人员进行监护。

（3）在带电的低压线路上工作时，人体不得同时触及两根线头。当触及带电体时，人体的其他任何部位不得同时触及其他带电体。上杆前应分清相线和零线，断开导线时，应先断开相线，后断开零线。搭接导线时应先接零线，后接相线，接完一个头随之进行绝缘处理，然后再接另一个线头。

（4）在带电的低压导线上工作，导线与导线间采取绝缘措施时，工作人员不得穿越导线。在带电的低压配电装置上工作时，应采取防止相间短路、相地短路的隔离防护措施。

（5）高、低压同杆架设，在低压带电线路上工作时，应先检查与高压线的距离，采取防止误碰触及高压带电部位的措施。

（6）进入高压电场作业时，当人体表面场强超过 200kV/m 时，应采用均压服屏蔽等安全措施，以屏蔽高压电场对人体的影响，分流通过人体的工频电流或短路电流。对电压等级在 10kV 及以下的带电设备和线路，操作人员与邻近或交叉带电体工作的安全距离应大于 0.4m。

 **实 操 训 练**

◯ *读一读 案例分析* ◯

2007 年 3 月 26 日，某县供电企业所管辖的 35kV 变电站，值班人员万某根据本单位检修班填写的作业工作票，按停电操作顺序于 9 时操作完毕，并在操作把手上挂上"有人工作，禁止合闸"的标示牌。12 时，万某与工作人员付某交接班，万某口头交待了工作票所列工作任务和注意事项后，又在值班记录填写上"郎张线有人工作，待工作票交回后再送电"。17 时，付某从外面巡视高压设备区回到值班室，见到一张郎张线路工作票，以为郎张线工作已经结束，在没有认真审核工作票、没有填写操作票、没有按规定步骤操作等一系列违章操作中，于 17 时 10 分将郎张线恢复送电。此时，检修班人员正在郎张线上紧张工作着，线路维护工张某在郎张线路罐头厂配电变压器门型架上作业，其他人员均在变压器周围工作，工作前未挂短路接地线，在付某送上电的一刹那，张某触电，从 5.1m 高的门形架上跌落下来，经抢救无效死亡。付某听说送电电死人后，吓得立即瘫痪在地。待清醒过来，一看那张郎张线工作票，原来是昨天（3 月 25 日）已执行过的。

请你运用所学知识分析本案例，导致本起事故的原因是什么？哪些安全操作规程没有做到位？

 **总 结 评 价 表**

| 评价内容 | 评价标准 | 配分 | 扣分 | 得分 |
|---|---|---|---|---|
| 倒闸操作的安全操作规程 | 回答正确 | 30 分 | | |
| 停电检修的安全操作规程 | 回答正确 | 35 分 | | |
| 带电检修的安全操作规程 | 回答正确 | 35 分 | | |

 **实 训 思 考**

（1）维修电工在进行操作时，应遵循哪些操作规程？
（2）停电检修时工作是绝对安全的吗？应采取哪些防范措施？
（3）供电线路的停电检修和带电检修各应采取哪些安全措施？

# 任务二　触电的种类和方式认知

 **工作任务单**

| 序号 | 任务内容 |
| --- | --- |
| 1 | 了解常见的触电种类、形式及电流伤害人体的因素 |
| 2 | 掌握安全电压概念 |

 **知识链接一　触电的种类**

（1）电击：当人体直接接触带电体时，电流通过人体内部，对内部组织造成的伤害称为电击。电击主要伤害人体的心脏、呼吸和神经系统，如使人痉挛、窒息、心颤、心跳骤停，乃至死亡。电击伤害是最危险的伤害，触电导致死亡绝大部分是电击造成的。

（2）电伤：由电流的热效应、化学效应、机械效应以及电流本身作用所造成的人体外伤，包括灼伤、电烙印和皮肤金属化。

 **知识链接二　电流伤害人体的因素**

伤害程度一般与下面几个因素有关：

**1. 电流大小**

电流是触电伤害的直接因素。当电流通过人体的时候，根据电流的大小不同，人体的感受和所受到的危害程度也不同。以工频电流为例，当1mA左右的电流通过人体时，会产生麻、刺等不舒服的感觉；10～30mA的电流通过人体，会产生麻痹、剧痛、痉挛、血压升高、呼吸困难等症状，但通常不至有生命危险；电流达到50mA以上，就会引起心室颤动而有生命危险；100mA以上的电流，足以致人于死地。一盏25瓦的家用白炽灯，灯泡流过的电流为114毫安，如果流过人体，就足以致人死命。

**2. 电压高低**

触电后电压越高，流过人体的电流就越大，接触电压高，使皮肤破裂，降低了人体的电阻，通过人体的电流随之加大。相反，电压越低，流过人体的电流也就越小。

**3. 触电时间**

电流作用于人体的时间越长，人体电阻越小，则通过人体的电流越大，对人体的伤害就越严重。如工频50mA交流电，如果作用时间不长，还不至于死亡；若持续数10秒，必然引起心脏室颤，心脏停止跳动而致死。

#### 4．电流通过人体的途径

由于人体的触电部位不同，电流流过人体的途径亦不同，所通过的途径和触电的结果有密切关系。电流通过头部使人昏迷，通过脊髓可能导致肢体瘫痪，若通过心脏、呼吸系统和中枢神经，可导致精神失常、心跳停止、血循环中断。可见，电流通过心脏和呼吸系统，最容易导致触电死亡。

#### 5．人体电阻

人体电阻就是电流通过人体时，人体对电流的阻力。人体各部分的有机组织不同，电阻的大小也不同。如皮肤、脂肪、骨路、神经的电阻比较大，其中皮肤表面的角质外层电阻最大，而肌肉、血液的电阻比较小。人体的电阻越大，触电后流过人体的电流就越小，因而危险也就越小。人体电阻不是一个不变的常数，接触电压越高，人体电阻越小；接触带电导体时间越长，人体电阻也越小。

#### 6．电流的种类、频率

交流电频率如果较高（如大于 200Hz），由于电流有趋肤效应，很少通过人体心脏部位，只能造成灼伤而不会有生命危险，而日常用的电源多是频率为 50Hz（工频）的交流电，频率较低，对人体触电造成的危害最为严重。

#### 7．人体状况

电流对人体的伤害程度与人的身体状况有关，即与性别、年龄、健康状况等因素密切相关。一般来说，女性较男性对电流的刺激更为敏感，感知电流和摆脱电流的能力要低于男性。儿童比成人的触电后果要严重。此外，人体健康状态也是影响触电时受到伤害程度的因素。

 **知识链接三 ── 常见触电的形式**

#### 1．单相触电

在低压电力系统中，若人站在地上接触到一根火线，即为单相触电或称单线触电，如图 1-2-1 所示。人体接触漏电的设备外壳，也属于单相触电，如图 1-2-2 所示。

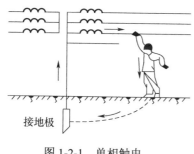

图 1-2-1　单相触电

图 1-2-2　单相触电

### 2．两相触电

人体不同部位同时接触两相电源带电体而引起的触电叫两相触电，如图1-2-3所示。

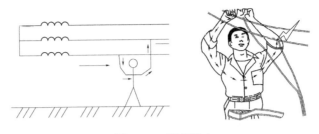

图1-2-3　两相触电

### 3．跨步电压触电

当外壳接地的电气设备绝缘损坏而使外壳带电，或导线断落发生单相接地故障时，电流由设备外壳经接地线、接地体（或由断落导线经接地点）流入大地，向四周扩散，在导线接地点及周围形成强电场，人处于该电场中因两脚之间承受电压而导致的触电叫跨步电压触电。如图1-2-4所示。

图1-2-4　跨步电压触电

### 4．悬浮电路上的触电

220V工频电流通过变压器相互隔离的一次、二次绕组后，从二次绕组输出的电压零线不接地，变压器绕组间不漏电时（即相对于大地处于悬浮状态），若人站在地上接触其中一根带电导线，不会构成电路回路，没有触电感觉。如果人体一部分接触二次绕组的一根导线，另一部分接触该绕组的另一根导线，则会造成触电。如音响设备中的电子管功率放大器、部分彩色电视机等，它们的金属底板是悬浮电路的公共接地点，在接触或检修这类机器的电路时，如果一只手接触电路的高电位点，另一只手接触低电位点，即用人体将电路连通造成触电，这就是悬浮电路触电。

　**知识链接四 —— 安全电压**

不带任何防护设备，对人体各部分阻值均不造成伤害的电压值，称为安全电压。世界各国对于安全电压的规定有50V、40V、36V、25V、24V等，其中以50V、25V居多。

国际电工委员会（IEC）规定安全电压限定值为50V。

我国规定12V、24V、36V三个电压等级为安全电压级别。

36V 及以下的电压称为安全电压，在一般情况下对人体无伤害。电气安全操作规程规定：在潮湿环境、特别危险的局部照明环境以及使用携带式电动工具等场合，如无特殊安全装置和安全措施，均应采用不高于 36V 的安全电压。凡在工作场所潮湿或在安全金属容器内、隧道内、矿井内使用手提式电动用具或照明灯，均应采用不高于 12V 的安全电压。

○ 谈一谈　案例分析 ○

2005 年 8 月 28 日，南城县居民封某等人在离该县建昌镇秋水园村程家大陆上村小组房屋 11 米的小鱼塘钓鱼，下午 13 时许，因鱼咬钩，封某随即扬起鱼杆，鱼杆（该鱼杆导电）上端与穿越鱼塘上空的 110kV 南洪线 B 相导线相碰，封某当即触电烧伤，鱼杆也被烧成焦炭。封某立即被 120 救护车送至南城县人民医院救治，当日下午 4 时转至江西医学院第一附属医院住院治疗，至当年 10 月 24 日出院，共住院 57 天。住院期间，花去医疗费、住宿费、伤残鉴定费等近 12 万元。经南城县建昌法医司法鉴定所评残鉴定，封某身体烧伤面积达 57%，评定为八级伤残。

请你利用所学知识进行分析，导致封某触电的原因是什么？日常生活应如何避免此类触电事故的发生？

 **总结评价表**

| 评价内容 | 评价标准 | 配分 | 扣分 | 得分 |
| --- | --- | --- | --- | --- |
| 触电的种类 | 回答正确 | 25 分 | | |
| 电流伤害人体的因素 | 回答正确 | 25 分 | | |
| 常见触电的形式 | 回答正确 | 25 分 | | |
| 安全电压知识 | 回答正确 | 25 分 | | |

 **实训思考**

（1）在电气操作和日常生活中，有哪些因素会导致触电事故的发生？如何避免？

（2）在规定的安全电压下工作，是否就绝对安全？

（3）试述你身边遇到过的触电案例，讨论分析应该如何避免类似案例的发生。

# 任务三　触电的急救与处理

 **工作任务单**

| 序号 | 任务内容 |
| --- | --- |
| 1 | 掌握触电的急救与处理 |
| 2 | 掌握电气安全保护措施 |

**知识链接一 触电的急救与处理**

### 1. 使触电者尽快脱离电源

（1）如果触电现场远离开关或不具备关断电源的条件，救护者可站在干燥木凳上，用一只手抓住触电者将其拉离电源，如图1-3-1所示。也可用干燥木棒、竹竿等将电线从触电者身上挑开。如图1-3-2所示。

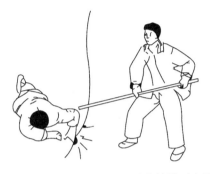

图1-3-1　使触电者尽快脱离电源　　　　图1-3-2　用干燥木板、竹竿等挑开电线

（2）如触电发生在火线与大地间，可用干燥绳索将触电者身体拉离地面，或用干燥木板将人体与地面隔开，再设法关断电源，如图1-3-3所示。

（3）如手边有绝缘导线，可先将一端良好接地，另一端与触电者所接触的带电体相接，将该相电源对地短路。

（4）用手中的斧、刀、锄等带绝缘柄的工具，将电线砍断或撬断，如图1-3-4所示。

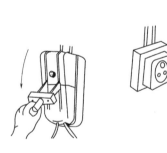

图1-3-3　设法关断电源　　　　　　　　图1-3-4　用绝缘工具切断电线

### 2. 不同情况下的急救处理方式

（1）触电者神志尚清醒，但感觉头晕、心悸、出冷汗、恶心、呕吐等，应让其静卧休息，减轻心脏负担。

（2）触电者神志有时清醒，有时昏迷，应静卧休息，并请医生救治。

（3）触电者无知觉，有呼吸、心跳，在请医生的同时，应施行人工呼吸。

（4）触电者呼吸停止，但心跳尚存，应施行人工呼吸；如心跳停止，呼吸尚存，应采取胸外心脏挤压法；如呼吸、心跳均停止，则应同时采用人工呼吸法和胸外心脏挤压法进行抢救，并及时请医生救治。

### 3．人工呼吸法

具体操作方法是：

（1）立即将病人置于仰卧位，双肩下略垫高，如图 1-3-5（a）所示。松开病人的领口、内衣及裤带，使胸廓运动不受外界阻力的影响，肺部伸缩自如。清除病人口腔内的分泌物、呕吐物、活动的假牙及其他的异物，以保持呼吸道通畅。

（2）救助者一手托起病员的下颌使其头尽量后仰，以防止舌后坠，保持呼吸道通畅。另一只手捏紧病人双侧鼻孔，以免吹气时气体从鼻孔溢出；同时深吸一口气，与病人嘴对嘴紧贴，对病人口内连续快速用力吹气两次，打通气道，如图 1-3-5（b）所示。此时应看到病人的胸廓扩张抬起，这是有效人工呼吸的指标。

（3）吹气后，应即放松病人的口鼻，使其肺中气体自行排出，胸廓回落，如图 1-3-5（c）所示。如呼吸道内有黏液、呕吐物等应立即清除。

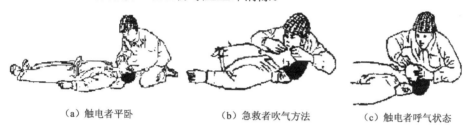

（a）触电者平卧　　　　　（b）急救者吹气方法　　　　　（c）触电者呼气状态

图 1-3-5　人工呼吸方法

（4）然后以每分钟 16～20 次的频率向患者口内吹气，吹气时间占呼吸周期 1/3 为妥。

（5）救助者要有信心，可坚持 1～2 个小时。

### 4．胸外心脏挤压法

具体操作方法是：

（1）救护人员跪在触电者一侧，或骑跪在触电者腰部两侧，如图 1-3-6（a）所示，两手相叠，手掌根部放在心窝上方、胸骨下 1/3～1/2 处，如图 1-3-6（b）所示。

（2）掌根用力垂直向下（脊背方向）挤压，压出心脏里面的血液，如图 1-3-6（c）所示。对成人应压陷 3～4 厘米。以每秒钟挤压一次，每分钟挤压 60 次为宜；触电者如系儿童，可以只用一只手挤压，用力要轻一些以免损伤胸骨，而且每分钟宜挤压 100 次左右。

（3）挤压后掌根迅速全部放松，让触电者胸部自动复原，血液充满心脏，放松时掌根不必完全离开胸部，如图 1-3-6（d）所示。

（a）急救者跪跨位置　　（b）手掌压胸位置　　（c）挤压方法示意　　（d）放松方法示意

图 1-3-6　胸外心脏挤压方法

在进行触电现场急救时：

（1）将触电人员身上妨碍呼吸的衣服全部解开，越快越好；

（2）应迅速将口中的假牙或食物取出；

（3）如果触电者牙齿紧闭，须使其口张开，把下颚抬起，用两手四指托住下颚，用力慢慢往前移动，使下牙移到上牙前；

（4）不能打强心针，也不能泼冷水。

 **知识链接二　电气安全保护措施**

电气安全保护通常采用接地的方式，接地的主要作用是保证人身和设备的安全。按接地的目的及工作原理来分，有工作接地、保护接地、保护接零和重复接地四种。

### 1．工作接地

为保证电气设备安全运行，将电力系统中的变压器低压侧中性点接地称为工作接地，如图 1-3-7 所示。电力变压器和互感器的中性点接地，都属于工作接地。

### 2．保护接地

将电气设备的金属外壳及金属支架等与接地装置连接，称为保护接地。保护接地主要应用在中性点不接地的电力系统中，如图 1-3-8 所示。

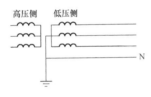

图 1-3-7　工作接地

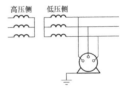

图 1-3-8　保护接地

### 3．保护接零

将电气设备的金属外壳及金属支架等与零线连接，称为保护接零。在三相四线制中性点直接接地的电网中，广泛采用保护接零，如图 1-3-9 所示。

### 4．重复接地

在三相四线制保护接零电网中，除了变压器中性点的工作接地之外，在零线上一点或多点与接地装置相连接称为重复接地，如图 1-3-10 所示。

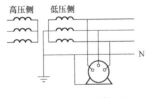

图 1-3-9　保护接零

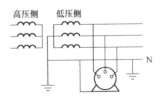

图 1-3-10　重复接地

**知识链接三  防止电气火灾的措施**

**1．防止短路引起的火灾**

（1）严格按照电力规程进行安装、维修，根据具体环境选用合适的导线和电缆。

（2）选用合适的安全保护装置。

（3）注意对插座、插头和导线的维护，如有破损要及时更换，做到不乱拉电线、乱装插座。对有孩子的家庭，所有明线和插座都要安装在孩子够不着的位置。不在插座上接过多或功率过大的用电设备，不用铜丝代替熔断器等。

**2．防止过载引起的火灾**

（1）对重要的物资仓库、居住场所和公共建筑物中的照明线路，有可能引起导线或电缆长时间过载的动力线路，以及采用有延烧性护套的绝缘导线敷设在可燃建筑构件上时，都应采取过载保护。

（2）线路的过载保护一般采用断路器，其延时动作整定电流不应大于线路长期允许通过的电流。如果采用熔断器作过载保护，熔体的额定电流不大于线路长期允许通过的电流。

**3．防止漏电引起的火灾**

（1）导线和电缆的绝缘强度不应低于线路的额定电压。

（2）在潮湿、高温、易腐蚀场所内，严禁绝缘导线明敷，应使用套管布线；多尘场所要经常打扫线路。

（3）尽量避免施工中的损失，注意导线连接质量；活动电气设备的移动线路应采用铝管套保护，经常受压的地方用钢管暗敷。

（4）安装漏电保护器，经常检查线路的绝缘情况。

 **实 操 训 练**

**○ 读一读  案例分析 ○**

王某的洗衣机突然不转了，请来了正在职业学校读电气专业的小刘，小刘认为电气维修很简单，只要胆大就可以了。洗衣机锈迹斑斑，放在厨房一角，电源线的插头在不远墙上，由于家里没有安装三孔的插座，王某就换成二脚的，多年来倒也好使，啥事也没有。小刘拿来了工具，打开洗衣机，用手东摸西摸，嘴里说："小意思，无非是接触不良。"王某心想："小刘的确有胆量，修洗衣机也不用断电。"突然，小刘身子一颤，倒在洗衣机上。王某吓坏了，大喊："有人触电了！"人们赶忙找来医生，赶到现场，切断了电源，小刘经抢救无效，触电身亡。

请你运用所学知识分析本案例，王某的洗衣机电源线接法正确吗？小刘的哪些做法是不对的？什么原因导致了小刘触电身亡？

**○ 做一做  触电急救 ○**

（1）进行口对口人工呼吸救护法的操作。

（2）进行胸外心脏挤压救护法的操作。

**○ 查一查  安全隐患 ○**

对学校或家庭容易引起电气火灾的设备进行安全检查，拟定整改措施，并在教师或专业电工监护下进行整改。

## 总结评价表

| 评价内容 | 评价标准 | 配分 | 扣分 | 得分 |
|---|---|---|---|---|
| 人工呼吸法急救训练 | 方法熟练、步骤正确 | 25 分 | | |
| 胸外心脏挤压法急救训练 | 方法熟练、步骤正确 | 25 分 | | |
| 电气安全保护措施（问答） | 回答正确（4 题） | 40 分 | | |
| 安全文明操作 | 认真、仔细 | 10 分 | | |

## 实训思考

（1）试述触电急救有哪些方式？分别使用于哪些情况？

（2）电气安全保护措施有哪些？

# 任务四　雷电的预防

## 工作任务单

| 序号 | 任务内容 |
|---|---|
| 1 | 了解雷电伤人的常见方式 |
| 2 | 掌握室内外防雷措施及应急措施 |

 **知识链接一　雷电伤人的四种方式**

雷电对人的伤害方式，归纳起来有四种形式，即：直接雷击、接触电压、旁侧闪击和跨步电压。

（1）直接雷击：在雷电现象发生时，闪电直接袭击到人体，因为人是一个很好的导体，高达几万到十几万安培的雷电电流，由人的头部一直通过人体到脚部，流入到大地，人因此遭到雷击而受伤，严重的甚至死亡。

（2）接触电压：当雷电电流通过高大的物体，如高的建筑物、树木、金属构筑物等泄放下来时，强大的雷电电流会在高大导体上产生高达几万到几十万伏的电压。人不小心触摸到这些物体时，受到这种触摸电压的袭击，发生触电事故。

（3）旁侧闪击：当雷电击中一个物体时，强大的雷电电流通过物体泄放到大地。一般情况下，电流是最容易通过电阻小的通道穿流的。人体的电阻很小，如果人就在这雷击中的物体附近，雷电电流就会在人头顶高度附近，将空气击穿，再经过人体泄放下来。使人遭受袭击。

（4）跨步电压：当雷电从云中泄放到大地时，就会产生一个电位场。电位的分布是越靠近地面雷击点的地方电位越高；远离雷击点的电位就低。如果在雷击时，人的两脚站的地点电位不同，这种电位差在人的两脚间就产生电压，也就有电流通过人的下肢。两腿之间的距离越大，跨步电压也就越大。

 **知识链接二　室外防雷措施**

（1）一般情况下，高大的物体以及物体朝上的尖端是容易被雷击的。所以在室外请不要靠近铁塔、烟囱、电线杆等高大物体，更不要躲在大树下或者到孤立的棚子和小屋里避雨。这是为了减少或避免受到接触电压和旁侧闪击以及跨步电压的伤害。

（2）有些建筑物或构筑物为了防止直击雷的袭击，都安装了避雷针或避雷带等防护装置。当雷电发生时，往往这些防雷装置起到的是引雷的效果，雷电电流由接闪器通过引下线导入地下，它可以保护筑物或构筑物不遭直击雷的袭击。如果在室外无处躲藏，你可以躲在与避雷装置顶成 45° 夹角的圆锥范围内，这是一个避雷针安全保护的区域，但不要靠近这些建筑物或构筑物。

（3）在郊外旷野里，不要站在高处，也不要在开阔地带骑车和骑马奔跑，更不要撑着雨伞，拿着铁锹和锄头，或任何金属杆等物，因为这样可能会遭到直接雷击的袭击。要找一块地势低的地方，站在干燥的，最好是有绝缘功能的物体上，蹲下且两脚并拢，使两腿之间不会产生电位差。

（4）为了防止接触电压的影响，在室外不要接触任何含金属的东西，如电线、钢管、铁轨等导电的物体。身上最好也不要带金属物件，因为金属物件可能会感应到雷电，灼伤人的皮肤。另外，在雷雨中也不要几个人挨在一起或牵着手跑，相互之间要保持一定的距离，这也是避免在遭受直接雷击后，传导给他人的重要措施。

（5）在雷雨天气时，不要到江河湖塘等水面附近去活动。因为水体的导电性能好，据统计，人在水中和水边被雷电击死、击伤事故发生的概率特别高。所以在雷电发生时，要尽快上岸躲避，并且要远离水面。

（6）如果能找到一栋有金属门窗并装有避雷针的建筑物，躲在里面是非常安全的，例如汽车，将车的门窗关闭好躲在里面，是很安全的，因为金属的汽车外壳是一个非常好的屏蔽，一旦有雷击，金属的外壳就会很容易地把雷电电流导入大地。

 **知识链接三　室内防雷措施**

（1）发生雷雨时，在房间内一定要关闭好门窗，目的是为了防止直接雷击的雷电电流的入侵。同时还要尽量远离门窗、阳台和外墙壁，以免因雷电击中房屋，让人体遭到接触电压和旁侧闪击的伤害，成为雷电电流的泄放通道。

（2）在室内不要靠近，更不要触摸任何金属管线，包括水管、暖气管、煤气管等，雷雨天气不要洗澡，尤其是不要使用太阳能热水器洗澡。

（3）在房间里不要使用任何家用电器，包括电视、计算机、电话、电冰箱、洗衣机、微波炉等。这些电器除了都有电源线外，电视机还会有由天线引入的馈线，计算机和电话还会有信号线，雷击电磁脉冲产生的过电压，会通过电源线、天线的馈线和信号线将设备烧毁，有的还会酿成火灾，人若接触或靠近设备也会被击伤、烧伤。

（4）要保持室内地面的干燥，以及各种电器和金属管线的良好接地。如果室内的地板或电气线路潮湿，就有可能因雷电电流的漏电伤及人员。室内的金属管线接地不好，接地电阻很大，雷电电流不能很通畅地泄放到大地，它就会击穿空气的间隙，向人体放电，造成人员伤亡。

 **知识链接四　人被击伤后的应急措施**

当人被雷电电流击伤后，如不能及时采取应急措施，将会造成更严重的后果。人被雷击中后，身上是不带电的，因为天空中的闪电放电时间很短，雷电电流击中人后已经通过人体泄放到大地，所以接触受伤者进行抢救是没有危险的。受伤者被雷电的电火花烧伤只是表面现象，最危险的是对心脏和呼吸系统的伤害。通常被雷击中的受伤者，常常会发生心脏停跳、呼吸停止，这实际上是一种"假死"的现象。要立即组织现场抢救，使受伤者平躺在地，再进行口对口的人工呼吸，同时要做胸外心脏挤压。如果不及时抢救，受伤者可能会因缺氧死亡。另外，要立即呼叫急救中心，由专业人员对受伤者进行有效的处置和抢救。

 **实操训练**

○ **谈一谈　案例分析** ○

**案例一：** 某日晚 7 时许，天气突变，电闪雷鸣，夏女士走到 3 楼窗户边，收晒在窗外的衣服。此时，连响了 3 声惊雷，家人发现夏女士迟迟未下楼，忙上楼一看，只见夏女士倒在床边的地板上，胸部烧伤严重，身上的衣服都被烧着。家人赶紧将夏女士送往龙泉卫生院。医生诊断发现，夏女士已无生命体征，抢救无效不幸身亡。

**案例二：** 一名 15 岁少年在稻田里接听手机时，被雷电击中身亡，其家人悲痛不已。知情村民称，当时，姚湾村五组雷电交加，并未下雨。这名少年家正在收稻谷。少年被其家人喊到稻田里去送装稻谷的袋子时，正好他的同学打来电话。少年接听手机时，一声雷电过后，其手机被击中，接着又将其头部、身体烧焦。邻居见状，急忙拨打 110、120。救护人员赶到现场时，这名少年已无生命体征。

请你运用所学知识分析以上两则案例，是什么原因导致死亡事故的发生？雷电天气应如何预防雷击？

 **总结评价表**

| 评价内容 | 评价标准 | 配分 | 扣分 | 得分 |
|---|---|---|---|---|
| 雷电伤人的方式 | 回答正确 | 25 分 | | |
| 室外防雷措施 | 回答正确 | 25 分 | | |
| 室内防雷措施 | 回答正确 | 25 分 | | |
| 案例分析 | 分析正确 | 25 分 | | |

 **实训思考**

（1）雷电有哪几种伤害人的方式？
（2）雷雨时为了防止雷击，在户外和户内各应注意哪些问题？

# 项目二　照明电路的安装与检修

## 知识目标

（1）熟悉电能表和漏电保护器的安装及使用要求。
（2）掌握导线的敷设方法和开关、插座的安装要求。
（3）掌握室内电气线路的检修方法。

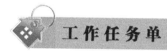
## 技能目标

（1）能熟练使用常用电工工具。
（2）会简单设计和正确安装量、配电装置。
（3）会正确敷设室内电气线路。
（4）会安装常用照明灯具、开关及插座。
（5）会正确处理室内电气线路的故障。

## 任务一　常用电工工具的使用

### 工作任务单

| 序号 | 任务内容 |
| --- | --- |
| 1 | 了解常用电工工具的种类 |
| 2 | 能熟练使用常用电工工具 |

### 知识链接一　钢丝钳

钢丝钳又称为老虎钳，是电工用于剪切或夹持导线、金属丝、工件的常用钳类工具。钢丝钳外形如图 2-1-1 所示，其中，钳口用于弯绞和钳夹线头或其他金属、非金属物体；齿口用于旋动螺钉螺母；刀口用于切断电线、起拔铁钉、削剥导线绝缘层等；铡口用于铡断硬度较大的金属丝，如钢丝、铁丝等，见图 2-1-2。

图 2-1-1　钢丝钳外形

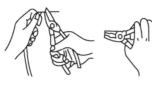

（a）弯绞导线　　（b）紧固螺母　　（c）剪切导线　　（d）铡切钢丝

图 2-1-2　钢丝钳的用途

电工用的钢丝钳钳柄上套有耐压为 500V 以上的绝缘套管，钢丝钳常用规格有 150mm、175mm 和 200mm 三种规格。

使用钢丝钳应注意的事项：

（1）使用前应注意绝缘柄是否完好，以防带电作业时触电。

（2）当剪切带电导线时，绝不可同时剪切相线和零线或两根相线，以防发生短路事故。

（3）要保持钢丝钳的清洁，钳头应防锈，钳轴要经常加机油润滑，以保证使用灵活。

（4）钢丝钳不可代替手锤作为敲打工具使用，以免损坏钳头影响使用寿命。

（5）使用钢丝钳应注意保护钳口的完整和硬度，因此，不要用它来夹持灼热发红的物体，以免"退火"。

（6）为了保护刃口，一般不用来剪切钢丝，必要时只能剪切 $1mm^2$ 以下的钢丝。

**知识链接二　尖嘴钳**

尖嘴钳的头部尖细，适用于狭小工作空间的操作，它头部形状与钢丝钳不完全相同，但功能相似，电工用的尖嘴钳钳柄上套有耐压为 500V 以上的绝缘套管，见图 2-1-3。主要用于切断较小的导线、金属丝、夹持小螺钉、垫圈，并可将导线端头弯曲成形。常用的有 130mm、160mm、180mm 和 200mm 四种规格。

使用尖嘴钳应注意的事项与钢丝钳相同。

图 2-1-3　尖嘴钳

**知识链接三　螺丝刀**

螺丝刀又称起子（图 2-1-4），是电工最常用的基本工具之一，用来拆卸、紧固螺钉。按其功能和头部形状不同可分为一字形和十字形，按握柄材料的不同，又可分为木柄和塑料柄两类。

一字形螺丝刀常用的有 50mm、75mm、100mm、150mm 和 200mm 等规格。十字形螺丝刀有Ⅰ、Ⅱ、Ⅲ、Ⅳ四种规格，Ⅰ号适用于直径为 2～2.5mm 的螺钉；Ⅱ号适用于直径为 3～5mm 的螺钉；Ⅲ号适用于直径为 6～8mm 的螺钉；Ⅳ号适用于螺钉直径为 10～12mm 镙钉。

图 2-1-4　螺丝刀

使用螺丝刀的注意事项：

（1）螺丝刀拆卸和紧固带电的螺钉时，手不得触及螺丝刀的金属杆，以免引发触电事故。

（2）为了避免金属杆触及手部或触及邻近带电体，应在金属杆上套上绝缘管。

（3）使用螺丝刀时，应按螺钉的规格选用合适的刃口，以小代大或以大代小均会损坏螺钉或电气元件。

（4）为了保护其刃口及绝缘柄，不要把它当凿子使用。木柄螺丝刀不要受潮，以免带电作业时发生触电事故。

（5）螺丝刀紧固螺钉时，应根据螺钉的大小、长短采用合理的操作方法，较小螺钉可用大拇指和中指夹住握柄，用食指顶住柄的末端捻旋。操作较大螺钉时，除大拇指和中指要夹住握柄外，手掌还要顶住柄的末端，这样可以防止旋转时滑脱。

 **知识链接四　剥线钳**

剥线钳（图 2-1-5）用于剥削截面积 $6mm^2$ 以下塑料或橡胶绝缘导线的绝缘层，手柄上套有耐压为 500V 以上的绝缘套管。剥线钳由钳口和手柄两部分组成，它的钳口工作部分有从 $0.5\sim3mm$ 的多个不同孔径的切口，以便剥削不同规格的芯线和绝缘层。剥线时，为了不损伤线芯，线头应放在大于线芯的切口上剥削。

图 2-1-5　剥线钳

 **知识链接五　电工刀**

电工刀（图 2-1-6）适用于电工在装配维修工作中割削导线绝缘外皮，以及割削木桩和割断绳索等。由于它的刀柄没有绝缘，不能直接在带电体上进行操作。割削时刀口应朝外，以免伤手。剖削导线绝缘层时，刀面与导线成 45°角倾斜，以免削伤线芯。电工刀刀柄是不绝缘的，不能在带电导线上进行操作，以免发生触电事故。电工刀使用完毕，应将刀体折入刀柄内。

电工刀按结构分有普通式和三用式两种。普通式电工刀有大号和小号两种规格；三用式电工刀除刀片外还增加了锯子和锥子，锯片可锯割电线槽板、塑料管和小木桩，锥子可钻木螺钉的定位底孔。

图 2-1-6　电工刀

导线端头绝缘层的剖削通常采用电工刀，但 $4mm^2$ 及以下的塑料硬线绝缘层可用尖嘴钳或剥线钳剖削；导线中间绝缘层的剖削只能采用电工刀进行剖削。

 **知识链接六　验电笔**

验电笔是常用的电工工具，如图 2-1-7、图 2-1-8 所示。

验电笔，又称电笔，是用来测试导线、开关、插座等电器及电气设备是否带电的工具，其检测电压范围为 60V～500V 之间，具有体积小，携带方便，检验简单等优点。常用的验电笔有螺丝刀式、钢笔式和数显式三种。

验电笔由氖管、电阻、弹簧、笔身和笔尖等组成。数显式验电笔由数字电路组成，可直接测出电压的数值。

图 2-1-7  验电笔及其使用方法          图 2-1-8  感应式电笔

### 1．验电笔使用注意事项

（1）测试时，手握电笔方法必须正确，手必须触及笔身上的金属笔夹或铜铆钉，不能触及笔尖上的金属部分，以防触电，并使氖管窗口朝向自己，便于观察。

（2）测试时切忌将笔尖同时触碰两根导线或一根导线与金属外壳，以防造成短路。

（3）在使用前应将电笔先在确认有电源部位测试氖管是否能正常发光方能使用，以防发生事故。

（4）在明亮光线下测试时，不易看清氖管是否发光，使用时应避光检测。

（5）验电笔笔尖多制成螺钉旋具形状，它只能承受很小的扭矩，不能作为螺丝刀使用，以免损坏。

（6）验电笔不可受潮，不可随意拆装或受剧烈震动，以保证测试可靠。

### 2．验电笔的用途

验电笔除了可用来测量区分相线和零线之外，还可以进行几种一般性的测量：

（1）区别交、直流电源。当测试交流电时，氖管两个极会同时发光；而测试直流电时，氖管只有一极发光，把验电笔连接在正负极之间，发光的一端为电源的负极，不亮的一端为电源的正极。

（2）判别电压的高低。有经验的电工可以利用自己常用的验电笔，凭借自己的经验根据氖管发光的强弱来估计电压的高低，电压越高，氖管发光越亮。

（3）判别感应电。在同一电源上测量，正常时氖管发光，用手触摸金属外壳会更亮，而感应电的情况下氖管发光弱，用手触摸金属外壳时氖管发光无变化。

（4）检验相线碰壳。用验电笔触及电气设备的壳体，若氖管发光则有相线碰壳漏电的现象。

　　现在，还有一种集安全及检修等数种功能于一体的电子测电笔，即感应式电笔，如图 2-1-8 所示。感应式电笔无须物理接触，可检查控制线路、导体和插座上的电压或沿导线检测断路位置。它操作很简单，只要按下按钮即能开机（指示灯亮），松开按钮自动关机，它能在接近有电的设备时发出迷人的红光、警告有电，该产品适合电工、厂矿、电信、家庭等一切有电的场所使用，是一种使用范围极广的现代化配套工具。

## 实操训练

### ○ 认一认　工具清单 ○

请根据学校实际，识别电工工具箱中的各种电工工具，填入表 2-1-1 中。

表 2-1-1　工具清单

| 序号 | 名称 | 用途 | 数量 | 备注 |
|---|---|---|---|---|
| 1 | | | | |
| 2 | | | | |
| 3 | | | | |
| 4 | | | | |
| 5 | | | | |

### ○ 做一做　工具使用 ○

练习使用电工工具，注意操作安全。

## 总结评价表

| 评价内容 | 评价标准 | 配分 | 扣分 | 得分 |
|---|---|---|---|---|
| 认识电工工具 | 能说出常见电工工具的用途 | 30 分 | | |
| 熟练使用电工工具 | 能够正确使用常见电工工具 | 50 分 | | |
| 安全与文明生产 | 违反安全与文明生产规程，从重扣分 | 20 分 | | |

## 实操思考

（1）试述常用电工工具有哪些，用途是什么？
（2）试向同学介绍你知道的其他电工工具及其用途。

# 任务二　导线的连接及绝缘的恢复

## 工作任务单

| 序号 | 任务内容 |
|---|---|
| 1 | 了解导线连接及绝缘恢复的作用 |
| 2 | 掌握导线连接及绝缘恢复的操作 |

**知识链接一　导线连接的基本要求**

电气设备安装或配线过程中，常常须要把一根导线和另一根导线连接，这些连接处不论是机械强度还是电气性能，均是电路的薄弱环节，安装的电路能否安全可靠的运行，很大程度上取决于导线接头的质量。

对导线连接的基本要求是：

（1）机械强度高。接头的机械强度不应小于导线机械强度的80%。

（2）接头电阻小且稳定。接头的电阻值不应大于相同长度导线的电阻值。

（3）耐腐蚀耐氧化。对于铝和铝的连接，采用熔焊法，主要防止残余溶剂和熔渣的化学腐蚀；对于铝与铜的连接，主要防止电化腐蚀，在连接前后，要采取措施，避免这类腐蚀的存在。否则，在长期运行中，接头易发生故障。

（4）绝缘性能好。接头的绝缘强度应与导线的绝缘强度一样。

 **知识链接二　导线绝缘层的剖削**

### 1. 塑料硬线绝缘层的剖削

去除塑料硬线的绝缘层用剥线钳最为方便，若无剥线钳，分以下两种情况考虑。

（1）线芯截面在 2.5mm² 及以下的塑料硬线，可用钢丝钳剖削。先在线头所需长度交界处，用钢丝钳口轻轻切破绝缘层表皮，然后左手拉紧导线，右手适当用力捏住钢丝钳头部，向外用力勒去绝缘层，如图 2-2-1 所示。在勒去绝缘层时，不可在钳口处加剪切力，这样会伤及线芯，甚至将导线剪断。

（2）对于线芯规格大于 4mm² 的塑料硬线的绝缘层，直接用钢丝钳剖削较为困难，可用电工刀剖削。先根据线头所需长度，用电工刀刀口对导线成 45°角切入塑料绝缘层，注意应使刀口刚好削透绝缘层而不伤及线芯，如图 2-2-2（a）所示；然后调整刀口与导线间的角度以 15°角向前推进，将绝缘层削出一个缺口，如图 2-2-2（b）所示；接着将未削去的绝缘层向后扳翻，再用电工刀切齐，如图 2-2-2（c）所示。

图 2-2-1　用钢丝钳勒去导线绝缘层

（a）刀口以45°角切入

（b）刀口以15°角削去绝缘层

（c）翻下剩余绝缘层

图 2-2-2　用电工刀剖削导线绝缘层

### 2. 塑料软线绝缘层的剖削

塑料软线绝缘层的剖削除用剥线钳外，仍可用钢丝钳按直接剖剥 2.5 mm² 及以下的塑料硬线的方法进行，但不能用电工刀剖剥，因塑料线太软，线芯又由多股钢丝组成，用电工刀很容易伤及线芯。

### 3．塑料护套线绝缘层的剖削

塑料护套线绝缘层分为外层的公共护套层和内部每根芯线的绝缘层。公共护套层一般用电工刀剖削，先按线头所需长度，将刀尖对准两股芯线的中缝划开护套层，并将护套层向后扳翻，然后用电工刀齐根切去，如图 2-2-3（a）所示；切去护套后，露出的每根芯线绝缘层可用钢丝钳或电工刀按照剖削塑料硬线绝缘层的方法分别除去，如图 2-2-3（b）所示；钢丝钳或电工刀在切时切口应离护套层 5～10mm。

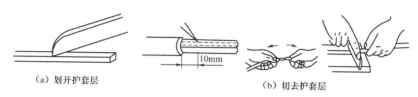

（a）划开护套层　　　　　　　　　（b）切去护套层

图 2-2-3　塑料护套线绝缘层的剖削

### 4．橡皮线绝缘层的剖削

橡皮线绝缘层外面有一层柔韧的纤维编织保护层，先用剖削护套线护套层的办法，用电工刀尖划开纤维编织层，并将其扳翻后齐根切去，再用剖削塑料硬线绝缘层的方法，除去橡皮绝缘层。如橡皮绝缘层内的芯线上包缠着棉纱，可将该棉纱层松开，齐根切去。

 **知识链接三　导线的连接**

### 1．铜芯导线的连接

常用的导线按芯线股数不同，有单股、7 股和 19 股等多种规格，其连接方法也各不相同。这里主要介绍单股与 7 股铜芯线的连接方法。

（1）单股铜芯线的直接连接：绞接法和缠绕法。

绞接法用于截面较小的导线，缠绕法用于截面较大的导线。

绞接法是先将已剖除绝缘层并去掉氧化层的两根线头以"×"形相交，如图 2-2-4（a）所示；互相绞合 2～3 圈，如图 2-2-4（b）所示；接着扳直两个线头的自由端，将每根线自由端在对边的线芯上紧密缠绕到线芯直径的 6～8 倍长，如图 2-2-4（c）所示，将多余的线头剪去，修理好切口毛刺即可。

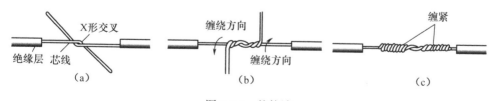

图 2-2-4　绞接法

缠绕法是将已去除绝缘层和氧化层的线头相对交叠，再用直径为 1.6mm 的裸铜线作为缠绕线在其上进行缠绕，如图 2-2-5 所示，其中线头直径在 5mm 及以下的缠绕长度为 60mm，直径大于 5mm 的，缠绕长度为 90mm。

（2）单股铜芯线的 T 形连接。单股芯线 T 形连接时可用绞接法和缠绕法。绞接法是先将除去绝缘层和氧化层的线头与干线剖削处的芯线十字相交，注意在支路芯线根部留出 3～5mm 裸线，接着顺时针方向将支路芯线在干路芯线上紧密缠绕 6～8 圈，如图 2-2-6 所示，剪去多余线头，修整好毛刺。

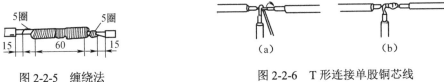

图 2-2-5　缠绕法　　　　　　　　　图 2-2-6　T 形连接单股铜芯线

对用绞接法连接较困难的截面较大的导线，可用缠绕法，其具体方法与单股芯线直连的缠绕法相同。

（3）7 股铜芯线的直接连接。

① 将除去绝缘层和氧化层的芯线线头分成单股散开并拉直，在线头总长（离根部距离的）1/3 处顺着原来的扭转方向将其绞紧，余下的 2/3 长度的线头分散成伞形，如图 2-2-7（a）所示。

② 将两股伞形线头相对，隔股交叉直至伞形根部相接，然后捏平两边散开的线头，如图 2-2-7（b）所示。

③ 将 7 股铜芯线按根数 2、2、3 分成三组，先将第 1 组的两根线芯扳到垂直于线头的方向，如图 2-2-7（c）所示，按顺时针方向缠绕 2 圈。

④ 缠绕 2 圈后，将余下的线芯向右扳直，再将第 2 组的线芯扳到与线头垂直方向，如图 2-2-7（d）所示，按顺时针方向紧压前线芯缠绕。

⑤ 缠绕 2 圈后，将余下的线芯向右扳直，再将第 3 组的线芯扳到与线头垂直方向，如图 2-2-7（e）所示，按顺时针方向紧压前线芯缠绕。

⑥ 缠绕 3 圈后，切去每组多余的线芯，最后用钢丝钳钳平线头，修理好毛刺，如图 2-2-7（f）所示。

到此完成了该接头的一半任务，后一半的缠绕方法与前一半完全相同。

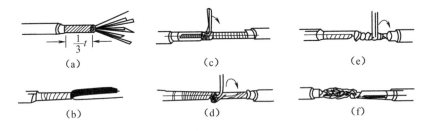

图 2-2-7　7 股铜芯线的直接连接

（4）7 股铜芯线的 T 形连接。

① 将除去绝缘层和氧化层的支路线端分散拉直，在距根部 1/8 处将其进一步绞紧，将支路线头按 3 和 4 的根数分成两组并整齐排列。接着用一字形螺丝刀把干线也分成尽可能对等的两组，并在分出的中缝处撬开一定距离，将支路芯线的一组穿过干线的中缝，另一组排于干路芯线的前面，如图 2-2-8（a）所示。

② 将前面一组在干线上按顺时针方向缠绕 3～4 圈，剪除多余线头，修整好毛刺，如

图 2-2-8（b）所示。

　　③ 将支路芯线穿越干线的一组在干线上按反时针方向缠绕 3～4 圈，剪去多余线头，钳平毛刺即可，如图 2-2-8（c）所示。

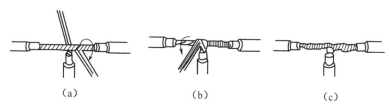

（a）　　　　　　　　　　（b）　　　　　　　　　　（c）

图 2-2-8　7 股铜芯线 T 形连接

**2．铝芯导线的连接**

　　铝的表面极易氧化，而且这类氧化铝膜电阻率又高，除小截面铝芯线外，其余铝导线的连接都不采用铜芯线的连接方法。在电气线路施工中，铝线线头的连接常用螺钉压接法、压接管压接法和沟线夹螺钉压接法三种。

　　1）螺钉压接法

　　此方法适用于负荷较小的单股芯线。将剖除绝缘层的铝芯线头用钢丝刷或电工刀去除氧化层，涂上中性凡士林后，将线头伸入接头的线孔内，再旋转压线螺钉压接。线路上导线与开关、灯头、熔断器、仪表、瓷接头和端子板的连接，多用螺钉压接，如图 2-2-9 所示。单股小截面铜导线在电器和端子板上的连接亦可采用此法。

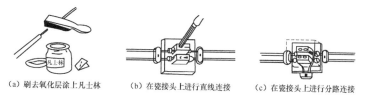

（a）刷去氧化层涂上凡士林　　（b）在瓷接头上进行直线连接　　（c）在瓷接头上进行分路连接

图 2-2-9　单股铝芯导线的螺钉压接法连接

　　如果有两个（或两个以上）线头要接在一个接线板上时，应事先将这几根线头扭成一股，再进行压接，如果直接扭绞的强度不够，还可在扭绞的线头处用小股导线缠绕后再插入接线孔压接。

　　2）压接管压接法

　　此方法又叫套管压接法，它适用于外负荷较大的铝芯线头的连接。接线前，先选好合适的压接管，如图 2-2-10（a）所示，清除线头表面和压接管内壁上的氧化层及污物，再将两根线头相对插入并穿出压接管，使两线端各自伸出压接管 25～30mm，如图 2-2-10（b）所示，然后用压接钳进行压接，如图 2-2-10（c）所示，压接完工的铝线接头如图 2-2-10（d）所示。

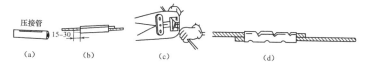

压接管　　15～30　　　　　　　　　　　　　　　　　　　

（a）　　（b）　　　　　　　（c）　　　　　　　　　　（d）

图 2-2-10　压接管压接法

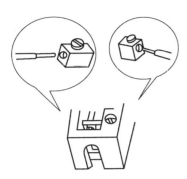

图 2-2-11　沟线夹螺钉压接法

3）沟线夹螺钉压接法

此法适用于室内、外截面较大的架空线路的直线和分支连接。连接前先用钢丝刷除去导线线头和沟线夹线槽内壁上的氧化层及污物，并涂上中性凡士林，然后将导线卡入线槽，旋紧螺钉，使沟线夹紧线头而完成连接，如图 2-2-11 所示。为预防螺钉松动，压接螺钉上必须套以弹簧垫圈。

**3. 导线与接线桩的连接**

端子板、某些熔断器、电工仪表等的接线部位多是利用针孔附有压接螺钉压住线头完成连接的。线路容量小，可用一只螺钉压接；若线路容量较大，或接头要求较高时，应用两只螺钉压接。

单股芯线与接线桩连接时，最好按要求的长度将线头折成双股并排插入针孔，使压接螺钉顶紧双股芯线的中间。如果线头较粗，双股插不进针孔，也可直接用单股，但芯线在插入针孔前，应稍微朝着针孔上方弯曲，以防压紧螺钉稍松时线头脱出，如图 2-2-12 所示。

在针孔接线桩上连接多股芯线时，先用钢丝钳将多股芯线进一步绞紧，以保证压接螺钉下压时不致松散。注意针孔和线头的大小应尽可能配合，如图 2-2-13（a）所示；如果针孔过大可选一根直径大小相宜的铝导线作绑扎线，在已绞紧的线头上紧密缠绕一层，使线头大小与针孔合适后再进行压接，如图 2-2-13（b）所示；如线头过大，插不进针孔时，可将线头散开，适量减去中间几股，通常 7 股可剪去 1～2 股，19 股可剪去 1～7 股，然后将线头绞紧，进行压接，如图 2-2-13（c）所示。

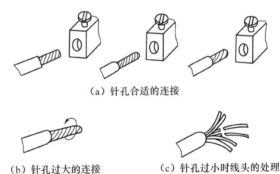

（a）针孔合适的连接

（b）针孔过大的连接　　（c）针孔过小时线头的处理

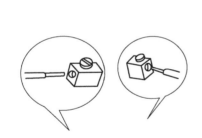

图 2-2-12　单股芯线与针孔压接法　　　　图 2-2-13　多股芯线与针孔接线桩连接

无论是单股或多股芯线的线头，在插入针孔时，一是注意插到底；二是不得使绝缘层进入针孔，针孔外的裸线头的长度不得超过 3mm。

**4. 导线与平压式接线桩的连接**

平压式接线桩是利用半圆头、圆柱头或六角头螺钉加垫圈将线头压紧，完成电连接的。对载流量小的单股芯线，先将线头弯成接线圈，如图 2-2-14 所示，再用螺钉压接。对于横截面不超过 10mm²、股数为 7 股及以下的多股芯线，应按图 2-2-15 所示的步骤制作压接圈。对于载流量较大，横截面积超过 10mm²、股数多于 7 股的导线端头，应安装接线耳。

（a）离绝缘层根部约3mm处向外侧折角　（b）按略大于螺钉直径弯曲圆弧　（c）剪去芯线余端　（d）修正成圆

图 2-2-14　单股芯线压接圈的弯法

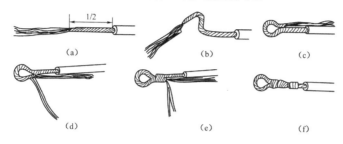

图 2-2-15　7 股导线压接圈弯法

连接这类线头的工艺要求是：压接圈和接线耳的弯曲方向应与螺钉拧紧方向一致，连接前应清除压接圈、接线耳和垫圈上的氧化层及污物，再将压接圈或接线耳放在垫圈下面，用适当的力矩将螺钉拧紧，以保证良好的电接触。压接时注意不得将导线绝缘层压入垫圈内。

软线线头的连接也可用平压式接线桩。导线线头与压接螺钉之间的绕结方法如图 2-2-16 所示，其要求与上述多芯线的压接相同。

### 5．导线与瓦形接线桩的连接

瓦形接线桩的垫圈为瓦形。压接时为了不致使线头从瓦形接线桩内滑出，压接前应先将去除氧化层和污物的线头弯曲成 U 形，如图 2-2-17（a）所示，再卡入瓦形接线桩压接。如果在接线桩上有两个线头连接，应将弯成 U 形的两个线头相重合，再卡入接线桩瓦形垫圈下方压紧，如图 2-2-17（b）所示。

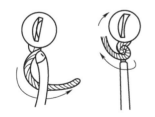

图 2-2-16　软导线线头的连接

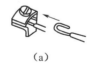

（a）　　　　　（b）

图 2-2-17　单股芯线与瓦形接线桩的连接

 **知识链接四　导线的封端**

为保证导线线头与电气设备的电接触和机械性能，除 $10mm^2$ 以下的单股铜芯线、$2.5mm^2$ 及以下的多股铜芯线和单股铝芯线能直接与电气设备连接外，需要多股或多根单股芯线连接时，通常都应在线头上焊接或压接接线端子，这种工艺称为导线的封端。

### 1．铜导线的封端

铜导线的封端常采用锡焊法或压接法。

**1）锡焊法**

先除去线头表面和接线端子孔内表面的氧化层和污物，分别在焊接面上和接线端子孔内表面涂上无酸焊锡膏，再在线头上搪一层锡，将适量焊锡放入接线端子的线孔内，并用喷灯对接线端子加热，待焊锡融化后，趁热将搪锡线头插入端子孔内，继续加热，直到焊锡完全渗透到芯线缝中并灌满线头与接线端子孔内壁之间的间隙，方可停止加热。

**2）压接法**

把表面清洁且已加工好的线头直接插入内表面已清洁的接线端子线孔，然后按压接管压接法的工艺要求，用压接钳对线头和接线端子进行压接。

### 2．铝导线的封端

由于铝导线表面极易氧化，用焊锡法比较困难，所以通常都用压接法封端。压接前除了先清除线头表面及接线端子线孔内表面的氧化层及污物外，还应分别在两者接触面涂以中性凡士林，再将线头插入端子线孔，用压接钳压接。

 **知识链接五　导线连接的绝缘处理**

为了进行连接，导线连接处的绝缘层已被去除。导线连接完成后，必须对所有绝缘层已被去除的部位进行绝缘处理，以恢复导线的绝缘性能，恢复后的绝缘强度应不低于导线原有的绝缘强度。

导线连接处的绝缘处理通常采用绝缘胶带进行缠裹包扎。一般电工常用的绝缘带有黄蜡带、涤纶薄膜带、黑胶布带、塑料胶带、橡胶胶带等。绝缘胶带常用 20mm 宽度的，使用较为方便。

### 1．一般导线接头的绝缘处理

一字形连接的导线接头可按图 2-2-18 所示进行绝缘处理，先包缠一层黄蜡带，再包缠一层黑胶布带。将黄蜡带从接头左边绝缘完好的绝缘层上开始包缠，包缠两圈后进入剥除了绝缘层的芯线部分。包缠时黄蜡带应与导线成 55°左右倾斜角，每圈压叠带宽的 1/2，直至包缠到接头右边两圈距离的完好绝缘层处；然后将黑胶布带接在黄蜡带的尾端，按另一斜叠方向从右向左包缠，仍每圈压叠带宽的 1/2，直至将黄蜡带完全包缠住。包缠处理中应用力拉紧胶带，注意不可稀疏，更不能露出芯线，以确保绝缘质量和用电安全。对于 220V 线路，也可不用黄蜡带，只用黑胶布带或塑料胶带包缠两层。在潮湿场所应使用聚氯乙烯绝缘胶带或涤纶绝缘胶带。

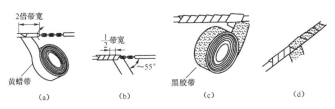

图 2-2-18　一般导线接头的绝缘处理

## 2．T字形分支接头的绝缘处理

导线分支接头的绝缘处理基本方法同上，T字形分支接头的包缠方向如图2-2-19所示，走一个T字形的来回，使每根导线上都包缠两层绝缘胶带，每根导线都应包缠到完好绝缘层的两倍胶带宽度处。

## 3．十字形分支接头的绝缘处理

对导线的十字形分支接头进行绝缘处理时，包缠方向如图2-2-20所示，走一个十字形的来回，使每根导线上都包缠两层绝缘胶带，每根导线也都应包缠到完好绝缘层的两倍胶带宽度处。

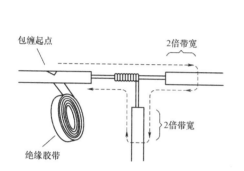

图2-2-19　T字形分支接头的绝缘处理

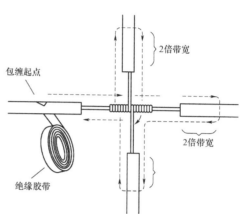

图2-2-20　十字形分支接头的绝缘处理

 **实操训练**

## 1．导线绝缘层的剖削

（1）用剥线钳剖削1mm$^2$单股塑料铜芯导线的绝缘层，并将剖削情况记入表2-2-1。

（2）用电工刀剖削1.5mm$^2$铜芯护套线的绝缘层，并将剖削情况记入表2-2-1。

表2-2-1　剖削记录

| 导线种类 | 导线规格 | 剖削长度 | 剖削工艺要点 |
|---|---|---|---|
| 1mm2 单股塑料铜芯导线 | | | |
| 1.5 mm2 铜芯护套线 | | | |

## 2．常用导线的连接

将单股铜芯线、7股铜芯线按要求进行连接，并将连接情况记入表2-2-2。

表2-2-2　连接记录

| 导线类型 | 导线规格 | 连接方式 | 接头长度 | 绞合圈数 | 密缠长度 | 线头连接工艺要求 |
|---|---|---|---|---|---|---|
| 单股芯线 | | 直线连接 | | | | |
| | | T形连接 | | | | |
| 7股芯线 | | 直线连接 | | | | |
| | | T形连接 | | | | |

### 3. 线头绝缘层的恢复

将连接好的线头交指导教师检查后，再用符合要求的绝缘材料包缠导线绝缘层，并将包缠情况记入表 2-2-3。

表 2-2-3　包缠记录

| 线路工作电压 | 所用绝缘材料 | 各自包缠层数 | 包缠工艺要求 |
|---|---|---|---|
| 380V | | | |
| 220V | | | |

 **总结评价表**

| 评价内容 | 评价标准 | 配分 | 扣分 | 得分 |
|---|---|---|---|---|
| 绝缘剖削 | 1. 导线绝缘剖削不正确，扣 10 分<br>2. 损坏线芯，每根扣 2 分 | 20 分 | | |
| 导线连接 | 1. 导线缠绕方法不正确，扣 5～10 分，缠绕圈数不够扣 2～5 分<br>2. 缠绕不整齐，扣 5～15 分<br>3. 连接不紧，扣 5～15 分<br>4. 连接处变形，扣 5～15 分 | 50 分 | | |
| 绝缘恢复 | 1. 包缠方法不正确，扣 10 分<br>2. 绝缘层叠压不够，扣 10 分 | 20 分 | | |
| 安全文明操作 | 违反安全文明生产规程，扣 10 分 | 10 分 | | |

 **实操思考**

（1）7 股铜芯线的直接连接时，为什么要钳平刺口毛刺？

（2）电气设备中，铜、铝接头能否直接相连接？

# 任务三　量配电装置安装

 **工作任务单**

| 序号 | 任务内容 |
|---|---|
| 1 | 熟悉电能表和漏电保护器的使用要求 |
| 2 | 掌握电能表和漏电保护器的安装 |

 **知识链接一　电能表**

电能表又称电表，又叫千瓦时表，俗称火表，是计量电功（电能）的仪表。图 2-3-1 是最常用的一种交流感应式电能表。随着仪表技术的发展，交流感应式电能表逐渐被图 2-3-2 所示的新型电能表所取代。

图 2-3-1　电能表

（a）静止式电能表

（b）电卡预付费电能表

图 2-3-2　新型电能表

### 1．单相电能表的读数

电能表面板上方有一个长方形窗口，窗口内装有机械式计数器，右起最后一位数字为十分位小数，在它左边，从右到左依次是个位、十位、百位、千位和万位，如图 2-3-3 所示。

图 2-3-3　电能表的读数

### 2．电能表安装和使用要求

（1）电能表应按设计装配图规定的位置进行安装，不能安装在高温、潮湿、多尘及有腐蚀气体的地方。

（2）电能表应安装在不受震动的墙上或开关板上，离地面以不低于 1.8m 为宜。这样不仅安全，而且便于检查和抄表。

（3）为了保证电能表工作的准确性，电能表必须严格垂直装设。安装倾斜会导致计数不准或停走等故障。

（4）接入电能表的导线中间不应有接头。接线时接线盒内螺丝应拧紧，不能松动，以免接触不良，引起桩头发热而烧坏。配线应整齐美观，尽量避免交叉。

（5）电能表在额定电压下，当电流线圈无电流通过时，铝盘的转动不超过一转，功率消耗不超过 1.5W。通常而言，一般 5A 的单相电能表无电流通过时每月耗电不到一度。

（6）电能表装好后，开亮电灯，电能表的铝盘应从左向右转动。若铝盘从右向左转动，说明接线错误，应把相线的进出线对调一下。

（7）单相电能表的选用必须与用电器总功率相适应。

（8）电能表在使用时，电路不允许短路及过载（不超过额定电流的 125%）。

### 3．单相电能表的接入方式

单相电能表接线盒里共有 4 个接线柱，从左至右按 1，2，3，4 编号。直接接线方法有两种：

① 编号 1，3 接进线（1 接火线，3 接零线），2，4 接出线（2 接火线，4 接零线），如图 2-3-4 所示。目前我国和德国、匈牙利等国生产的单相电能表都采用这种接线方式。

② 编号 1，2 接进线（1 接火线，2 接零线），3，4 接出线（3 接火线，4 接零线），如图 2-3-5 所示。目前英国、美国、法国、日本、瑞士等国生产的单相表都采用这种接线方式。

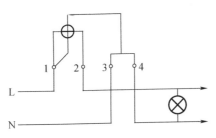

图 2-3-4 单相电能表的接线方法

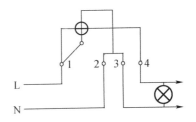

图 2-3-5 单相电能表的接线方法

 **知识链接二 —— 漏电保护器**

漏电保护器又称触电保安器或漏电开关，是用来防止人身触电和设备事故的主要技术装置。在连接电源与用电设备的线路中，当线路或用电设备对地产生的漏电电流到达一定数值

图 2-3-6 漏电保护器

时，通过保护器内的互感器得到漏电信号并经过放大驱动开关而达到断开电源的目的，从而避免人身触电伤亡和设备损坏事故的发生。其安装与使用注意事项如下：

（1）漏电保护器的安装接线应符合产品说明书规定，装置在干燥、通风、清洁的室内配电盘上。电源进线必须接在漏电保护器的上方，即外壳标有进线的一方；两个出线桩头与户内出线相连。

（2）漏电保护器垂直安装好后，应进行试跳，即将试跳按钮按一下，如漏电保护器开关断开，则为正常，如发现拒跳，则应送修理单位检查修理。

（3）日常用电气设备漏电过大或发生触电时，保护器动作跳闸是正常的情况，决不能因动作频繁而擅自拆除漏电保护器。

 **知识链接三 闸刀开关（开启式负荷开关）**

在用户配电板上，闸刀开关主要用于控制用户电路的通断，通常用 10A、15A、20A、30A 或 60A 的二极胶盖闸刀，如图 2-3-7 所示。它采用瓷质材料作为底板，中间装闸刀、熔丝和接线桩，上面用胶盖封装。闸刀开关底座上端有一对接线柱与静触点相连，规定接电源进线；底座下端也有一对接线桩，通过熔丝与动触点相连，规定接电源出线。这样当闸刀拉下时，刀片和熔丝均不带电，装换熔丝比较安全。安装闸刀时，手柄要朝上，不能倒装，也不能平装，以免刀片与手柄因自重下落，引起误合闸，造成事故。

图 2-3-7 闸刀开关

**实 操 训 练**

◯ *列一列　元器件清单* ◯

请根据学校实际，将安装配电装置配电板所需的元器件及导线的型号、规格和数量填入表 2-3-1 中，并检查元器件的质量。

表 2-3-1　元器件清单

| 序号 | 名称 | 符号 | 规格型号 | 数量 | 备注 |
|---|---|---|---|---|---|
| 1 | 电能表 | | | | |
| 2 | 漏电保护器 | | | | |
| 3 | 闸刀开关 | | | | |
| 4 | 熔断器 | | | | |
| 5 | 开关 | | | | |
| 6 | 灯座 | | | | |
| 7 | 灯头 | | | | |
| 8 | 插座 | | | | |
| 9 | 导线 | | | | |

◯ *做一做　直接式单相有功电能表组成的量配电装置* ◯

**1. 固定元器件**

元器件布局如图 2-3-8 所示。

**2. 接线**

单相电能表的接线图如图 2-3-9 所示。

（1）连接闸刀开关和熔断器。

（2）连接负载。

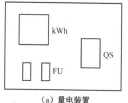

（a）量电装置　　　　（b）负载

图 2-3-8　元器件布局图

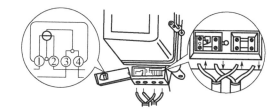

图 2-3-9　单相电能表接线图

◯ *测一测　线路检测* ◯

（1）量配电装置装好后，按电路图或接线图从电源开始，逐段核对接线有无漏接、错接、冗接之处，检查导线接点是否符合要求，压接是否牢固，以免带负载运行时产生闪弧现象。

（2）用万用表电阻挡检查电路接线情况。检查时，断开总开关，选用倍率适当的电阻挡，并欧姆调零。

① 导线连接检查：将万用表分别搭在同一根导线的两端，万用表读数应为"0"。

② 电源电路检查：将表笔分别搭在两线端上，读数应为"∞"。接通负载开关时，万用表应有读数；断开负载开关时，万用表读数应为"∞"。

③ 用兆欧表检查两导线间的绝缘电阻（断开负载开关），导线对地间的绝缘电阻。

（3）用测电笔检查相线带电情况。

（4）用万用表检查电源电压是否正常。

○ 试一试　通电试验 ○

检查无误后，在教师监护下通电试行。

 **总结评价表**

| 评价内容 | 评价标准 | 配分 | 扣分 | 得分 |
|---|---|---|---|---|
| 装前检查 | 电气元器件漏检或错误，每处扣2分 | 10 分 | | |
| 安装器件 | 1. 不按照要求正确安装，扣15分<br>2. 器件安装不牢固，每处扣5分<br>3. 器件安装不整齐、不匀称、不合理每只扣5分<br>4. 损坏器件扣15分 | 25 分 | | |
| 布线 | 1. 不按电路图接线扣25分<br>2. 布线不合乎要求扣5分<br>3. 接点不符合要求，每个扣2分<br>4. 损坏导线绝缘或线芯，每根扣5分<br>5. 漏接地线扣10分 | 35 分 | | |
| 通电试灯 | 1.1 次通电试灯不成功扣10分<br>2.2 次通电试灯不成功扣20分 | 20 分 | | |
| 安全文明操作 | 违反安全文明规则扣10分 | 10 分 | | |

 **实操思考**

（1）某同学发现自家的漏电保护器总是频繁跳闸，于是擅自进行了拆除，请问该同学的做法合适吗？应该怎么做？

（2）某同学在单相电能表安装完成后，通电试行发现电能表反转，你能分析是何原因造成的吗？

# 任务四　室内电气线路的敷设

 **工作任务单**

| 序号 | 任务内容 |
|---|---|
| 1 | 熟悉导线敷设的基本要求和基本程序 |
| 2 | 掌握开关和插座的安装方法 |

 **知识链接一　导线敷设的基本要求**

导线敷设应根据室内电气设备的具体情况、实际要求，进行布设和分配，做到电能传送安全可靠，线路布置合理便捷，整齐美观，经济实用，并满足使用者的其他不同需要。具体要求如下。

（1）导线额定电压大于线路工作电压，绝缘层应符合线路的安装方式和敷设的环境条件，截面应满足供电要求和机械强度。

（2）导线敷设的位置，应便于检查和维修，并尽量避开热源，不在发热的表面敷设。

（3）导线连接和分支处，不应受机械力的作用。

（4）线路中尽量减少线路的接头，以减少故障点。

（5）导线与电器端子的连接要紧密压实，力求减少接触电阻，并防止脱落。

（6）水平敷设的线路，若距地面低于 2m 或垂直敷设的线路距地面低于 1.8m 的线段，均应装设预防机械损伤的装置。

（7）为防止漏电，线路的对地电阻不应小于 0.5MΩ。

 **知识链接二　导线敷设的基本工序**

导线的敷设方式有明敷设和暗敷设两种。导线沿墙壁、顶棚、梁、柱等处外露布线，称为明敷设；导线穿管埋设于墙壁、地板、楼板等处内部或装设在顶棚内的布线方式，称为暗敷设。导线敷设的基本工序如下。

（1）熟悉施工图，进行预埋、敷设准备工作（如确定配电箱柜、灯座、插座、开关等的位置）。

（2）沿建筑物确定导线敷设的路径、穿过墙壁或楼板的位置和所有配线的固定点位置。

（3）在建筑物上，将配线所有的固定点打好孔眼，预埋螺栓、角钢支架、保护管、木桩等。

（4）装设绝缘支持物、线夹或管子。

（5）敷设导线。

（6）导线连接、分支、恢复绝缘和封端，并将导线出线接头与设备连接。

（7）检查验收。

 **知识链接三　PVC 塑料管敷设方法**

（1）锯管。用台虎钳将管子固定，再用钢锯锯断；锯割时，在锯口上注少量润滑油可防止锯条过热；管口要平齐，并锉去毛刺。

（2）弯管。PVC 塑料管的弯曲方法有热弯法和冷弯法。

（3）连接。PVC 塑料管的连接有插接法和套接法。

（4）敷设。分为 PVC 塑料管明敷设、线管在砖墙内暗线敷设、线管在混凝土内暗线敷设。

（5）穿线。PVC 塑料管敷设完毕，应将导线穿入线管中。

 **小　常　识**

　　穿线时，为使管内的线路安全可靠地工作，凡是不同电压和不同回路的导线，不应穿在同一根管内。用金属管保护的交流线路，为避免涡流效应，同一三相交流回路的导线，必须穿在同一根金属管内。穿在管内的导线不能有扭扭情况，不能有接头。

**知识链接四　塑料护套线敷设方法**

### 1．定位画线

先确定导线的走向和各个电器的安装位置，用粉袋弹性画线，做到横平竖直。同时按护套线的安装要求，每隔 150～300mm 画出线卡位置，距开关插座和灯具的木台 50mm 都须设置线卡的固定点。如图 2-4-1 所示。

### 2．埋设木榫

在安装走线固定点上凿打预埋件孔，在凿打预埋件孔中埋设木榫。如图 2-4-2 所示。

### 3．固定线卡

在木结构上，铝片卡或塑料线卡可用钉子直接钉住；在抹灰层的墙壁上，可用短钉固定铝片卡或塑料线卡；在混凝土结构上，可采用环氧树脂粘贴铝片卡。如图 2-4-3 所示。

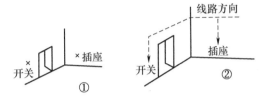

图 2-4-1　定位画线

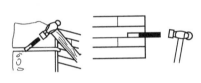

图 2-4-2　埋设木榫

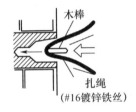

图 2-4-3　固定线卡

### 4．放线

用放线架或手工放线，将护套线展开。

### 5．导线敷设

护套线做到"横平竖直"。敷设时，用一只手拉紧导线，另一只手将导线固定在铝片卡上。转角处敷线时，弯曲护套线用力要均匀，其弯曲半径不应小于导线宽度的 3 倍。在同一墙面上转弯时，应从上而下，以便操作。铝卡或塑料线卡固定点位置如图 2-4-5 所示。

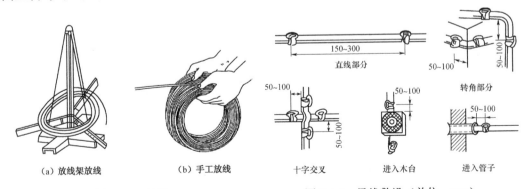

（a）放线架放线　　（b）手工放线

图 2-4-4　放线

图 2-4-5　导线敷设（单位：mm）

**知识链接五　开关的安装方法**

开关是用来控制灯具等电器电源通断的器件，其常用开关如图 2-4-6 所示。按安装方式可分明装式、暗装式和组装式 3 种。

**1．开关安装的技术要求**

（1）拉线开关一般距地面为 2m～3m，或距顶棚 0.3m，距门框为 0.15m～0.2m，且拉线开关的出口应向下。

（2）其他各种开关安装，一般距地面为 1.3m，距门框为 0.15m～0.2m。

图 2-4-6　常用开关

（3）成排安装的开关高度应一致，高低差不应大于 2mm，拉线开关相邻间距一般不应小于 20mm。

（4）电器、灯具的相线应经开关控制，民用住宅严禁装设床头开关。

（5）多尘潮湿场所（如浴室）应用防水瓷质拉线开关或加装保护箱。

**2．明装开关安装方法**

（1）木枕安装。在墙上准备安装开关的地方钻孔，塞上木枕。如图 2-4-7 所示。

（2）木台固定。把待安装的开关在木台上放正，打开盖子，用铅笔或电工刀对准开关穿线孔在木台板上画出印记，然后用电工刀在木台钻 3 个孔，把开关的 2 根线分别从木台板孔中穿出，并将木台固定在木枕上。如图 2-4-8 所示。

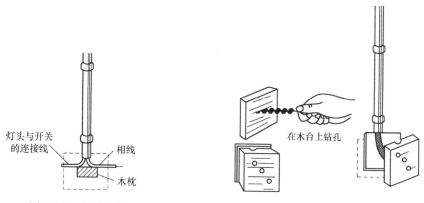

图 2-4-7　木枕安装　　　　　　图 2-4-8　木台固定

（3）开关接线。卸下开关盖，把已剖削绝缘层的 2 根线头分别穿入底座上的 2 个穿线孔，并分别将 2 根线头接在开关的①、②，最后用螺丝把开关固定在木台上。如图 2-4-9 所示。

**3．暗装开关安装方法**

（1）凿孔。在墙上准备安装开关的地方，凿出一个略大于开关接线暗盒的墙孔。如图 2-4-10 所示。

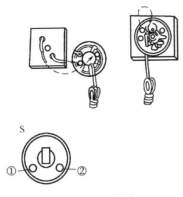

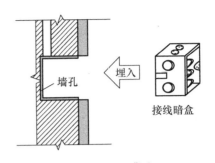

图 2-4-9　开关接线

图 2-4-10　凿孔

（2）埋盒。嵌入接线暗盒，并用砂灰或水泥把接线盒固定在孔内。如图 2-4-11 所示。

（3）安装。卸下开关面板后，把 2 根导线头分别插入开关底板的 2 个接线孔，并用螺丝将开关底板固定在开关接线暗盒上，然后再盖上开关面板。如图 2-4-12 所示。

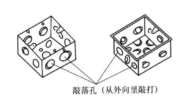

图 2-4-11　埋盒

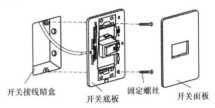

图 2-4-12　安装

 **知识链接六　插座的安装方法**

插座指有一个或一个以上电路接线可插入的座，通过它可插入各种接线，便于与其他电路接通。电源插座是为家用电器提供电源接口的电气设备，也是住宅电气设计中使用较多的电气附件，它与人们生活有着十分密切的关系。如图 2-4-13 所示。

### 1. 插座安装的技术要求

（1）一般距地面高度为 0.3m，托儿所、幼儿园、住宅及小学不应低于 1.8m，相同场所安装的插座高度应尽量一致。

图 2-4-13　插座

（2）车间及实验室的明、暗插座一般距地面高度不得低于 0.3m，特殊场所暗装插座一般应低于 0.5m，同一室内安装的插座高低差不应大于 5mm，成排安装的插座不应大于 2mm。

（3）在两孔插座上，左边插孔接线柱接电源的零线，右边插孔接线柱接电源的相线；在三孔插座上，上方插孔接线柱接地线，左边插孔接线柱接电源的零线，右边插孔接线柱接电源的相线。

（4）在特别潮湿的场所，不应安装插座。

## 2．明装插座安装方法

（1）钻孔。在墙上准备安装插座的地方钻 1 个小孔。如图 2-4-14 所示。

（2）固定。对准插座上穿线孔的位置，在木台上钻 3 个穿线孔和 1 个木螺丝孔，再把穿入线头的木台固定在木枕上。如图 2-4-15 所示。

（3）接线。卸下插座盖，把 3 根线头分别穿入木台上的 3 个穿线孔。再把 3 根线头分别接到插座的接线柱上，插座上面的孔接插座的保护接地线，插座下面的 2 个孔接电源线，左孔接零线，右孔接相线。如图 2-4-16 所示。

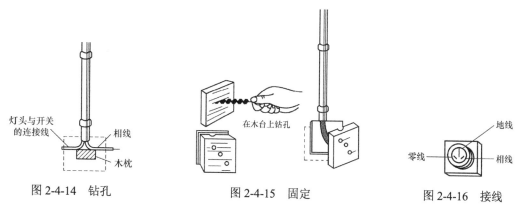

图 2-4-14　钻孔　　　　　　图 2-4-15　固定　　　　　　图 2-4-16　接线

## 3．暗装插座安装方法

1）嵌盒

将接线暗盒按定位要求嵌入墙内，埋设时用水泥砂浆填充，但要注意埋设平整，不能倾斜，暗装插座盒口面应与墙的粉刷层面保持一致。如图 2-4-17 所示。

2）安装

卸下暗装插座面板，把穿过接线暗盒的导线线头分别插入暗装插座底板的 3 个接线孔内，插座上面的孔插入保护接地线线头，插座下面的 2 个小孔插入电源线线头，左孔接零线，右孔接相线，固定暗装线盒，盖上插座面板。如图 2-4-18 所示。

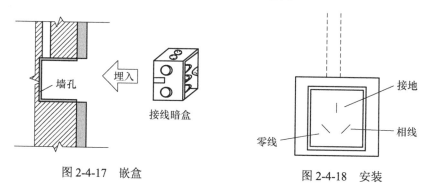

图 2-4-17　嵌盒　　　　　　　　图 2-4-18　安装

**实操训练**

○ *列一列　工具材料* ○

列出实验室内电气安装的所有工具与材料清单（表2-4-1）。

表2-4-1　元件、工具清单

| 序号 | 名称 | 符号 | 规格型号 | 数量 | 备注 |
|------|------|------|----------|------|------|
| 1 |  |  |  |  |  |
| 2 |  |  |  |  |  |
| 3 |  |  |  |  |  |
| 4 |  |  |  |  |  |
| 5 |  |  |  |  |  |
| 6 |  |  |  |  |  |
| 7 |  |  |  |  |  |

○ *做一做　敷设PVC塑料线管、塑料护套线盒PVC塑料线槽* ○

（1）在模拟场地用PVC塑料管敷设家庭客厅的电气线路。

（2）在模拟场地分别用明装和暗装方式安装开关和插座。

○ *测一测　线路检测* ○

（1）家庭电路安装好后，按电路图或接线图从电源开始，逐段核对接线有无漏接、错接、冗接之处，检查导线接点是否符合要求，压接是否牢固，以免带负载运行时产生闪弧现象。

（2）用万用表电阻挡检查电路接线情况。检查时，断开总开关，选用倍率适当的电阻挡，并欧姆调零。

① 开关检查。

② 插座检查。

（3）用测电笔检查相线带电情况。

（4）用万用表检查电源电压是否正常。

○ *试一试　通电试验* ○

检查无误后，在教师的监护下对所安装的电路进行通电试行，如有故障，立即断开总开关。

 **总结评价表**

| 评价内容 | 评价标准 | 配分 | 扣分 | 得分 |
|----------|----------|------|------|------|
| 合理布置器件 | 1. 设计错误，扣10分<br>2. 开关未接在相线上扣5分 | 10分 |  |  |
| 布线安装 | 1. 导线敷设未达工艺要求，每处扣5分<br>2. 元器件安装不端正，每处扣5分<br>3. 相线未进开关，每处扣10分 | 40分 |  |  |
| 通电测试及线路质量 | 1. 插座及开关一次通电不成功扣10分<br>2. 发生线路故障扣20分<br>3. 线路不整齐、不美观扣10分 | 40分 |  |  |
| 安全与文明生产 | 违反安全与文明生产规程，从重扣分 | 10分 |  |  |

**实训思考**

（1）小明在进行室内电气线路的敷设时，为了节省导线，将不同电压和回路的导线穿在同一 PVC 塑料管内，请你分析这种做法正确吗，为什么？

（2）小张在安装插座时，认为不接地线不影响插座的正常工作，可以省去安装地线，可以吗？

# 任务五　室内照明线路的安装与检修

**工作任务单**

| 序号 | 任务内容 |
| --- | --- |
| 1 | 了解常见用电光源及线卡的使用方法 |
| 2 | 掌握照明电路的接线及故障检修 |

**知识链接一　常见用电光源**

在日常生活和工作中，电光源起着极其重要的作用。良好的照明能丰富人们的生活，提高学习、工作效率，减少眼疾和事故的发生。常用电光源有白炽灯、荧光灯等。

## 1．白炽灯

白炽灯是一种热发射电光源，应用较为广泛。其基本结构如图 2-5-1 所示。白炽灯是用电流把灯丝加热到白炽状态来发光的灯。电灯泡外壳用玻璃制成，把灯丝保持在真空环境中，或低压的惰性气体之中，作用是防止灯丝在高温之下氧化。它只有 7%～8% 的电能变成可见光，90% 以上的电能转化成了热，因而白炽灯的发光效率较低。现代的白炽灯一般寿命为 1000 小时左右。

图 2-5-1　白炽灯基本结构图

## 2．日光灯

日光灯是一种发光效率较高的气体放电光源。日光灯管是一种玻璃管，内壁涂有一层荧光粉（钨酸镁、钨酸钙、硅酸锌等），不同的荧光粉可发出不同颜色的光。灯管内充有稀薄的惰性气体（如氩气）和水银蒸气，灯管两端有由钨制成的灯丝，灯丝涂有受热后易于发射电子的氧化物，灯管结构如图 2-5-2 所示。当灯丝有电流通过时，使灯管内灯丝发射电子，还可使管内温度升高，水银蒸发。这时，若在灯管的两端加上足够的电压，就会使管内氩气电离，从而使灯管由氩气放电过渡到水银蒸气放电。放电时发出不可见的紫外光线照射在管壁内的荧光粉上面，使灯管发出各种颜色的可见光线。

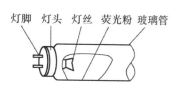

图 2-5-2　日光灯管基本结构

常用日光灯管有长形灯管、环形灯管、U 形灯管、H 形灯管、D 形灯管等，如图 2-5-3 所示。发光颜色有日光色、冷白色、暖白色，广泛应用于住宅、办公室等场合。

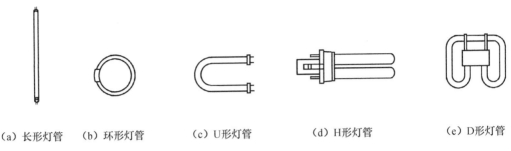

（a）长形灯管　　（b）环形灯管　　　　（c）U 形灯管　　　　　（d）H 形灯管　　　　　（e）D形灯管

图 2-5-3　常用日光灯管

### 3．LED 灯

LED 是英文 Light Emitting Diode（发光二极管）的缩写，它的主要结构是一块电致发光的半导体材料芯片。LED 节能灯作为一种新型的照明光源，以其耗能少、适用性强、稳定性高、响应时间短、对环境无污染、多色发光等优点，受到了用户的青睐以及国家的大力扶持，目前 LED 已经被广泛应用于各种照明设备中，如电池供电的闪光灯、微型声控灯、安全照明灯、室外道路和室内楼梯照明灯等。

图 2-5-4　常用 LED 灯

**知识链接二　线卡**

线卡主要用来对塑料护套线进行固定，分为塑料线卡和铝片线卡。塑料线卡的外形如图 2-5-5 所示。铝片线卡俗称钢精轧头，用铝片线卡固定塑料护套线的操作步骤如图 2-5-6 所示。

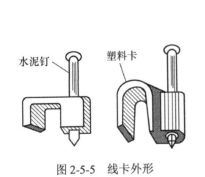

水泥钉　　塑料卡

图 2-5-5　线卡外形

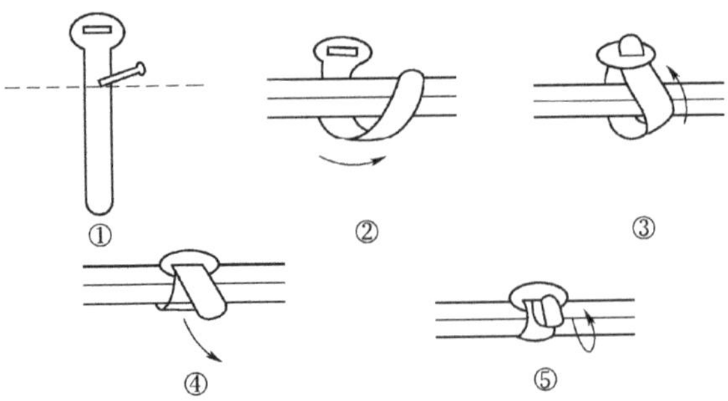

①　②　③　④　⑤

图 2-5-6　铝片线卡的操作步骤

## 知识链接三　开关控制照明灯的接线方法

### 1. 单联开关控制一盏灯的接线方法

单联开关控制一盏灯原理图见图 2-5-7。接线方法如下：

① 连接灯头接线柱。把电源线的零线 N 接到灯头的接线柱④上。如图 2-5-8（a）所示。

② 连接开关接线柱。把电源线的相线 L 接到开关的接线柱①上。如图 2-5-8（b）所示。

③ 连接开关与灯头的另一接线柱。用导线连接灯头的接线柱③与开关 S 的接线柱②。如图 2-5-8（c）所示。

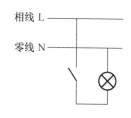

图 2-5-7　单联开关控制一盏灯原理

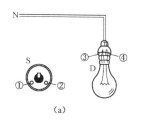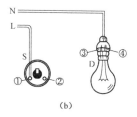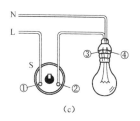

（a）　　　　　　　　　（b）　　　　　　　　　（c）

图 2-5-8　单联开关控制一盏灯接线

### 2. 单联开关控制两盏灯的接线方法

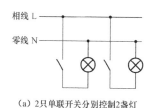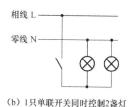

（a）2只单联开关分别控制2盏灯　　（b）1只单联开关同时控制2盏灯

图 2-5-9　单联开关控制两盏灯原理

单联开关控制两盏灯有分别控制和同时控制两种形式，其工作原理如图 2-5-9 所示。

（1）分别控制的接线方法（2 只开关控制 2 盏灯）。

① 连接灯头接线柱。把电源线的零线 N 分别接到灯头 L1、L2 接线柱的⑥和⑧上。如图 2-5-10（a）所示。

② 连接开关接线柱。把电源线的相线 L 接到开关 S1 的接线柱①上，再用导线连接开关 S2 的接线柱③。如图 2-5-10（b）所示。

③ 连接开关与灯头的另一接线柱。连接开关与灯头的另一接线柱，即开关 S1 接线柱的②与灯头 L1 接线柱的⑤连接、开关 S2 接线柱的④与灯头 L1 接线柱的⑦连接。如图 2-5-10（c）所示。

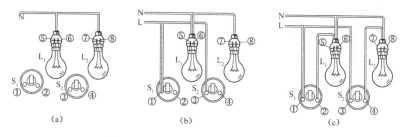

（a）　　　　　　　　　（b）　　　　　　　　　（c）

图 2-5-10　2 只开关控制 2 盏灯的接线

（2）同时控制的接线方法（1 只开关同时控制 2 盏灯）。

① 连接灯头接线柱。

② 连接开关接线柱。

③ 连接开关与灯头的另一接线柱。

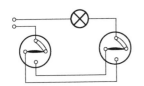

图 2-5-11　双联开关控制一盏灯原理

### 3．双联开关控制一盏灯的接线方法

双联开关控制一盏灯原理如图 2-5-11 所示。接线方法如下：

① 连接灯头接线柱。把电源线的零线 N 分别接到灯头的接线柱⑧上。如图 2-5-12（a）所示。

② 连接开关接线柱。把电源线的相线 L 接到开关 S1 的接线柱①上，然后用导线分别将开关 S1 的接线柱②与开关 S2 的接线柱⑤连接，开关 S1 的接线柱③与开关 S2 的接线柱⑥相连接。如图 2-5-12（b）所示。

③ 连接开关与灯头的另一接线柱。即开关 S2 接线柱的④与灯头接线柱⑦连接。如图 2-5-12（c）所示。

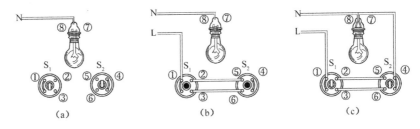

图 2-5-12　双联开关控制一盏灯接线

 **知识链接四　LED 日光灯管新装及改装**

LED 日光灯采用最新的 LED 光源技术，节电高达 70%以上，12W 的 LED 日光灯光强相当于 40W 的日光灯管，LED 日光灯寿命为普通灯管的 10 倍以上，几乎免维护，无须经常更换灯管、镇流器、启辉器。LED 光源为绿色环保的半导体电光源，光线柔和，光谱纯，有利于使用者的视力保护及身体健康。

LED 日光灯管的安装分为新装和改装两种。

### 1．新装

把市电交流 220V 电源经过开关后分别连接到 LED 灯管的两端灯脚上即可。其接线图见图 2-5-13。

### 2．改装

改装即把原来使用普通荧光灯的灯具按照 LED 日光灯管的要求进行内部线路改造，使其能够适用于 LED 日光灯管。

下面以光管支架为例，介绍改装的方法。首先卸下光管支架上的普通荧光灯管并存放好，取下支架上的装饰面罩；其次视原荧光灯管所使用的镇流器形式进行改装。

1）电感式镇流器改装方法

传统的电感式整流器接线图见图 2-5-14，改装步骤如下：

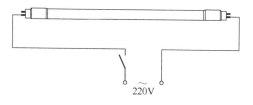

图 2-5-13　LED 日光灯管接线

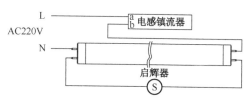

图 2-5-14　传统荧光灯电感式镇流器接线

① 把光管支架上的启辉器 S 卸除。

② 把支架内的电感式镇流器接线端子 a、b 上的两根电源导线解除，并把解除的两条导线进行短接，用电工绝缘胶布包扎好。

③ 经检查导线连接正确后装上面罩，把适配的 LED 日光灯管安装到此光管支架上通电点亮。

2）电子式镇流器改装方法

传统的电子式镇流器接线图见图 2-5-15，改装步骤如下：

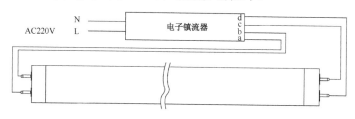

图 2-5-15　传统荧光灯电子式镇流器接线

① 把光管支架内的电子式镇流器端子上的所有导线解除。

② 把图中原连接电子镇流器 a、b 端子的两条导线短接一起后连接到支架电源输入端的"L"上。

③ 把图中原连接电子镇流器 c、d 端子的两条导线短接一起后连接到支架电源输入端的"N"上，最后用电工绝缘胶布分别包扎好。

④ 经检查导线连接正确后装上装饰面罩，把适配的 LED 日光灯管安装到此光管支架上通电点亮。

 **知识链接五　照明灯具安装注意事项**

照明灯具按其配线方式、建筑结构、环境条件及对照度的要求不同而有吸顶式、壁式和悬吊式等几种安装方式。不论何种安装方式，都必须遵守下列各项基本原则。

① 灯具安装应牢固，灯具质量超过 3kg 时，必须固定在预埋的吊钩或螺钉上。

② 灯具的悬吊管应由直径不小于 10mm 的电线管或水、煤气管制成。

③ 灯具固定时，不应使导线受力。

④ 灯架及管内的导线不应有接头。

⑤ 导线引入处，应有绝缘保护。

⑥ 灯具外壳有接地要求的必须和地线妥为连接。

⑦ 各种悬吊灯具离地面的距离不应小于 2.5m，低于 2.5m 的灯具宜用安全电压供电。

⑧ 各种照明开关距离地面 1.3m 以上；开关扳手往上时，电路接通；开关扳手往下时，电路切断。

⑨ 单相双孔插座垂直排列时，上孔为相线，下孔为零线；水平排列时，右孔是相线，左孔是零线。单相三孔插座安装时，上孔为保护接地，右孔为相线，左孔为零线。

⑩ 特殊灯具（如防爆灯具）的安装应符合有关规定。

⑪ 相线和零线应严格区分，开关一律控制相线，安装螺口灯座时，相线一律接灯座中心接线端，不允许接错。

⑫ 接线时，先将导线拧紧，以免松散，再环成圆扣，圆扣方向应与螺钉拧紧方向一致。

 **知识链接六　电气线路故障寻迹图**

### 1. 室内电气线路故障寻迹图（图 2-5-16）

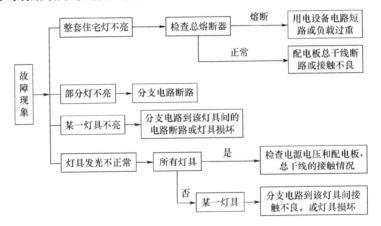

图 2-5-16　室内电气线路故障寻迹图

### 2. 灯具线路故障寻迹图（图 2-5-17）

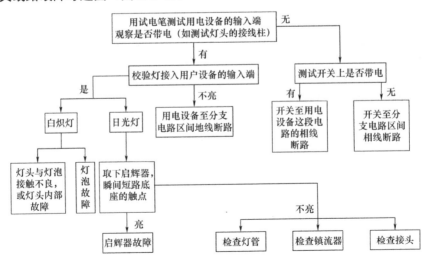

图 2-5-17　灯具线路故障寻迹图

**知识链接七　电气线路常见故障检修与处理**

### 1. 室内电气线路常见故障检修方法

1）短路故障（图 2-5-18）

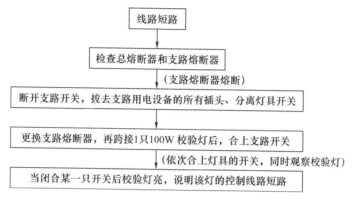

图 2-5-18　室内短路故障寻迹图

2）断路故障（图 2-5-19）

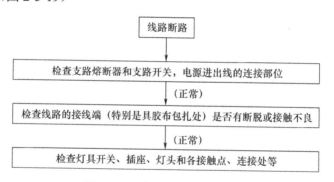

图 2-5-19　室内断路故障寻迹图

3）漏电故障（图 2-5-20）

### 2. 照明线路常见故障处理方法

1）白炽灯的常见故障及检修

① 灯泡不亮：可能是钨丝烧断；灯头（座）、开关接触不良或者是线路中有断路现象。

处理方法：若灯泡损坏则更新灯泡。若接触不良则拧紧松动的螺栓或更换灯头或开关。如果是线路故障，则应检查并找出线路断开处（包括熔丝），接通线路。

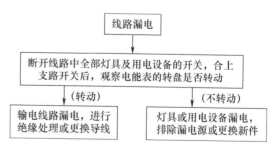

图 2-5-20　室内漏电故障寻迹图

② 合上开关即烧断熔丝：多数属线路发生短路。应检查灯头接线，取下螺口灯泡检查灯头中心铜片与外螺纹是否短路；灯头接线是否松脱；检查线路有无绝缘损坏；估算负载是否熔丝规格过低。

处理办法：处理好灯头上的短路点。若线路老化，根据情况处理绝缘或更新换线。如果是负载过重则加大熔断器容量。

③ 灯泡忽亮忽暗（熄灭）：检查开关、灯头、熔断器等处的接线是否松动；用万用表检查电源电压是否波动过大。

处理办法：拧紧松动的接头；电压波动不用处理。

④ 灯泡发出强烈白光或灯光暗：灯泡工作电压与电源电压不相符。

处理办法：更换与电源电压相符的灯泡。

2）日光灯的常见故障及检修

① 荧光灯不发光：可能是接触不良、启辉器损坏或荧光灯灯丝已断、镇流器开路等引起的。

处理办法：属接触不良时，可转动灯管，压紧灯管与灯座之间的接触，转动启辉器使线路接触良好。如属启辉器损坏，可取下启辉器，用一根导线的两金属头之间部分接触启辉器座的两簧片，取开后荧光灯应发亮，此现象属启辉器损坏，应更换启辉器。若是荧光灯管灯丝断路或镇流器断路，可用万用表检查通断情况，根据检查情况进行更换。

② 灯管两端发光，不能正常工作：是启辉器损坏、电压过低、灯管陈旧或气温过低等原因引起的。

处理办法：更换启辉器，更换陈旧的灯管。如果是电压过低则不用处理，待电压正常后荧光灯可工作正常。气温过低时，可加保护罩提高温度。

③ 灯光闪烁：是新灯管质量不好或旧灯管过于陈旧引起的。

处理办法：更换灯管。

④ 灯管亮度降低：是灯管陈旧（灯管发黄或两端发黑）、电压偏低等引起的。

处理办法：更换灯管。电压偏低则不用处理。

⑤ 灯管发光后在管内旋转或灯管内两端出现黑斑：光在管内旋转是某些新灯管出现的暂时现象，开关几次即会消失。灯管内两端出现黑斑是管内水银凝结造成的，启动后可以蒸发消除。

⑥ 噪声大：是镇流器质量较差、硅钢片振动造成的。

处理办法：夹紧铁芯或更换镇流器。

⑦ 镇流器过热、冒烟：可能的原因是属镇流器内部线圈匝间短路或散热不好。

处理办法：更换镇流器。

⑧ 开灯，灯管闪亮后立即熄灭：可能是新安装的荧光灯线路错误。

处理办法：检查灯管，若灯管灯丝烧断，应继续检查线路，重新连接，更换新灯管再接通电源。

 **实操训练**

○ 列一列　工具材料 ○

列出实验室内电气安装所有工具与材料清单（表2-5-1）。

表2-5-1　工具材料清单

| 序号 | 名称 | 符号 | 规格型号 | 数量 | 备注 |
|---|---|---|---|---|---|
| 1 | | | | | |
| 2 | | | | | |
| 3 | | | | | |
| 4 | | | | | |
| 5 | | | | | |
| 6 | | | | | |

○ **做一做　室内电气线路常见故障处理** ○

（1）在模拟线路板上处理白炽灯线路、日光灯线路故障。

（2）在模拟线路板上处理动力线路故障。

○ **试一试　通电试验** ○

（1）在教师的监护下，处理模拟板设定的电气线路故障。

（2）在教师的监护下，处理教室及实习室可能存在的电气线路故障。

 **总 结 评 价 表**

| 评价内容 | 评价标准 | 配分 | 扣分 | 得分 |
|---|---|---|---|---|
| 合理布置器件 | 1．设计错误，扣 10 分<br>2．开关未接在相线上扣 5 分 | 10 分 | | |
| 布线安装 | 1．导线敷设未达工艺要求，每处扣 5 分<br>2．元器件安装不端正，每处扣 5 分<br>3．相线未进开关，每处扣 10 分<br>4．线卡分布尺寸不规范，每处扣 10 分 | 40 分 | | |
| 试灯及线路质量 | 1．一次试灯不成功扣 10 分<br>2．发生线路故障扣 20 分<br>3．线路不整齐、不美观扣 10 分 | 40 分 | | |
| 安全与文明生产 | 违反安全与文明生产规程，从重扣分 | 10 分 | | |

 **实 训 思 考**

（1）在照明灯故障排除过程中，应该按照怎样的程序进行排查？

（2）为积极响应国家提倡的节能减排号召，请试着将一盏普通日光灯改装为 LED 日光灯。

# 项目三 常用低压电器的检测与维护

（1）了解电器的分类，能说出常用低压电器的名称。
（2）熟悉常用低压电器的外形与主要用途，能够说出常用型号，写出其符号。
（3）熟悉常用低压电器的主要技术参数。
（4）掌握常用电工仪表、电子仪器知识。

（1）会正确识别常用低压电器。
（2）会根据控制电路要求，正确选用并安装常用低压电器。
（3）会拆装及检修常用低压电器。
（4）熟练使用常用电工仪表、电子仪器。

## 任务一 常用电工仪表的使用

| 序号 | 任务内容 |
|---|---|
| 1 | 了解常用电工仪表的基本功能 |
| 2 | 熟练掌握常用电工仪表的使用 |

 知识链接一 常用电工仪表的分类

（1）按仪表的工作原理不同，可分为磁电式、电磁式、电动式、感应式等。
（2）按测量对象不同，可分为电流表（安培表）、电压表（伏特表）、功率表（瓦特表）、电度表（千瓦时表）、欧姆表以及多用途的万用表等。
（3）按测量电流种类的不同，可分为单相交流表、直流表、交直流两用表、三相交流表等。
（4）按使用性质和装置方法的不同，可分为固定式、便携式。
（5）按测量准确度不同，可分为 0.1、0.2、0.5、1.0、1.5、2.5、5.0 共七个等级。

## 知识链接二　万用表

万用表是维修电工常用的一种多功能、多量程的便携式测量仪表。一般万用表可以测量直流电压、直流电流、交流电压、电阻和音频电平等电参数。功能较多的万用表还可以测量交流电流、电容量、电感量及晶体管共发射极直流电流放大倍数等。因此，万用表在电气设备的安装、维修及调试等工作中的应用十分广泛。万用表有指针式万用表和数字式万用表两种，如图 3-1-1 所示。

（a）指针式　　　　　　（b）数字式

图 3-1-1　万用表

### 1. 指针式万用表

1）指针式万用表的结构

指针式万用表刻度盘、挡位盘，如图 3-1-2 所示。

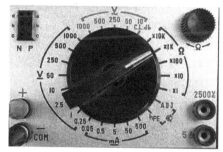

图 3-1-2　指针式万用表刻度盘、挡位盘

① 插孔。黑表笔插在标有"COM"的公共插座内，红表笔一般插在"+"插座内。测量大电流、高电压有专门插孔。

② 刻度盘。读数刻度盘共有六条刻度，从上往下数，第一条标有 ∞ 或 Ω，指示的是电阻值，转换开关在欧姆挡时，即读此条刻度线；第二条标有 V 或 mA，指示的是交、直流电压和直流电流值，当转换开关在交、直流电压或直流电流挡，即读此条刻度线；第三条测晶体管放大倍数用；第四条供测电容之用；第五条供测电感之用；第六条标有 dB，用于测音频电平。刻度盘上装有反光镜，以消除视差。

③ 挡位盘。万用表主要有直流电流、交直流电压、欧姆挡等挡位。

④ 机械调零和欧姆调零：

机械调零：在使用之前，应该先调节指针定位螺丝使指针指在左侧刻度起始线为零处，避免不必要的误差。

欧姆调零：先将红、黑表笔短接，观察指针是否指到欧姆刻度线的"0"刻度处，如果没有，调节欧姆调零旋钮，直至指针指到"0"刻度处为止。R×1 欧姆挡不能调零，说明 1.5V 电池电量不足；R×10k 挡不能调零，说明 9V 电池电量不足。

2）使用注意事项

① 根据被测量的种类及大小，选择转换开关的挡位及量程，找出对应的刻度线。

② 在使用万用表之前，应先进行"机械调零"，即在没有被测电量时，使万用表指针指在零电压或零电流的位置上。

③ 在使用万用表过程中，不能用手去接触表笔的金属部分，这样一方面可以保证测量的准确，另一方面也可以保证人身安全。

④ 在测量某一电量时，不能在测量的同时换挡，尤其是在测量高电压或大电流时，更应注意，否则会使万用表毁坏。如须换挡，应先断开表笔，换挡后再去测量。

⑤ 万用表在使用时，必须水平放置，以免造成误差。

⑥ 万用表使用完毕，应将转换开关置于交流电压的最大挡。如果长期不使用，还应将万用表内部的电池取出来，以免电池腐蚀表内其他器件。

3）电阻的测量（以测量电阻器的电阻为例）

① 选择合适挡位。万用表欧姆挡的刻度线是不均匀的，所以倍率挡的选择应使指针停留在刻度线较稀的部分为宜，且指针越接近刻度尺的中间，读数越准确（挡位选择的原则是：在测量时保证表针尽量指在欧姆刻度线的中央位置即满刻度的 1/3～2/3 之间）。

② 欧姆调零。先将红、黑表笔短接，观察指针是否指到欧姆刻度线的"0"刻度处，如果没有，调节欧姆调零旋钮，直至指针指到"0"刻度处为止。每换一次倍率挡，都要再次进行欧姆调零，以保证测量准确。

③ 阻值测量。红黑表笔分别接于被测元器件的两端。

④ 读数：读数时根据指针在第 1 条刻度线位置，将该数值与挡位数相乘，得到该电阻器的阻值（电阻阻值=指示值×倍率）。

4）电压的测量

测量电压时要选择好量程，如果用小量程去测量大电压，则会有烧表的危险；如果用大量程去测量小电压，那么指针偏转太小，无法读数。量程的选择应尽量使指针偏转到满刻度的 2/3 左右。如果事先不清楚被测电压的大小时，应先选择最高量程挡，然后逐渐减小到合适的量程。

① 直流电压的测量。将万用表的转换开关置于直流电压挡的合适量程上，且"+"表笔（红表笔）接到高电位处，"−"表笔（黑表笔）接到低电位处，即让电流从"+"表笔流入，从"−"表笔流出。若表笔接反，表头指针会反方向偏转，容易撞弯指针。根据指针在第二条刻度线位置来读数，具体数值视所选的电压挡位来确定。

② 交流电压的测量：将万用表的一个转换开关置于交流电压挡的合适量程上，万用表两表笔和被测电路或负载并联即可。

测量直流电压、交流电压时注意

（1）测电压时要养成单手操作习惯。

（2）测量中不得拨动转换开关选择量程，防止触点烧蚀。

（3）测大电压（2500V 以内）时，须将红表笔插入相应的 2500V 插孔，转换装置旋置于 1000V 挡位。

（4）测量电压时，为防止触电，操作者的任何部位不能碰及表笔的裸露部分，且用单手操作。

5）直流电流的测量

测量直流电流时，电流的量程选择和读数方法与电压一样。测量时必须先断开电路，然后按照电流从"+"到"-"的方向，将万用表串联到被测电路中，即电流从红表笔流入，从黑表笔流出。如果误将万用表与负载并联，则因表头的内阻很小，会造成短路烧毁仪表。

## 2. 数字万用表

与指针式万用表相比，数字万用表采用了大规模集成电路和液晶数字显示技术，具有许多优点。图 3-1-3 所示为 DT9204 数字万用表，它由液晶显示屏、量程转换开关和测试插孔等组成，最大显字为±1999，为 3 位数字万用表。

DT9204 数字万用表具有较宽电压和电流测量范围，直流电压测量范围为 0～1000V，交流电压测量范围为 0～750V，交、直流电流测量范围均为 0～20A。电阻量程从 200Ω 至 20MΩ 共分为 7 挡，各挡值均为测量上限。

1）使用方法

DT9204 型数字万用表面板图如 3-1-4 所示。

图 3-1-3　数字万用表 DT9204 外形　　　　图 3-1-4　数字万用表 DT9204 面板图

① 按下右上角"ON～OFF"键，将其置与"ON"位置。

② 使用前根据被测量的种类、大小，将功能／量程开关置于适当的测量挡位。当不知道被测量电压、电流、电阻范围时，应将功能/量程开关置于高量程挡，并逐步调低至合适。

③ 黑色表笔插入 COM 插孔，红色表笔则按被测量种类、大小分别插入各相应的插孔（电压、电阻、二极管测量共用右下角"VΩ"插孔；电流在 200mA 以下时插入 mA 插孔，200mA～20A 之间将红表笔移至 20A 插孔）。

④ 测量直流信号时能自动进行极性转换并显示极性。当被测电压（电流）的极性接反时，会显示"-"号，不必调换表笔。

⑤ 测量电阻时，应先估计被测电阻的阻值，尽可能选用接近满度的量程，这样可提高测量精度。如果选择挡位小于被测电阻实际值，显示结果只有高位上的"1"，说明量程选得太小，出现了溢出，这时就要更换高一挡量程后再进行测试。

2）使用注意事项

① 当只在高位显示"1"时，说明已超过量程，须调高挡位。

② 注意不要测量高于 1000V 的直流电压和高于 750V 的交流电压。20A 插孔没有熔丝，

测量时间应小于 15s。

③ 切勿误接功能开关，以免内外电路受损。

④ 电池电量不足时，显示屏左上角显示电量不足符号，此时应及时更换电池。

⑤ 其他使用注意事项可参阅指针式万用表。

**知识链接三 钳形电流表**

钳形电流表是一种不用断开电路就可直接测电路交流电流的便携式仪表，在电气检修中使用非常方便，应用相当广泛。

### 1. 钳形电流表的基本结构和工作原理

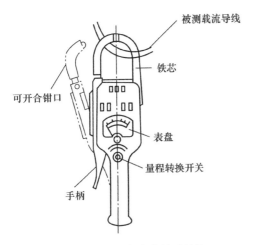

图 3-1-5 钳形电流表外形结构

钳形电流表简称钳形表，其工作部分主要由一只电磁式电流表和穿心式电流互感器组成。穿心式电流互感器铁芯制成活动开口，且成钳形，故名钳形电流表，如图 3-1-5 所示。

钳形表的工作原理和变压器一样。初级线圈就是穿过钳形铁芯的导线，相当于 1 匝的变压器的一次线圈，这是一个升压变压器。二次线圈和测量用的电流表构成二次回路。当导线有交流电流通过时，就使这一匝线圈产生了交变磁场，在二次回路中产生了感应电流，电流的大小和一次电流的比例，相当于一次和二次线圈的匝数的反比。钳形电流表用于测量大电流，如果电流不够大，可以将一次导线再通过钳形表增加圈数，同时将测得的电流数除以圈数。钳形电流表的穿心式电流互感器的副边绕组缠绕在铁芯上且与交流电流表相连，它的原边绕组即为穿过互感器中心的被测导线。旋钮实际上是一个量程选择开关，扳手的作用是开合穿心式互感器铁芯的可动部分，以便使其钳入被测导线。

测量电流时，按动扳手，打开钳口，将被测载流导线置于穿心式电流互感器的中间，当被测导线中有交变电流通过时，交流电流的磁通在互感器副边绕组中感应出电流，该电流通过电磁式电流表的线圈，使指针发生偏转，在表盘标度尺上指出被测电流值。

### 2. 钳形电流表的正确使用

（1）测量前，应检查电流表指针是否指向零位。否则，应进行机械调零。

（2）测量前检查钳口的开合情况，要求钳口可动部分开合自如，两边钳口结合面接触紧密。如钳口上有油污和杂物，应用溶剂清洗；如有锈斑，应轻轻擦去。测量时务必使钳口结合紧密，以减少漏磁通，提高测量精确度。

（3）测量时量程选择旋钮应置于适当位置，以便在测量时使指针超过中间刻度，以减少测量误差。如事先不知道被测电路电流的大小，可先将量程选择旋钮置于高挡，然后再根据指针偏转情况将量程旋钮调整到合适位置。

（4）当被测电路电流太小，即使在最低量程挡指针偏转角都不大时，为提高测量精确度，可将被测载流导线在钳口部分的铁芯柱上缠绕几匝后进行测量，匝数要以钳口中央的匝数为准，则读数=指示值×量程 / 满偏×匝数。

（5）测量时，应使被测导线置于钳口内中心位置，并使钳口闭合紧密，以利于减小测量误差。

（6）钳形电流表不用时，应将量程选择旋钮旋至最高量程挡，以免下次使用时，不慎损坏仪表。

（7）测高压线路电流时，要戴绝缘手套，穿绝缘鞋，站在绝缘垫上。

 **知识链接四　兆欧表**

兆欧表又称摇表、绝缘电阻测定仪等，它的刻度是以兆欧（MΩ）为单位的。兆欧表是电工常用的一种测量仪表，它是主要用来检查电气设备、家用电器或电气线路对地及相间的绝缘电阻的仪表，其外形如图 3-1-6 所示。

### 1. 兆欧表的基本结构和工作原理

兆欧表主要由三个部分组成：手摇直流发电机、磁电式流比计及接线桩。

与兆欧表表针相连的有两个线圈，一个同表内的附加电阻 R 串联；另一个和被测电阻 $R_X$ 串联，然后一起接到手摇发电机上。当摇动发电机时，两个线圈中同时有电流通过，在两个线圈上产生方向相反的转矩，表针就随着两个转矩的合成转矩的大小而偏转某一角度，这个偏转角度决定于两个电流的比值，附加电阻是不变的，所以电流值仅取决于待测电阻的大小，如图 3-1-7 所示。

图 3-1-6　兆欧表外形图

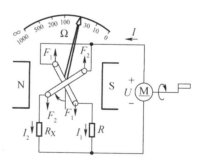

图 3-1-7　兆欧表工作原理示意图

### 2. 兆欧表的正确使用

1）正确选用兆欧表

兆欧表的额定电压应根据被测电气设备的额定电压来选择。测量 500V 以下的设备，选用 500V 或 1000V 的兆欧表；额定电压在 500V 以上的设备，应选用 1000V 或 2500V 的兆欧表；对于绝缘子、母线等要选用 2500V 或 3000V 兆欧表。

2）使用前的准备工作

将兆欧表水平且平稳放置，检查指针偏转情况：将 E、L 两端开路，以约 120r/min 的转速摇动手柄，观测指针是否指到"∞"处；然后将 E、L 两端短接，缓慢摇动手柄，观测指针是否指到"0"处，经检查完好才能使用。

3）兆欧表的使用

① 兆欧表放置平稳牢固，被测物表面擦干净，以保证测量正确。

② 正确接线。兆欧表有三个接线杜：线路（L）、接地（E）、屏蔽（G）。根据不同测量对象，进行相应接线。测量线路对地绝缘电阻时，E 端接地，L 端接于被测线路上；测量电机或设备绝缘电阻时，E 端接电机或设备外壳，L 端接被测绕组的一端；测量电机或变压器绕组间绝缘电阻时，先拆除绕组间的连接线，将 E、L 端分别接于被测的两相绕组上；测量电缆绝缘电阻时，E 端接电缆外表皮（铅套）上，L 端接线芯，G 端接芯线最外层绝缘层上。

③ 由慢到快摇动手柄，直到转速达 120r/min 左右，保持手柄的转速均匀、稳定，一般转动 1min，待指针稳定后读数。

④ 测量完毕，待兆欧表停止转动和被测物接地放电后方能拆除连接导线。

4）使用注意事项

因兆欧表本身工作时产生高压电，为避免人身及设备事故必须重视以下几点：

① 不能在设备带电的情况下测量其绝缘电阻。测量前被测设备必须切断电源和负载，并进行放电；已用兆欧表测量过的设备如要再次测量，也必须先接地放电。

② 兆欧表测量时要远离大电流导体和外磁场。

③ 与被测设备的连接导线应用兆欧表专用测量线或选用绝缘强度高的两根单芯多股软线，两根导线切忌绞在一起，以免影响测量准确度。

④ 测量过程中，如果指针指向"0"位，表示被测设备短路，应立即停止转动手柄。

⑤ 被测设备中如有半导体器件，应先将其插件板拆去。

⑥ 测量过程中不得触及设备的测量部分，以防触电。

⑦ 测量电容性设备的绝缘电阻时，测量完毕，应使设备充分放电。

 **实操训练**

○ *做一做* *仪表使用* ○

### 1. 用万用表测量电阻

取 5 个不同的电阻，分别测量单个电阻的电阻值，在测量时要根据电阻标称值的大小选择合适的量程（表3-1-1）。

表 3-1-1 电阻的测量

| 电阻的测量 | | | | | |
| --- | --- | --- | --- | --- | --- |
| 测量内容 | $R_1$ | $R_2$ | $R_3$ | $R_4$ | $R_5$ |
| 电阻标称值 | | | | | |
| 万用表量程 | | | | | |
| 万用表测量数据 | | | | | |

### 2. 用万用表测量交直流电压

打开电工电子实验台电源开关，在实验台上分别用万用表测量表3-1-2中的交直流电压。

表 3-1-2　电压的测量

| 次数 | 交流电压测量 | | | | | | 直流电压测量 | | |
|---|---|---|---|---|---|---|---|---|---|
| | 1 | 2 | 3 | 4 | 5 | 6 | 1 | 2 | 3 |
| 测量对象 | 3V | 9V | 15V | 24V | 220V | 380V | 6V | 12V | 24V |
| 选择量程 | | | | | | | | | |
| 实际读数 | | | | | | | | | |

**3. 使用钳形电流表测量三相异步电机的启动电流和空载电流**

（1）检查安全后将电机的电源开关合上，电机空载运转，将钳形电流表拨到合适的挡位，将电机电源线逐根放入钳形电流表钳口中，分别测量电机的三相空载电流（表 3-1-3）。

（2）关闭电机电源使电机停转，将钳形电流表拨到合适的挡位，然后将电机的一根电源线放入钳形电流表钳口中央，在电机合上电源开关的同时立刻观察钳形电流表的读数变化（启动电流值）。

表 3-1-3　电流的测量

| 电机 | | 钳形电流表 | | 启动电流 | | 空载电流 | | | |
|---|---|---|---|---|---|---|---|---|---|
| 型号 | 功率 | 型号 | 规格 | 量程 | 读数 | 缠绕圈数 | 量程 | 读数 | 实际值 |
| | | | | | | | | | |

**4. 使用兆欧表测量三相交流异步电机绕组相间绝缘和对地绝缘电阻值**

（1）切断电机电源，拆除电机电源线，并将电机接线盒内接线柱上的连接片拆除。

（2）按要求校验兆欧表。

（3）用兆欧表测量电机三相绕组相间绝缘电阻值和对地绝缘电阻值，进而判断电机绝缘电阻是否合格（表 3-1-4）。

表 3-1-4　绝缘电阻的测量

| 电机 | 型号 | | 接法 | 额定功率 | 额定电压 | 额定电流 |
|---|---|---|---|---|---|---|
| 绝缘电阻 MΩ | U-V | U-W | V-W | U 相对地 | V 相对地 | W 相对地 |
| | | | | | | |
| 电机绝缘是否合格 | | | | | | |

## 总结评价表

| 评价内容 | 评价标准 | 配分 | 扣分 | 得分 |
|---|---|---|---|---|
| 测量准备 | 准备工作不熟练，扣 20 分 | 20 分 | | |
| 测量过程 | 测量过程中，操作步骤每错一步扣 10 分 | 30 分 | | |
| 测量结果 | 测量结果误差较大或错误，扣 30 分 | 30 分 | | |
| 安全规范 | 操作不得当，扣 20 分 | 20 分 | | |

## 实训思考

（1）万用表、钳形电流表、兆欧表分别能进行哪些测量？

（2）万用表、钳形电流表、兆欧表在使用过程中应该注意哪些问题？

# 任务二　常用电子仪器的使用

## 工作任务单

| 序号 | 任务内容 |
|------|---------|
| 1 | 了解常用电子仪器的基本功能 |
| 2 | 熟练掌握常用电子仪器的使用 |

 知识链接一　示波器

示波器是一种综合性电信号显示和测量仪器，它不但可以直接显示出电信号随时间变化的波形及其变化过程，测量出信号的幅度、频率、脉宽、相位差等，还能观察信号的非线形失真，测量调制信号的参数等。配合各种传感器，示波器还可以进行各种非电量参数的测量。

### 1. 模拟示波器 MOS-620/640

1）前面板简介

MOS-620/640 双踪示波器的调节旋钮、开关、按键及连接器等都位于前面板上，如图 3-2-1 所示，前面板按钮及旋钮说明见表 3-2-1。

2）基本操作概述

示波器的正确调整和操作，对于提高测量精度和延长仪器的使用寿命十分重要。

① **聚焦和辉度的调整。**调整聚焦旋钮使扫描线尽可能细，以提高测量精度。扫描线亮度（辉度）应适当，过亮不仅会降低示波器的使用寿命，而且也会影响聚焦特性。

② **正确选择触发源和触发方式。**触发源的选择：如果观测的是单通道信号，就选择该通道信号作为触发源；如果同时观测两个时间相关的信号，则应选择信号周期长的通道作为触发源。

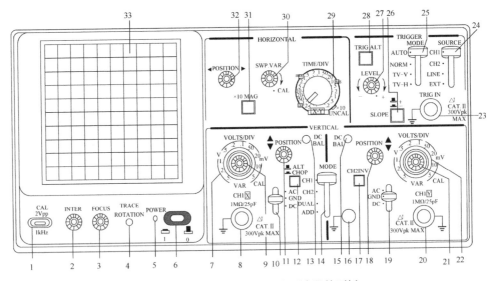

图 3-2-1　MOS-620/640 双踪示波器前面板

表 3-2-1　MOS-620/640 双踪示波器前面板说明

| 编号 | 说明 | 编号 | 说明 |
|---|---|---|---|
| 1 | 示波器校正信号输出端 | 17 | 通道 2 信号反向按键 |
| 2 | 亮度调节钮 | 18 | 垂直位置调节旋钮 |
| 3 | 聚焦调节钮 | 19 | 垂直系统输入耦合开关 |
| 4 | 轨迹旋转 | 20 | 通道 2 被测信号输入连接器 |
| 5 | 主电源指示灯 | 21 | 垂直灵敏度旋钮 |
| 6 | 主电源开关 | 22 | 垂直衰减钮 |
| 7 | 垂直衰减钮 | 23 | 外触发输入端子 |
| 8 | 通道 1 被测信号输入连接器 | 24 | 触发源选择开关 |
| 9 | 垂直灵敏度旋钮 | 25 | 触发方式选择开关 |
| 10 | 垂直系统输入耦合开关 | 26 | 触发极性选择按键 |
| 11 | 垂直位置调节旋钮 | 27 | 触发电平调节旋钮 |
| 12 | 交替/断续选择按键 | 28 | 内部触发信号源选择开关 |
| 13 | CH1 通道直流平衡调节旋钮 | 29 | 水平扫描速度旋钮 |
| 14 | 垂直系统工作模式开关 | 30 | 水平扫描微调旋钮 |
| 15 | CH2 通道直流平衡调节旋钮 | 31 | 扫描扩展开关 |
| 16 | 示波器机箱的接地端子 | 32 | 水平位置调节钮 |

触发方式的选择：首次观测被测信号时，触发方式应设置于"AUTO"，待观测到稳定信号后，调好其他设置，最后将触发方式开关置于"NORM"，以提高触发的灵敏度。当观测直流信号或小信号时，必须采用"AUTO"触发方式。

③ **正确选择输入耦合方式**。根据被观测信号的性质来选择正确的输入耦合方式。一般情况下，被观测的信号为直流或脉冲信号时，应选择"DC"耦合方式；被观测的信号为交流信号时，应选择"AC"耦合方式。

④ **合理调整扫描速度**。调节扫描速度旋钮，可以改变荧光屏上显示波形的个数。提高扫描速度，显示的波形少；降低扫描速度，显示的波形多。显示的波形不应过多，以保证时间测量的精度。

⑤ **波形位置和几何尺寸的调整**。观测信号时，波形应尽可能处于荧光屏的中心位置，以获得较好的测量线性。正确调整垂直衰减旋钮，尽可能使波形幅度占一半以上，以提高电压测量的精度。

⑥ **合理操作双通道**。将垂直工作方式开关设置到"DUAL"，两个通道的波形可以同时显示。为了观察到稳定的波形，可以通过"ALT/CHOP"（交替/断续）开关控制波形的显示。双通道显示时，不能同时按下"CHOP"和"TRIG ALT"开关，因为"CHOP"信号成为触发信号而不能同步显示。利用双通道进行相位和时间对比测量时，两个通道必须采用同一同步信号触发。

⑦ **触发电平调整**。调整触发电平旋钮可以改变扫描电路预置的阀门电平。向"+"方向旋转时，阀门电平向正方向移动；向"-"方向旋转时，阀门电平向负方向移动；处在中间位置时，阀门电平设定在信号的平均值上。触发电平过正或过负，均不会产生扫描信号。因此，触发电平旋钮通常应保持在中间位置。

3）使用模拟示波器测量参数的方法

① **直流电压的测量**。

首先，将示波器垂直灵敏度旋钮置于校正位置，触发方式开关置于"AUTO"。

其次，将垂直系统输入耦合开关置于"GND"，此时扫描线的垂直位置即为零电压基准线，即时间基线。调节垂直位移旋钮使扫描线落于某一合适的水平刻度线。

第三，将被测信号接到示波器的输入端，并将垂直系统输入耦合开关置于"DC"。调节垂直衰减旋钮使扫描线有合适的偏移量。

第四，确定被测电压值。扫描线在 $Y$ 轴的偏移量与垂直衰减旋钮对应挡位电压的乘积即为被测电压值。

第五，根据扫描线的偏移方向确定直流电压的极性。扫描线向零电压基准线上方移动时，直流电压为正极性，反之为负极性。

② 交流电压的测量。

首先，将示波器垂直灵敏度旋钮置于校正位置，触发方式开关置于"AUTO"。

其次，将垂直系统输入耦合开关置于"GND"，调节垂直位移旋钮使扫描线准确落在水平中心线上。

第三，输入被测信号，并将输入耦合开关置于"AC"。调节垂直衰减旋钮和水平扫描速度旋钮使显示波形的幅度和个数合适。选择合适的触发源、触发方式和触发电平等使波形稳定显示。

第四，确定被测电压的峰峰值。波形在 $Y$ 轴方向最高与最低点之间的垂直距离（偏移量）与垂直衰减旋钮对应挡位电压的乘积即为被测电压的峰峰值。

③ 周期的测量。

首先，将水平扫描微调旋钮置于校正位置，并使时间基线落在水平中心刻度线上。

其次，输入被测信号。调节垂直衰减旋钮和水平扫描速度旋钮等，使荧光屏上稳定显示1～2 波形。

第三，选择被测波形一个周期的起点和终点，并将起点移动到某一垂直刻度线上以便读数。

第四，确定被测信号的周期。信号波形一个周期在 $X$ 轴方向起点与终点之间的水平距离与水平扫描速度旋钮对应挡位的时间之积即为被测信号的周期。用示波器测量信号周期时，可以测量信号 1 个周期的时间，也可以测量 $n$ 个周期的时间，再除以周期个数 $n$。后一种方法产生的误差会小一些。

④ 频率的测量。信号的频率与周期为倒数关系，即 $f=1/T$。

⑤ 相位差的测量。

首先，将水平扫描微调旋钮、垂直灵敏度旋钮置于校正位置。

其次，将垂直系统工作模式开关置于"DUAL"，并使两个通道的时间基线均落在水平中心刻度线上。

第三，输入两路频率相同而相位不同的交流信号至 CH1 和 CH2，将垂直输入耦合开关置于"AC"。

第四，调节相关旋钮，使荧光屏上稳定显示出两个大小适中的波形。

第五，确定两个被测信号的相位差。

### 2. 数字示波器 DS1000

DS1000 系列是基于 RIGOL 独创 Ultravision 技术的多功能、高性能数字示波器，具有极高的存储深度、超宽的动态范围、良好的显示效果、优异的波形捕获率和全面的触发功能，是通信、航天、国防、嵌入式系统、计算机、研究、教育等众多行业和领域广泛应用的调试仪器。DS1000 系列数字示波器向用户提供简单而功能明晰的前面板，以进行基本的操作。面板上包括旋钮和功能按键。具体前面板如图 3-2-2 所示，前面板各旋钮及按键说明见表 3-2-2。

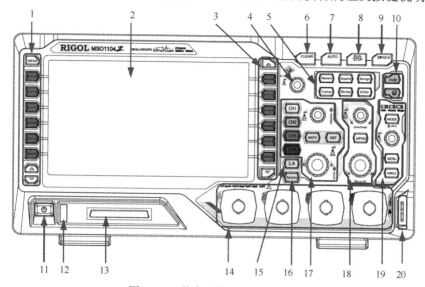

图 3-2-2　数字示波器前面板总览

**表 3-2-2　数字示波器前面板说明**

| 编号 | 说明 | 编号 | 说明 |
|---|---|---|---|
| 1 | 测量菜单操作键 | 11 | 电源键 |
| 2 | LCD | 12 | USB HOST 接口 |
| 3 | 功能菜单操作键 | 13 | 数字通道输入 |
| 4 | 多功能旋钮 | 14 | 模拟通道输入 |
| 5 | 常用操作键 | 15 | 逻辑分析仪操作键 |
| 6 | 全部清除键 | 16 | 信号源操作键 |
| 7 | 波形自动显示 | 17 | 垂直控制 |
| 8 | 运行/停止控制键 | 18 | 水平控制 |
| 9 | 单次触发控制键 | 19 | 触发控制 |
| 10 | 内置帮助/打印键 | 20 | 探头补偿信号输出端/接地端 |

**1）面板功能概述**

① **垂直控制**。垂直控制面板如图 3-2-3 所示。该示波器有 CH1、CH2、CH3、CH4 模拟通道设置键，4 个通道标签分别用不同颜色标出，并且屏幕中的波形和通道输入连接器的颜色也与之对应。按下任一按键打开相应通道菜单，再次按下关闭通道。按 MATH 可打开 A+B、A-B、A×B、A/B、FFT、A&&B、A∥B、A^B、!A、Intg、Diff、Sqrt、Lg、Ln、Exp 和 Abs 运算。按下 MATH 还可以打开解码菜单，设置解码选项。按下 REF 键打开参考波形功能，可将实测波形和参考波形比较。垂直 POSITION 是修改当前通道波形的垂直位移，顺时针转动增大位移，逆时针转动减小位移。修改过程中波形会上下移动，同时屏幕左下角弹出的位移信息实时变化。按下该旋钮可快速将垂直位移归零。

MSO1000Z/DS1000Z 系列数字示波器的 4 个通道复用同一组垂直 POSITION 和垂直 SCALE 旋钮。如果设置某一通道的垂直挡位和垂直位移，请首先按 CH1、CH2、CH3 或 CH4 键选中该通道，然后旋转垂直 POSITION 和垂直 SCALE 旋钮进行设置。

　　② **水平控制**。水平控制面板如图 3-2-4 所示。POSITION 用于修改水平位移，转动旋钮时触发点相对屏幕中心左右移动，修改过程中，所有通道的波形左右移动，同时屏幕右上角的水平位移信息实时变化，按下该旋钮可快速复位水平位移（或延迟扫描位移）。MENU 用于打开水平控制菜单，可打开或关闭延迟扫描功能，切换不同的时基模式。SCALE 用于修改水平时基，顺时针转动减小时基，逆时针转动增大时基，修改过程中，所有通道的波形被扩展或压缩显示，同时屏幕上方的时基信息实时变化，按下该旋钮可快速切换至延迟扫描状态。

　　③ **触发控制**。触发控制面板如图 3-2-5 所示。按下 MODE 键切换触发方式为 Auto、Normal 或 Single，当前触发方式对应的状态背光灯会变亮。触发 LEVEL 是修改触发电平。顺时针转动增大电平，逆时针转动减小电平。修改过程中，触发电平线上下移动，同时屏幕左下角的触发电平消息框中的值实时变化。按下该旋钮可快速将触发电平恢复至零点。按下 MENU 键打开触发操作菜单。按下 FORCE 键将强制产生一个触发信号。

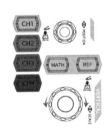

　　图 3-2-3　垂直控制　　　　　图 3-2-4　水平控制　　　　　图 3-2-5　触发控制

　　④ **运行控制**。运行控制面板如图 3-2-6 所示。按下（RUN/ STOP）键"运行"或"停止"波形采样。运行（RUN）状态下，该键黄色背光灯点亮；停止（STOP）状态下，该键红色背光灯点亮。按下 AUTO 键启用波形自动设置功能。示波器将根据输入信号自动调整垂直挡位、水平时基以及触发方式，使波形显示达到最佳状态。按下 Single 键将示波器的触发方式设置为单次触发方式。单次触发方式下，按 FORCE 键将产生一个触发信号。按下 CLEAN 键清除屏幕上所有的波形。如果示波器处于"RUN"状态，则继续显示新波形。

　　图 3-2-6　运行控制面板

　　应用波形自动设置功能时，若被测信号为正弦波，要求其频率不小于 41Hz；若被测信号为方波，则要求其占空比大于 1% 且幅度不小于 20mVpp。如果不满足此参数条件，则波形自动设置功能可能无效，且菜单显示的快速参数测量功能不能使用。

⑤ **多功能旋钮**。非菜单操作时，转动该旋钮可调整波形显示的亮度。亮度可调节范围为0%至100%。顺时针转动增大波形亮度，逆时针转动减小波形亮度。按下旋钮将波形亮度恢复至60%。也可按Display旋钮调节波形亮度。菜单操作时，该旋钮背光灯变亮，按下某个菜单软键后，转动该旋钮可选择该菜单下的子菜单，然后按下旋钮可选中当前选择的子菜单。该旋钮还可以用于修改参数、输入文件名等。

⑥ **功能菜单**。功能菜单共有六个按钮，如图3-2-7所示。按下Measure键进入测量设置菜单。可设置测量信源、打开或关闭频率计、全部测量、统计功能等。按下屏幕左侧的MENU，可打开33种波形参数测量菜单，然后按下相应的菜单软键快速实现"一键"测量，测量结果将出现在屏幕底部。按下Acquire键进入采样设置菜单。按下Storage键进入文件存储和调用界面。可存储的文件类型包括：图像、轨迹、波形、设置、CSV

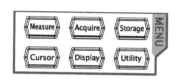

图3-2-7　功能菜单

和参数。支持内、外部存储和磁盘管理。按下Cursor键进入光标测量菜单。示波器提供手动、追踪、自动和XY四种光标模式。按下Display键进入显示设置菜单。设置波形显示类型、余辉时间、波形亮度、屏幕网格和网格亮度。按下Utility键进入系统功能设置菜单。

⑦ **LCD用户界面**。DS1104示波器提供7.0英寸WVGA（800*480）160 000色TFT LCD，如图3-2-8所示。提供16种水平（HORIZONTAL）测量参数和17种垂直（VERTICAL）测量参数。按下屏幕左侧的软键即可打开相应的测量项。连续按下MENU键，可切换水平和垂直测量参数，对于菜单上显示的参数，直接旋转多功能旋钮即可设置所需的数值。

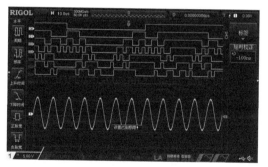

图3-2-8　LCD用户界面

**2）使用方法**

① **测量简单信号**。观测电路中的一个未知信号，迅速显示和测量信号的频率和峰峰值。请按如下步骤操作：

首先，将探头菜单衰减系数设定为10×，并将探头上的开关设定为10×，将通道1的探头连接到电路被测点。

其次，按下AUTO按键。示波器将自动设置使波形显示达到最佳状态。在此基础上，您可以进一步调节垂直、水平挡位，直至波形的显示符合要求。

第三，测量峰峰值。按下Measure按键以显示自动测量菜单。按下1号菜单操作键以选择信源CH1。按下2号菜单操作键选择测量类型——电压测量。在电压测量弹出菜单中选择测量参数——峰峰值。此时，可以在屏幕左下角发现峰峰值的显示，如图3-2-9所示。

第四，测量频率。按下3号菜单操作键选择测量类型：时间测量。在时间测量弹出菜单中选择测量参数——频率。此时，可以在屏幕下方发现频率的显示。

② **观察正弦波信号通过电路产生的延迟和畸变**。将示波器CH1通道与电路信号输入端相接，CH2通道则与输出端相接。操作步骤如下：

首先，显示 CH1 通道和 CH2 通道的信号。按下 AUTO（自动设置）按键，继续调整水平、垂直挡位直至波形显示满足测试要求，按下 CH1 按键选择通道 1，旋转垂直（VERTICAL）区域的垂直旋钮调整通道 1 波形的垂直位置，按 CH2 按键选择通道 2，调整通道 2 波形的垂直位置。使通道 1、2 的波形既不重叠在一起，又利于观察比较。

其次，测量正弦信号通过电路后产生的延时，并观察波形的变化。按下 Measure 按钮以显示自动测量菜单。按下 1 号菜单操作键以选择信源 CH1。按下 3 号菜单操作键选择时间测量。在时间测量模式下选择测量类型：延迟 1→2。

第三，观察波形的变化，如图 3-2-10 所示。

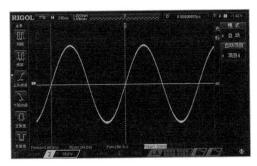

图 3-2-9　简单信号波形的显示与参数测量

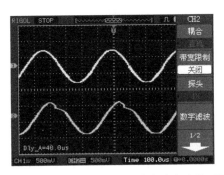

图 3-2-10　正弦波信号通过电路产生的延迟

③ 测量两个通道输入信号的相位差。

首先，将一个正弦信号接入 CH1，再将一个同频率、同幅度、相位相差 90°的正弦信号接入 CH2。

其次，按 AUTO 键，然后将 CH1 和 CH2 通道的垂直位移调整为 0 V。

第三，选择时基模式为 XY 模式后，按 X-Y 软键，选择"CH1-CH2"选项，旋转水平 SCALE，适当调节采样率，可得到较好的李沙育图形，以便更好地观察和测量。调节 CH1 和 CH2 的垂直 SCALE 使信号易于观察。此时，应得到如图 3-2-11 所示的圆形。

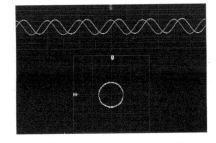

图 3-2-11　两信号波形相位差

第四，观察测量结果，并根据相位差测量原理图可得两个通道输入信号的相差角为 90°。

 **知识链接二　函数信号发生器 DG4000**

DG4000 系列集函数发生器、任意波形发生器、脉冲发生器、谐波发生器、模拟/数字调制器、频率计等功能于一身，是一款经济型、高性能、多功能的双通道函数/任意波形发生器。

**1. 前面板简介**

DG4000 系列函数信号发生器的前面板布局、面板按钮及旋钮说明如图 3-2-12 所示。

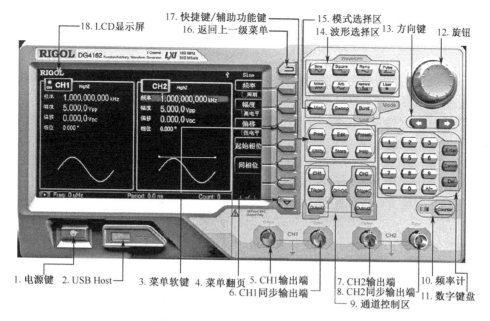

图 3-2-12　函数信号发生器前面板

## 2．输出基本波形的设置说明

### 1）选择通道

用户可以配置 DG4000 从单通道或同时从双通道输出基本波形。配置波形参数之前，请选择所需的通道。开机时，仪器默认选中 CH1。按下前面板 CH1 或 CH2 按键，用户界面中对应的通道区域变亮。此时，可以配置所选通道的波形和参数，但 CH1 与 CH2 不可同时被选中。

### 2）选择基本波形

DG4000 可输出 5 种基本波形，包括正弦波、方波、锯齿波、脉冲和噪声。开机时，仪器默认选中正弦波。按下前面板 Sine 按键选择正弦波，按下前面板 Square 按键选择方波，按下前面板 Ramp 按键选择锯齿波，按下前面板 Pulse 按键选择脉冲，按下前面板 Noise 按键选择噪声。

### 3）设置频率

频率是基本波形最重要的参数之一。基于不同的型号和不同的波形，频率的可设置范围不同，默认值为 1kHz。屏幕显示的频率为默认值或之前设置的频率。当仪器功能改变时，若该频率在新功能下有效，则仪器依然使用该频率；若该频率在新功能下无效，仪器则弹出提示消息，并自动将频率设置为新功能的频率上限值。按频率/周期软键使"频率"突出显示。此时，使用数字键盘或方向键和旋钮输入频率的数值，然后在弹出的单位菜单中选择所需的单位。

### 4）设置幅度

幅度的可设置范围受"阻抗"和"频率/周期"设置的限制，默认值为 5Vpp。屏幕显示的幅度为默认值或之前设置的幅度。当仪器配置改变时（如频率），若该幅度有效，则仪器依然使用该幅度。若该幅度无效，仪器则弹出提示消息，并自动将幅度设置为新配置的幅度上限值。您也可以使用"高电平"或"低电平"设置幅度。按幅度/高电平软键使"幅度"突出显示。此时，使用数字键盘或方向键和旋钮输入幅度的数值，然后在弹出的单位菜单中选择所需的单位。

5）设置 DC 偏移电压

直流偏移电压的可设置范围受"阻抗"和"幅度/高电平"设置的限制，默认值为 0VDC。屏幕显示的 DC 偏移电压为默认值或之前设置的偏移。当仪器配置改变时（如阻抗），若该偏移有效，则仪器依然使用该偏移。若该偏移无效，仪器则弹出提示消息，并自动将偏移设置为新配置的偏移上限值。

6）设置起始相位

起始相位的可设置范围为 0°至 360°。按起始相位软键使其突出显示。此时，使用数字键盘或方向键和旋钮输入相位的数值，然后在弹出的单位菜单中选择单位。

7）设置占空比

按占空比软键使其突出显示。此时使用数字键盘或方向键和旋钮输入数值，然后在弹出的单位菜单中选择单位"%"。

### 3. 使用方法

若要设置信号发生器从 CH1 输出一个脉冲波形，频率为 1.5MHz，幅度为 500mVpp，DC 偏移为 5mVDC，脉宽为 200ns，上升沿时间为 75ns，下降沿时间为 100ns，延时为 5ns，具体操作步骤如下：

（1）按前面板 CH1 按键，背灯变亮，选中 CH1。

（2）按前面板 Pulse 按键，背灯变亮，选中 Pulse 波形。

（3）按频率/周期软键使"频率"突出显示，数字上方的亮点表示光标处于当前位。使用数字键盘或方向键和旋钮输入频率的数值"1.5"。在弹出的菜单选择所需的单位"MHz"。

（4）按幅度/高电平软键使"幅度"突出显示，数字上方的亮点表示光标处于当前位。使用数字键盘或方向键和旋钮输入幅度的数值"500"。在弹出的菜单选择所需的单位"mVpp"。

（5）按偏移/低电平软键使"偏移"突出显示，数字上方的亮点表示光标处于当前位。使用数字键盘或方向键和旋钮输入偏移的数值"5"。在弹出的菜单选择所需的单位"mVDC"，如图 3-2-13 所示。

（6）按脉宽/占空比软键使"脉宽"突出显示，数字上方的亮点表示光标处于当前位。使用数字键盘或方向键和旋钮输入数值"200"。在弹出的菜单选择单位"nsec"。此时，脉冲占空比随之改变。

（7）按上升沿软键使"上升沿"突出显示，数字上方的亮点表示光标处于当前位。使用数字键盘或方向键和旋钮输入数值"75"，在弹出的菜单选择单位"nsec"，按下降沿软键使"下降沿"突出显示，数字上方的亮点表示光标处于当前位。使用数字键盘或方向键和旋钮输入数值"100"。在弹出的菜单选择单位"nsec"。

（8）按延时软键使其突出显示，数字上方的亮点表示光标处于当前位。使用数字键盘或方向键和旋钮输入数值"5"。在弹出的菜单选择单位"nsec"。

（9）按前面板 Output1 按键打开 CH1 的输出。此时，CH1 输出具有指定参数的波形。将 CH1 输出端连接到示波器可以观察到如图 3-2-14 所示波形。

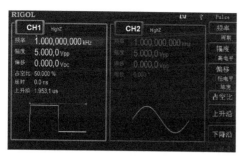

图 3-2-13　设置波形参数

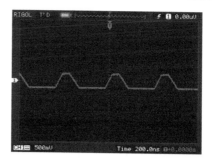

图 3-2-14　输出脉冲波形

 **知识链接三　直流稳压电源 SPD3303S/3303D**

SPD3303S/3303D 直流电源轻便、可调，具有多功能工作配置。它具有三组独立输出，同时具有输出短路和过载保护。

直流稳压电源的调节旋钮、开关、按键及连接器等都位于前面板上，如图 3-2-15 所示，前面板按钮及旋钮说明见表 3-2-3。

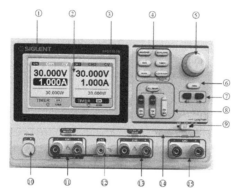

图 3-2-15　直流稳压电源前面板

表 3-2-3　前面板说明

| 编号 | 说明 | 编号 | 说明 |
|---|---|---|---|
| 1 | 品牌 LOGO | 9 | CH3 挡位拨码开关 |
| 2 | 显示界面 | 10 | 电源开关 |
| 3 | 产品型号 | 11 | CH1 输出端 |
| 4 | 系统参数配置按键 | 12 | 公共接地端 |
| 5 | 多功能旋钮 | 13 | CH2 输出端 |
| 6 | 细调功能按键 | 14 | CV/CC 指示灯 |
| 7 | 左右方向按键 | 15 | CH3 输出端 |
| 8 | 通道控制按键 | | |

## 1．控制面板操作概述

（1）输出。SPD3303S/3303D 系列可编程线性直流电源有三组独立输出：两组可调电压值，一组电压值固定可选择（2.5V、3.3V 和 5V）。

（2）独立/并联/串联。SPD3303S/3303D 具有三种输出模式：独立、并联和串联，由前面板的跟踪开关来选择相应模式，在独立模式下，输出电压和电流各自单独控制。在并联模式下输出电流是单通道的 2 倍；在串联模式下，输出电压是单通道的 2 倍。

**（3）恒压/恒流。** 恒流模式下，输出电流为设定值，并通过前面板控制。前面板指示灯显示红色（CC），电流维持在设定值，此时电压值低于设定值，当输出电流低于设定值时，则切换到恒压模式。

**2. 使用方法**

**（1）CH1/CH2 独立输出。** CH1 和 CH2 输出工作在独立控制状态，同时 CH1 与 CH2 均与地隔离。具体操作步骤如下：

① 确定并联和串联键关闭（按键灯不亮，界面没有串并联标识）。

② 连接负载到前面板端子，CH1 +/-，CH2 +/-。

③ 设置 CH1/CH2 输出电压和电流：首先，通过移动光标选择需要修改的参数（电压、电流），然后，旋转多功能旋钮改变相应参数值（按下 FINE 按键，可以进行细调）。

④ 打开输出：按下输出键 "OUTPUT"，相应通道指示灯被点亮，输出显示 CC 或 CV 模式。

**（2）CH3 独立模式。** CH3 额定值为 2.5V/3.3V/5V，3A。独立于 CH1/CH2。具体操作步骤如下：

① 连接负载到前面板 CH3 +/- 端子。

② 使用 CH3 拨码开关，选择所需挡位：2.5V、3.3V、5V。

③ 打开输出：按下输出键 "ON/OFF" 打开输出，同时按键灯点亮。

**（3）CH1/CH2 串联模式。** 串联模式下，输出电压为单通道的两倍，CH1 与 CH2 在内部连接成一个通道，CH1 为控制通道。具体操作步骤如下：

① 按下 SER 键启动串联模式，按键灯点亮。

② 连接负载到前面板端子，CH2+&CH1-。

③ 按下 CH1 按键，并设置 CH1 "设定电流" 为额定值 3.0A。默认状态下，电源工作在粗调模式，若要启动细调模式，按下旋钮 FINE 即可。

④ 按下 CH1 开关（灯点亮），使用多功能旋钮来设置输出电压和电流值。

⑤ 按下输出键，打开输出。

**（4）CH1/CH2 并联模式。** 并联模式下，输出电流为单通道的两倍，内部进行了并联连接，CH1 为控制通道。具体操作步骤如下：

① 按下 PARA 键启动并联模式，按键灯点亮。

② 连接负载到 CH1+/- 端子。

③ 打开输出，按下输出键，按键灯点亮。

**实 操 训 练**

○ *做一做　仪器的使用与调试* ○

**1. 直流稳压电源输出电压调试**

使用直流稳压电源，分别调试出以下电压，利用万用表进行校准检测，将相关测量数据记录在表 3-2-4 中。

（1）产生两路独立输出电压 10V。

（2）调节产生±12V 电压。

（3）调节产生 CH2 通道 5V 输出电压。

（4）调节产生 CH1 通道 15V 输出电压。

表 3-2-4　直流电压测量记录表

| 稳压电源输出电压 | 10V | 12V | 5V | 15V |
|---|---|---|---|---|
| 万用表测试电压 | | | | |

### 2．信号波形的产生与调试

使用函数信号发生器分别产生下列波形，并通过示波器进行验证和测量，将操作测量结果记录在表 3-2-5 中。

（1）产生一个频率为 2000Hz、幅度为 50mV 的正弦波信号。

（2）产生一个频率为 500Hz、幅度为 3V、占空比为 50%的方波信号。

（3）产生一个频率为 1kHz、幅度为 500mV、占空比为 60%的三角波信号。

（4）产生一个周期为 10ms 的 TTL 信号。

表 3-2-5　仪器操作测量记录表

| 测量方式 | 波形 1 | | 波形 2 | | 波形 3 | | 波形 4 | |
|---|---|---|---|---|---|---|---|---|
| 函数信号发生器 | 频率 | 幅度 | 频率 | 幅度 | 频率 | 幅度 | 频率 | 幅度 |
| | | | | | | | | |
| 示波器测量 | | | | | | | | |
| | | | | | | | | |

### 3．示波器的使用

（1）利用示波器测量补偿信号的相关参数，将波形和测量的相关数据记录在表 3-2-6 中。

表 3-2-6　波形调试记录表 1

| 波形 | 波形幅度 | 波形的最高电平 |
|---|---|---|
| | | |
| | 波形的最低电平 | 示波器 $Y$ 轴量程挡位 |
| | | |

（2）利用函数信号发生器产生一个频率为 1kHz、幅度为 5V，占空比为 60%的矩形波信号，调试波形并测量相关参数，记录在表 3-2-7 中。

表 3-2-7　波形调试记录表 2

| 波形 | 波形幅度 | 波形周期 |
|---|---|---|
| | | |
| | 波形占空比 | 示波器 $Y$ 轴量程挡位 |
| | | |

（3）利用函数信号发生器产生一个周期为 10ms、幅度为 3V 的正弦波信号，调试波形并测量相关参数，记录在表 3-2-8 中。

表 3-2-8　波形调试记录表 3

| 波形 | 波形峰峰值 | 波形频率 |
|---|---|---|
| | | |
| | 波形最大值 | 示波器 $Y$ 轴量程挡位 |
| | | |

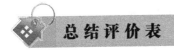

## 总结评价表

| 评价内容 | 评价标准 | 配分 | 扣分 | 得分 |
|---|---|---|---|---|
| 测量准备 | 准备工作不熟练，扣 20 分 | 20 分 | | |
| 测量过程 | 测量过程中，操作步骤每错一步扣 10 分 | 30 分 | | |
| 测量结果 | 测量结果误差较大或错误，扣 30 分 | 30 分 | | |
| 安全规范 | 操作不得当，扣 20 分 | 20 分 | | |

## 实训思考

（1）TTL 电平信号和常规输出的信号有什么区别？

（2）在用示波器观察波形时，若发现波形垂直方向幅度太小，应调整哪个旋钮或按键？如何调呢？垂直方向幅度太大呢？

# 任务三　常用低压电器的认知及检测

**工作任务单**

| 序号 | 任务内容 |
|------|----------|
| 1 | 了解常用低压电器的种类 |
| 2 | 熟练掌握常用低压电器的检测、使用及维修 |

 **知识链接一　低压断路器**

低压断路器又名自动空气开关或自动空气断路器，简称断路器。它是一种重要的控制和保护电器，既可手动分合电路又可电动分合电路，主要用于低压配电电网和电力拖动系统中。在电力拖动系统中，应用较为广泛的为 DZ47 系列自动空气断路器，其外形和符号分别如图 3-3-1 及图 3-3-2 所示。

图 3-3-1　DZ47 系列低压断路器

图 3-3-2　DZ47 系列低压断路器符号

### 1. 分类

塑壳式、框架式、限流式、直流快速式、灭磁式和漏电保护式。

### 2. 作用

集控制和多种保护功能于一体，对电路或用电设备实现过载、短路、欠压等保护，也可用于不频繁地转换电路及启动电机。

### 3. 工作原理

DZ47 系列低压断路器工作原理如图 3-3-3 所示。图中 2 为三极主触点系统，合闸时，与转轴相连的锁扣 3 扣住跳扣 4，使弹簧 1 受力而处于储能状态。如果主电路工作正常，热脱扣器的发热元件 13 温度不高，不会使双金属片 12 弯曲到顶动连杆 7 的程度。电磁脱扣器 6 的线圈磁力不大，不能吸引衔铁 8 去拨动连杆 7，断路器正常吸合，向负载供电。若主电路发生过载或短路，电流超过热脱扣器或电磁脱扣器整定值时，双金属片 12 或衔铁 8 将拨动连杆 7，使跳扣 4 被顶离锁扣 3，弹簧 1 的拉力使主触点系统分离而切断主电路。一旦电源低压低于整定值（或失去低压），线圈 11 的磁力减弱，衔铁 10 受弹簧 9 拉力向上运动，顶起连杆 7，使跳扣 4 与锁扣 3 脱离而断开主触点，起欠（失）压保护作用。

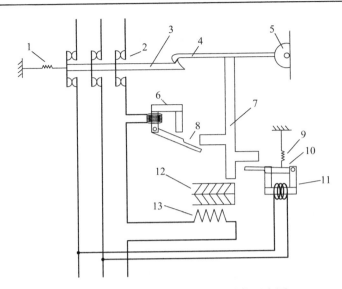

图 3-3-3　DZ47 系列低压断路器结构示意图

### 4．型号

如图 3-3-4 所示。低压断路器的常见形式有 W（万能式）、Z（装置式）；低压断路器的极数：2（两极）、3（三极）。

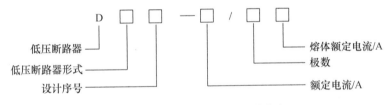

图 3-3-4　低压断路器型号及其意义

### 5．选用原则

（1）断路器的额定电压应不低于电路的工作电压。

（2）断路器的额定电流和热脱扣器的额定电流应等于或大于电机（负载）的额定电流。

（3）极限分断能力不小于电路中的最大短路电流。

（4）欠电压脱扣器的额定电压应等于电路的额定电压。

（5）断路器应用于照明时，电磁脱扣器的瞬时脱扣整定电流一般取负载电流的 6 倍；用于保护电机时，电磁脱扣器的瞬时脱扣整定电流一般取电机启动电流的 1.7 倍或取热脱扣器额定电流的 8～12 倍。

### 6．使用注意事项

（1）断路器应垂直于配电板安装。

（2）使用前应将脱扣器工作面的防锈油脂擦干净。

（3）电源进线应接到上端，负载出线应接到下端。

（4）若遇分断短路电流，应及时检查触头系统，若发现电灼烧痕，应及时修理或更换。

### 7. 常见故障及处理方法（表 3-3-1）

表 3-3-1　常见故障的处理

| 故障现象 | 故障原因 | 处理方法 |
|---|---|---|
| 不能闭合 | ①欠压脱扣器无电压或线圈损坏<br>②储能弹簧变形<br>③反作用弹簧力过大<br>④机构不能复位再扣 | ①检查施加电压或更换线圈<br>②更换储能弹簧<br>③重新调整<br>④调整再扣接触面至规定值 |
| 电流达到整定值，断路器不动作 | ①热脱扣器双金属片损坏<br>②电磁脱扣器的衔铁与铁芯距离太大或电磁线圈损坏<br>③主触头熔黏 | ①更换双金属片<br>②调整衔铁与铁芯距离或更换电磁线圈<br>③检查原因并更换主触头 |
| 启动电机时断路器立即分断 | ①电磁脱扣器瞬动整定值过小<br>②电磁脱扣器某些零件损坏 | ①调整整定值至规定值<br>②更换脱扣器 |
| 断路器闭合后，经一定时间自行分断 | 热脱扣器整定值过小 | 调高整定值至规定值 |
| 断路器温升过高 | ①触头压力过小<br>②触头表面过分磨损或接触不良<br>③两个导电零件连接螺钉松动 | ①调整触头压力或更换弹簧<br>②更换触头或调整接触面<br>③重新拧紧 |

 **知识链接二　熔断器**

　　熔断器是一种当电流超过规定值时，以本身产生的热量使熔体熔断，断开电路的一种电器。熔断器广泛应用于高低压配电系统和控制系统以及用电设备中，作为短路和过电流的保护器，是应用最普遍的保护器件之一。其电气符号如图 3-3-5 所示。

### 1. 常用的熔断器

1）插入式熔断器

　　插入式熔断器常用于 380V 及以下电压等级的线路末端，作为配电支线或电气设备的短路保护。外形及其组成如图 3-3-6 所示。

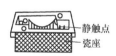

图 3-3-5　熔断器电气符号及图例　　　　　图 3-3-6　插入式熔断器外形及其组成

2）螺旋式熔断器

　　熔体上的上端盖有一熔断指示器，一旦熔体熔断，指示器马上弹出，可透过瓷帽上的玻璃孔观察到，它常用于机床电气控制设备中。螺旋式熔断器分断电流较大，可用于电压等级 500V 及以下、电流等级 200A 以下的电路中作为短路保护。外形及其组成如图 3-3-7 所示。

3）封闭式熔断器

　　封闭式熔断器分无填料熔断器和有填料熔断器两种，如图 3-3-8 所示。无填料密闭式熔断器将熔体装入密闭式圆筒中，分断能力稍小，用于 500V 以下、600A 以下电力网或配电设备中；有填料熔断器一般用方形瓷管，内装石英砂及熔体，分断能力强，用于电压等级 500V 以下、电流等级 1kA 以下的电路中。

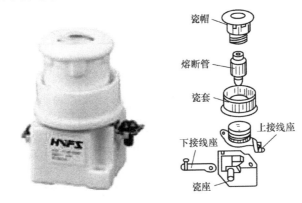

图 3-3-7　螺旋式熔断器外形及其组成

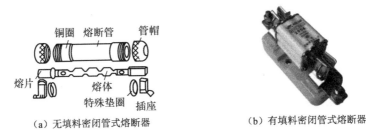

（a）无填料密闭管式熔断器　　　　　（b）有填料密闭管式熔断器

图 3-3-8　封闭式熔断器

4）快速熔断器

主要用于半导体整流元件或整流装置的短路保护。由于半导体元件的过载能力很低，只能在极短时间内承受较大的过载电流，因此要求短路保护具有快速熔断的能力。快速熔断器的结构和有填料封闭式熔断器基本相同，但熔体材料和形状不同，它是以银片冲制的有 V 形深槽的变截面熔体。

5）自复熔断器

采用金属钠作为熔体，在常温下具有高电导率。当电路发生短路故障时，短路电流产生高温使钠迅速气化，气态钠呈现高阻态，从而限制了短路电流。当短路电流消失后，温度下降，金属钠恢复原来的良好导电性能。自复熔断器只能限制短路电流，不能真正分断电路。其优点是不必更换熔体，能重复使用。

**2．工作原理**

主要工作部分是熔体，串联在被保护电器或电路的前面，当电路或设备过载或短路时，通过熔断器的电流超过一定数值并经过一定的时间后，电流在熔体上产生的热量使熔体某处融化而切断电路，从而保护了电路和设备。

**3．型号**

如图 3-3-9 所示。熔断器形式有 C（瓷插式熔断器）；L（螺旋式熔断器）；M（无填料封闭管式熔断器）；T（有填料封闭管式熔断器）；S（快速熔断器）；Z（自复式熔断器）。

### 4．熔丝的选择原则

（1）照明及电热设备线路：

① 在线路干线上熔丝额定电流等于电度表额定电流的 0.9～1 倍。

② 在支路上熔丝额定电流等于支路上所有负载额定电流之和的 1～1.1 倍。

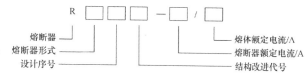

图 3-3-9　熔断器型号及其意义

（2）交流电机线路：

① 单台交流电机线路中熔丝额定电流等于电机额定电流的 1.5～2.5 倍。

② 多台交流电机线路中熔丝额定电流等于线路上最大的一台电机额定电流的 1.5～2.5 倍，再加上其他电机额定电流之和。

（3）交流电焊机：

单台交流电焊机线路上的熔丝可用下列简便方法估算：

① 电源电压 220V 时，熔丝的额定电流等于电焊机功率（kW）数值的 6 倍。

② 电源电压 380V 时，熔丝的额定电流等于电焊机功率（kW）数值的 4 倍。

### 5．使用注意事项

（1）低压熔断器的额定电压应与线路的电压相吻合，不得低于线路电压。

（2）熔体的额定电流不可大于熔管的额定电流。

（3）熔断体的极限分断能力应高于被保护线路的最大短路电流。

（4）安装熔体时必须注意不要使其受机械损伤，特别是较柔软的铅锡合金丝，以免发生误动作。

（5）安装时必须保证熔体以及触刀和刀座接触良好，以免因接触电阻过大而使温度过高发生误动作。

（6）当熔体已熔断或已严重氧化，需要更换熔体时，要注意新换熔体的规格与旧熔体的规格相同，以保证动作的可靠性。

（7）更换熔体或熔管，必须在不带电的情况下进行，即使有些熔断器允许在带电情况下取下，也必须在电路切断后进行。

（8）瓷插式熔断器应垂直安装，螺旋式熔断器的电源线应接在瓷底座的下接线座上，负载线应接在螺纹壳的上接线座上（俗称"低进高出"），这样在更换熔断管时，旋出螺帽后螺纹壳上不带电，保证操作者的安全。

### 6．常见故障及处理方法见表 3-3-2

表 3-3-2　常见故障及处理方法

| 故障现象 | 故障原因 | 处理方法 |
| --- | --- | --- |
| 电路接通瞬间熔体熔断 | ① 熔体规格太小<br>② 负载侧短路<br>③ 熔体在安装时受机械损伤 | ① 更换熔体<br>② 排除负载短路故障<br>③ 更换熔体 |
| 熔体未熔断但电路不通 | 熔体或接线座接触不良 | 重新连接 |

**知识链接三　交流接触器**

交流接触器是通过电磁机构动作，频繁地接通和分断主电路的远距离操纵电器，其优点是动作迅速、操作方便和便于远距离控制，所以广泛地应用于电机、电热设备、小型发电机、电焊机和机床电路上，其缺点是噪声大、寿命短。由于它只能接通和分断负荷电流，不具备短路保护作用，故必须与熔断器、热继电器等保护电器配合使用。

交流接触器按通断电流的种类可分为交流接触器和直流接触器两大类。平时使用最多的是交流接触器。它主要用于接通和分断电压不高于 1140V、电流不高于 630A 的交流电路，其外形和电气符号分别如图 3-3-10 及图 3-3-11 所示。

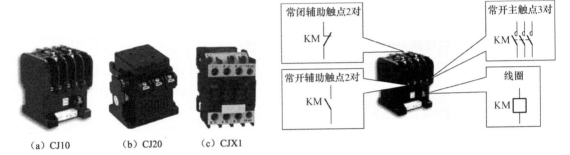

（a）CJ10　　　　（b）CJ20　　　（c）CJX1

图 3-3-10　交流接触器外形图　　　　图 3-3-11　CJ10 系列交流接触器符号

### 1．组成

由电磁机构、触点、灭弧装置、释放弹簧机构、支架与底座等几部分组成。

### 2．作用

远距离频繁地接通和分断主电路、失压（或欠压）保护功能。

① 欠压保护是指线路电压下降到某一数值时，电机能自动脱离电源停转，避免电机在欠电压下运行的一种保护。

② 失压保护，也称零压保护，是指电机在正常运行中，由于外界某种原因引起突然断电时，能自动切断电机电源；当重新供电时，保证电机不能自行启动的一种保护。

### 3．工作原理

根据电磁原理工作。当电磁线圈通电后，线圈电流产生磁场，使静铁芯产生电磁吸力吸引衔铁，并带动触点动作，使常闭触点断开，常开触点闭合，两者是联动的；当线圈断电时，电磁力消失，衔铁在释放弹簧的作用下释放，使触点复原，即常开触点断开，常闭触点闭合。结构示意图如图 3-3-12 所示。

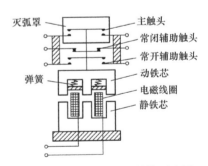

图 3-3-12　交流接触器结构示意图

## 4．型号（图3-3-13）

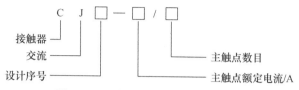

图3-3-13　交流接触器型号及其意义

### 5．交流接触器的选用原则

交流接触器的选用，必须满足控制电路的要求。

（1）交流接触器的工作电压即接触器主触头的电压，必须大于或等于负载回路的额定电压，一般应用于500V以下的交流电路中。

（2）交流接触器的工作电流即接触器主触点的电流，必须大于或等于线路的工作电流。

（3）用于接通点动电机的交流接触器，由于动作频繁，通过主触头电流相当于电机的启动电流，所以将电机的额定电流降低一半，再按电机的额定电流来选用。

（4）对于操作次数超过规定的每小时通断次数的接触器，应选用额定电流大一级的接触器。

（5）接触器吸引线圈电压符合控制电路的电压。

（6）接触器的触头数量、种类等应满足控制线路的要求。

### 6．使用注意事项

（1）接触器安装前应先检查线圈的电压是否与电源电压相符，然后检查各触头接触是否良好，是否有卡阻现象。最后将铁芯接触面上的防锈油擦净，以免误粘造成断电不能释放的故障。

（2）接触器安装时，其底面应与地面垂直，倾斜应小于15°。

（3）安装时切勿使螺钉、垫圈等零件落入接触器内，以免造成机械卡阻和短路故障。

（4）接触器触头表面应经常保持清洁，不允许涂油。当触头表面因电弧作用而形成金属小珠时，应及时铲除，但银及银合金触头表面产生的氧化膜，由于接触电阻很小，不必锉修，否则将缩短触头寿命。

### 7．常见故障及处理方法（表3-3-3及表3-3-4）

表3-3-3　触头的常见故障及处理方法

| 故障现象 | 故障原因 | 处理方法 |
| --- | --- | --- |
| 触头过热 | ①接触不良，触头氧化、有油污<br>②触头表面烧毛或被电弧灼伤 | ①清除触头灰尘和油污<br>②用小刀挂去氧化层和毛刺 |
| 触头磨损 | ①触头金属气化和蒸发<br>②触头闭合时撞击<br>③触头接触面相对滑动磨损 | ①更换大容量接触器<br>②更换触头及弹簧<br>③更换触头 |
| 触头熔焊 | ①触头弹簧损坏<br>②触头的初压力太小<br>③接触器容量过小 | ①更换弹簧<br>②调整弹簧初压力<br>③更换大容量接触器及触头 |
| 触头压力不足 | ①机械损伤使弹簧变形<br>②高温电弧使弹簧变形、变软<br>③触头磨损、变薄 | ①更换弹簧<br>②更换弹簧<br>③更换触头 |

表 3-3-4　电磁系统的常见故障及处理方法

| 故障现象 | 故障原因 | 处理方法 |
| --- | --- | --- |
| 触头不释放或释放缓慢 | ①铁芯端面有油污<br>②E 形铁芯剩磁大，铁芯释放不及时 | ①清除污垢<br>②更换铁芯 |
| 接触器有嗡嗡响声 | ①电源电压过低，触头、衔铁吸不牢<br>②衔铁、铁芯接触不良，有杂物<br>③短路环损坏、断裂<br>④弹簧压力过大，活动部分受卡阻 | ①调整电源电压<br>②清理铁芯端面<br>③更换铁芯或短路环<br>④更换弹簧，清除卡阻 |
| 线圈过热 | ①电源电压过高<br>②电源电压过低，线圈电流过大<br>③线圈技术参数与使用条件不符<br>④接触器动作过频 | ①调整电源电压<br>②调整电源电压<br>③选用合适的线圈和接触器<br>④减少操作频率 |

目前，工程上还广泛使用一些新型交流接触器。

（1）B 系列接触器。从德国引进的新型接触器，适用于交流 50Hz 或 60Hz，额定电压为 660V，额定电流为 460A 的电力线路中，供远距离接通和分断电路，频繁地启动和控制交流电机之用，具有失压保护作用。常与 T 系列热继电器组成电磁启动器，此时，具有过载及断相保护作用。

（2）3TB 系列接触器。从德国引进的新型接触器，适用于交流 50Hz 或 60Hz，额定电压为 660V 的电路中，供远距离接通和分断电路及频繁启动和控制交流电机，并可与相当的热继电器组成电磁启动器，以保护可能发生操作过负荷的电路。

 知识链接四　继电器

继电器是一种根据某种输入信号的变化来接通或断开控制电路，实现自动控制和保护的电器，它是一种小信号控制电器，它利用电流、电压、时间、速度、温度等信号来接通和分断小电流电路，广泛应用于电机或线路的保护及各种生产机械的自动控制。由于继电器一般都不直接用来控制主电路，而是通过接触器和其他开关设备对主电路进行控制，因此继电器载流容量小，不需灭弧装置。继电器有体积小、重量轻、结构简单等优点，但对其动作的灵敏度和准确性要求较高。常用的继电器有热继电器、时间继电器、中间继电器、电流继电器、电压继电器等。

## 一、热继电器

外形及电气符号见图 3-3-14 和图 3-3-15。

### 1．组成

双金属片、加热元件、动作机构、触点系统、整定调整装置及手动复位装置。

### 2．作用

过载及断相保护。过载保护是指当电机长期负载过大，或启动操作频繁，或缺相运行时，能自动切断电机电源，使电机停止转动的一种保护。在工厂的动力设备上常采用这类方式。

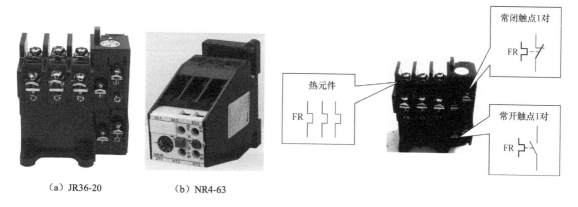

（a）JR36-20　　　　　（b）NR4-63

图 3-3-14　热继电器　　　　　　　　图 3-3-15　热继电器符号

　　热继电器可以作为过载保护但不能作为短路保护，因其双金属片从升温到发生形变断开动断触点有一个时间过程，不可能在短路瞬时迅速分断短路。

### 3．工作原理

　　电路过载，有较大电流通过热元件，热元件烤热双金属片，双金属片因上层膨胀系数小，下层膨胀系数大而向上弯曲，使扣板在弹簧拉力作用下带动绝缘牵引板，分断接入控制电路中的动断触点，切断主电路，从而起过载保护作用，其结构示意图如图3-3-16所示。

### 4．型号（图 3-3-17）

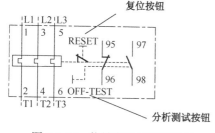

图 3-3-16　热继电器结构示意图

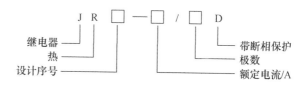

图 3-3-17　热继电器型号及其意义

### 5．热继电器的整定

　　热继电器的整定电流是指使热继电器长期运行而不动作的最大电流。通常只要负载电流超过整定电流的 1.2 倍，热继电器必须动作。整定电流的调整可通过旋转外壳上方的旋钮完成，旋钮上刻有整定电流标尺，作为调整时的依据。

### 6．使用注意事项

　　（1）热继电器安装时，应清除触头表面污垢，以免因接触电阻太大或短路不通，而影响热继电器的动作性能。

　　（2）热继电器必须按照产品说明书规定的方式安装。当它与其他电器装在一起时，应注意与其他电器保持一定的间距，以免其动作特性受到其他电器发热的影响。

### 7．常见故障及处理方法见表 3-3-5

表 3-3-5　常见故障及处理方法

| 故障现象 | 故障原因 | 处理方法 |
|---|---|---|
| 电机严重过载，热继电器不动作 | ①热继电器额定电流选用不当<br>②电流整定值偏大<br>③热元件烧毁或脱焊<br>④动作机构卡阻<br>⑤导板脱出 | ①按保护容量合理选择<br>②合理调整整定值<br>③更换热继电器<br>④消除卡阻因素<br>⑤重新放入导板并进行调试 |
| 热继电器误动作 | ①电机启动时间过长<br>②电流整定值偏小<br>③连接导线太细<br>④电机操作频率过高<br>⑤使用场合有强烈冲击和振动 | ①按启动时间要求选择热继电器或在启动过程中将热继电器短接<br>②合理调整整定值<br>③选择标准导线<br>④更换合适的型号<br>⑤选用带防振动冲击的热继电器或采取防振动措施 |
| 热元件烧毁 | ①负载侧短路，电流过大<br>②操作频率过高 | ①排除故障，更换热继电器<br>②更换合适参数的热继电器 |
| 控制电路不通 | ①触头烧坏或动触片弹性消失<br>②可调整式旋钮转到不合适位置<br>③热继电器动作后未复位 | ①更换触头或弹片<br>②调整旋钮或螺钉<br>③按动复位按钮 |

## 二、中间继电器

外形及符号如图 3-3-18 和图 3-3-19 所示。

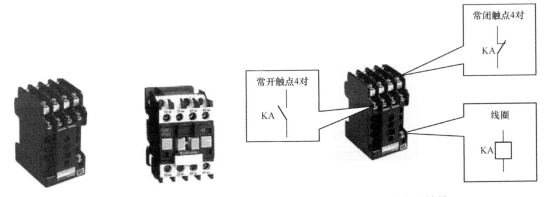

图 3-3-18　中间继电器　　　　图 3-3-19　中间继电器符号

### 1．组成

由电磁机构、触点、灭弧装置、释放弹簧机构、支架与底座等几部分组成。

### 2．作用

能够将某一种信号进行传递、放大或变成多路信号，具有中间转换的作用。

### 3．工作原理

中间继电器的工作原理与内部结构和交流接触器基本相同，只是它没有主、辅触点之分，每对触点的额定电流一般均为 5A。

### 4. 型号（图3-3-20）

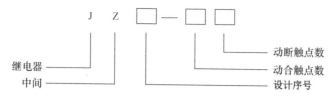

图3-3-20 中间继电器型号及其意义

### 5. 选用原则

选择中间继电器主要考虑被控电路的电压等级、所需触点的类型、容量和数量。

### 6. 安装、使用和常见故障及处理方法

中间继电器的安装、使用和常见故障及处理方法与接触器相似。可参见表3-3-3和表3-3-4。

## 三、时间继电器

外形和符号如图3-3-21和图3-3-22所示。

（a）电子式时间继电器

（b）空气阻尼式时间继电器

（c）数字显示时间继电器

图3-3-21 时间继电器

图3-3-22 空气阻尼式时间继电器的外形及符号

　　电子式时间继电器与数字显示式时间继电器是较为常用的时间继电器,如图 3-3-20(a)、(c)所示。

　　（1）电子式时间继电器。

　　电子式时间继电器体积小、重量轻、延时精度高、延时范围广、抗干扰性能强、可靠性好、寿命长,适用于各种要求高精度、高可靠性自动化控制场合的延时控制。

　　（2）数字显示时间继电器。

　　采用集成电路,LED 数字显示,数字按键开关预置,具有工作稳定、精度高、延时范围宽、功耗低、外形美观、安装方便等特点,广泛应用于自动控制中作为延时元件使用。

　　下面以 JS7-A 系列空气阻尼式时间继电器为例进行介绍,其外形及符号如图 3-3-21 所示。

### 1. 组成

电磁系统、工作触点、空气室、传动机构和基座。

### 2. 作用

利用电磁原理或机械动作原理实现触点延时闭合或延时断开的自动控制电器。

### 3. 工作原理

　　**（1）断电延时原理。**当电路通电后,电磁线圈的静铁芯产生磁场力,使衔铁克服弹簧的反作用力被吸合,与衔铁相连的推板向右运动,推动推杆,压缩宝塔弹簧,使气室内橡皮膜和活塞缓慢向右移动,通过弹簧片使瞬时触点动作,同时也通过杠杆使延时触点做好动作准备。线圈断电后,衔铁在反作用弹簧的作用下被释放,瞬时触点复位,推杆在宝塔弹簧作用下,带动橡皮膜和活塞向左移动,移动速度由气室进气口的节流程度决定,其节流程度可用调节螺钉完成。这样经过一段时间间隔后,推杆和活塞到最左端,使延时触点动作。

　　**（2）通电延时原理。**将时间继电器的电磁线圈翻转 180°安装,即可将断电延时时间继电器改装成通电延时时间继电器,其工作原理与断电延时原理相似。

### 4. 型号（图 3-3-23）

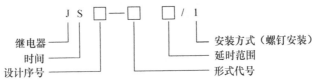

图 3-3-23　时间继电器型号及其意义

### 5. 选用原则

　　（1）时间继电器延时方式的选择有通电延时和断电延时两种,应根据被控制线路的实际要求选择不同延时方式的继电器。

（2）时间继电器线圈电压应根据被控制电路的电压等级选择，使两者电压相符。

### 6. 使用注意事项

（1）时间继电器应按说明书规定的方向安装，即无论是通电延时型还是断电延时型，都必须使继电器在断电释放时，衔铁的运动方向垂直向下，其倾斜角度不超过5°。

（2）除按要求接好线圈和触头的接线外，其金属板上的接地螺钉必须与接地线可靠连接，确保使用安全。

（3）时间继电器的延时时间应先在不通电时预先整定好，并在试车时校验。

（4）要经常清除灰尘及油污，否则延时误差将更大。

### 7. 常见故障及处理方法（表3-3-6）

表3-3-6 JS7-A 系列空气阻尼式时间继电器的常见故障及处理方法

| 故障现象 | 故障原因 | 处理方法 |
|---|---|---|
| 延时触头不动作 | ①电磁线圈断线<br>②电源电压过低<br>③传动机构卡住或损坏 | ①更换线圈<br>②调高电源电压<br>③排除卡阻故障或更换部件 |
| 延时时间缩短 | ①气室装配不严，漏气<br>②橡皮膜损坏 | ①修理或更换气室<br>②更换橡皮膜 |
| 延时时间变长 | 气室内有灰尘，使气道阻塞 | 清除气室内灰尘，使气道畅通 |

注：触头系统和电磁系统的故障参阅交流接触器故障及处理方法。

 **知识链接五 按钮**

按钮是一种结构简单、应用非常广泛的主令电器，一般情况下它不直接控制主电路的通断，而在控制电路中发出手动"指令"去控制接触器、继电器等电路，再由它们去控制主电路。按钮触点允许通过的电流很小，一般不超过5A。其外形符号如图3-3-24和图3-3-25所示。

图3-3-24 按钮

（a）常开按钮　　（b）常闭按钮　　（c）复合按钮

图3-3-25 按钮符号

### 1. 组成

按钮帽、复位弹簧、支柱连杆、动断触点、动合触点及外壳。

### 2. 作用

能短时接通或分断5A以下的小电流电路，向其他电器发出指令性的电信号，控制其他电器动作。由于按钮载流量小，不能直接用它控制主电路的通断。

**3. 型号（图 3-3-26）**

**4. 选用原则**

（1）按钮应根据使用场合、结构形式、触头数及颜色来进行选择。

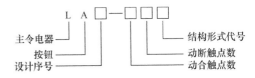

图 3-3-26　按钮型号及其意义

（2）电动葫芦不宜采用 LA18 和 LA19 按钮，最好采用 LA2 系列按钮。

（3）铸工车间灰尘较多，也不宜选用 LA18 和 LA19 系列按钮，最好选用 LA14-1 系列按钮。

**5. 使用注意事项**

（1）按钮安装在面板上时，应根据电机启动的先后顺序，按从上到下或从左到右的顺序排列，布置整齐，排列合理。

（2）同一机床运动部件有几种不同的工作状态时，应使每一对相反的按钮安装在一起。

（3）按钮的安装应牢固，金属外壳应可靠接地。

（4）停止按钮用红色，启动按钮用绿色或黑色。

**6. 常见故障及处理方法（表 3-3-7）**

表 3-3-7　常见故障及处理方法

| 故障现象 | 故障原因 | 处理方法 |
| --- | --- | --- |
| 触头接触不良 | ①触头烧坏<br>②触头表面有污垢<br>③触头弹簧失效 | ①修正触头或更换触头<br>②清洁触头表面<br>③重绕弹簧或更换弹簧 |
| 触头间短路 | ①塑料受热变形，导致接线螺钉相碰短路<br>②杂物或污垢在触头间形成短路 | ①更换按钮，并查明发热原因<br>②清洁按钮内部及触头 |

 **知识链接六　行程开关**

行程开关又称限位开关或位置开关，是一种根据运动部件的行程位置而切换电路工作状态的控制电器。外形及符号如图 3-3-27 和图 3-3-28 所示。

（a）按钮式　（b）单轮滚轮式　（c）双轮滚轮式

图 3-3-27　行程开关

（a）常开触点　　（b）常闭触点　　（c）复合触点

图 3-3-28　行程开关符号

### 1. 分类

滚轮式（旋转式）、按钮式（直动式）。

### 2. 作用

与按钮相同，都是向继电器、接触器发出电信号指令，实现对生产机械的控制。不同的是按钮靠手动操作，行程开关则是靠生产机械的某些运动部件与它的传动部件发生碰撞，令其内部触点动作，分断或切断电路，从而限制生产机械行程、位置或改变其运动状态，指挥生产机械停车、反转或变速等。

### 3. 工作原理

当生产机械撞块碰触行程开关滚轮时，使传动杠杆和转轴一起转动，转轴上的凸轮推动推杆使微动开关动作，接通动合触点，分断动断触点，指挥生产机械停车、反转或变速。

### 4. 型号（图 3-3-29）

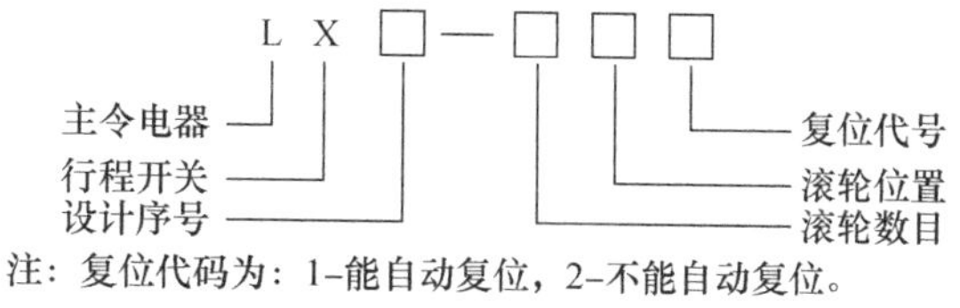

### 5. 选用原则

（1）根据应用场合及控制对象选择种类。

（2）根据安装环境选择防护形式。

（3）根据控制回路的额定电压和电流选择系列。

（4）根据机械与行程开关的传力与位移关系选择合适的操作触头形式。

```
        L X □ — □ □ □
主令电器 ┘ │ │     │ │ └ 复位代号
行程开关 ──┘ │     │ └── 滚轮位置
设计序号 ────┘     └──── 滚轮数目
```

注：复位代码为：1-能自动复位，2-不能自动复位。

图 3-3-29　行程开关型号及其意义

### 6. 使用注意事项

（1）行程开关安装时位置要准确，否则不能达到行程控制和限位控制的目的。

（2）应定期清扫行程开关，以免触头接触不良而达不到行程控制和限位控制的目的。

### 7. 常见故障及处理方法（表 3-3-8）

表 3-3-8　常见故障及处理

| 故障现象 | 故障原因 | 处理方法 |
|---|---|---|
| 挡铁碰撞行程开关后，触头不动作 | ①安装位置不正确<br>②触头接触不良或接线松脱<br>③触头弹簧失效 | ①调节安装位置<br>②清理触头或紧固接线<br>③更换弹簧 |
| 杠杆已经偏转或无外界机械力作用，但触头不复位 | ①复位弹簧失效<br>②内部撞块卡阻<br>③调节螺钉太长，顶住按钮触头 | ①更换弹簧<br>②清理内部杂物<br>③检查调节螺钉 |

 **实 操 训 练**

○ **认一认　元器件清单** ○

请根据学校实际情况，将教师给出的元器件及导线的型号、规格和数量填入表 3-3-9 中，并检查元器件的质量。

表 3-3-9　元器件清单

| 序号 | 名称 | 符号 | 规格型号 | 数量 | 备注 |
|---|---|---|---|---|---|
| 1 | 自动空气断路器 | | | | |
| 2 | 交流接触器 | | | | |
| 3 | 热继电器 | | | | |
| 4 | 时间继电器 | | | | |
| 5 | 行程开关 | | | | |
| 6 | 按钮 | | | | |
| 7 | 主电路熔断器 | | | | |
| 8 | 控制电路熔断器 | | | | |
| 9 | 主电路导线 | | | | |
| 10 | 控制电路导线 | | | | |
| 11 | 按钮导线 | | | | |

○ 做一做　元器件拆装与检测（表 3-3-10 ~ 表 3-3-13）○

表 3-3-10　拆装和检测热继电器

| 型号 | | 类型 | | 主要零部件 | |
|---|---|---|---|---|---|
| | | | | 名称 | 作用 |
| 热元件电阻值（Ω） | | | | | |
| U 相 | | V 相 | W 相 | | |
| | | | | | |
| 整定电路调整值（Ω） | | | | | |

表 3-3-11　拆装和检测交流接触器

| 型号 | | | 容量 | | 拆装步骤 | 主要零部件 | |
|---|---|---|---|---|---|---|---|
| | | | | | | 名称 | 作用 |
| 触点对数 | | | | | | | |
| 主触点 | 辅助触点 | | 常开触点 | 常闭触点 | | | |
| | | | | | | | |
| 触点电阻 | | | | | | | |
| 常开 | | | 常闭 | | | | |
| 动作前（Ω） | 动作后（Ω） | | 动作前（Ω） | 动作后（Ω） | | | |
| | | | | | | | |
| 电磁线圈 | | | | | | | |
| 线径（mm） | 匝数 | | 工作电压（V） | 直流电阻（Ω） | | | |
| | | | | | | | |

表 3-3-12　拆装和检测时间继电器（空气阻尼式）

| 型　号 | 线圈电阻（Ω） | 主要零部件 | |
|---|---|---|---|
| | | 名称 | 作用 |
| 动合触点对数 | 动断触点对数 | | |
| | | | |
| 延时触点对数 | 瞬时触点对数 | | |
| | | | |
| 瞬时分断触点对数 | 瞬时闭合触点对数 | | |
| | | | |

表 3-3-13　拆装和检测熔断器

| 序号 | 步骤 | 工具仪表 | 操作评价 |
| --- | --- | --- | --- |
| 1 | 检测熔体 | | |
| 2 | 更换熔体 | | |
| 3 | 检测熔断器 | | |

○　查一查　故障原因　○

某同学在检测交流接触器时，发现通电后交流接触器触点不动作，你认为交流接触器发生故障的可能原因有哪些？

**总结评价表**

| 评价内容 | 评价标准 | 配分 | 扣分 | 得分 |
| --- | --- | --- | --- | --- |
| 常用低压电器认知 | 能说出常用电工电器的用途及原理 | 20 分 | | |
| 常用低压电器的装拆 | 1. 拆卸步骤、方法不正确，每次扣 10 分，扣完为止。<br>2. 拆卸过程导致元器件触头或塑料外壳损坏，每件扣 10 分，扣完为止。<br>3. 装配步骤、方法错误，每次扣 10 分，扣完为止。<br>4. 装配过程损坏零部件的，每只扣 10 分，扣完为止。<br>5. 拆装过程中不能正确使用测量仪器的，每次扣 10 分，扣完为止。<br>6. 装配后不会校验的，扣 20 分，扣完为止 | 60 分 | | |
| 安全与文明生产 | 违反安全与文明生产规程，从重扣分 | 20 分 | | |

**实训思考**

（1）常用的低压电器有哪些？各自有什么作用？

（2）低压电器在使用过程中出现了故障，你能迅速进行拆装与检修吗？

# 项目四　电机基本控制线路的安装

 **知识目标**

（1）了解三相异步电机基本控制线路的工作场合。
（2）熟悉三相异步电机常用控制方法的工作原理。
（3）了解和认识现代电气控制技术中的新方法、新产品。
（4）掌握电气识图知识及基本安装接线图的相关知识。
（5）掌握电机控制线路的安装工艺、安装步骤及方法。

 **技能目标**

（1）学会正确使用电工工具，以及运用各种控制器件及动力负载电机的方法。
（2）能够规范地进行三相异步电机的各种低压控制线路的安装。
（3）能够利用所掌握的理论知识、技能进行实践，培养解决问题的能力。
（4）学会故障检测方法与培养故障排除的能力。

## 任务一　三相异步电机正转控制线路的安装

电机正转控制线路是指只能使电机朝着一个方向旋转，带动生产机械的运动部件朝着一个方向运动。本任务主要包括电机最常见的四个正转控制线路：点动控制线路、长动控制线路、点长动控制线路、两地控制线路。

### 课题一　点动控制线路的安装

 **工作任务单**

| 序号 | 任务内容 |
| --- | --- |
| 1 | 正确安装点动控制线路 |
| 2 | 掌握点动控制线路的自检方法并能排除简易故障 |

 **知识链接一　电气原理图常识**

电路和电气设备的设计、安装、调试与维修都要有相应的电工图作为依据和参考。电工图是以国家制定的图形符号和文字符号为标准，按规定的画法绘制出的图纸。它提供了电路中各元器件的功能、位置、连接方式及工作原理等信息。识读电工图是进行电工和电气连接、维护所必须掌握的技能之一。

电工图可分为电气原理图、安装接线图、平面布置图、端子排图等。

### 1. 电气原理图的识读

电气原理图是由电气符号按工作顺序排列，详细表示电路中电气元件、设备、线路的组成及反映电路的工作原理、连接关系等，而不考虑电气元件、设备的实际位置和尺寸的一种简图。它用图形符号和文字符号表示了电路各个电气元件的连接和电气工作原理。由于电气原理图具有结构简单、层次分明、适用于研究和分析工作原理等优点，因此广泛应用于工程设计中。

### 2. 原理图区的划分

标准电气原理图对图纸大小、图框尺寸和图区编号均有一定的要求，如图 4-1-1 所示。

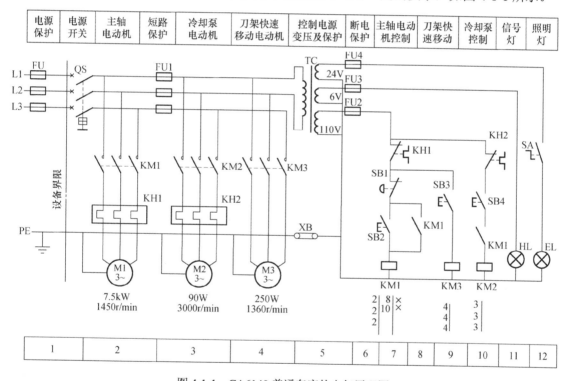

图 4-1-1 CA6140 普通车床的电气原理图

图框线下方横向标有阿拉伯数字 1、2、3 等，称为图区编号，是为检索图中电气支路或元件，方便阅读而设置的。图区编号上方的方框可以填写对应的电路名称或元件的功能，以便于理解全电路的工作原理，俗称"功能格"。

电气原理图要求做到布局合理，排列均匀，图面清晰，一般遵循以下规则：

（1）电源电路：设置于图面的上方或左方，三相四线制电源线相序由上至下或由左至右排列，零线绘于相线的下方或左方。

（2）主电路：在电气控制电路中，主电路通常包括电源支路、受电的动力装置及其控制、保护电器支路等，由电源开关、主轴电动机、接触器主触点、热继电器元件等组成，画于图面的左边。

（3）控制电路：控制电路包括接触器的线圈和辅助触点、继电器的线圈和辅助触点、限位开关的触点、按钮及连接导线等，按照对控制主电路的动作顺序要求从左向右绘制，并位于主电路右侧。

（4）辅助电路是指电气线路中的信号灯和照明电路部分，要求画于控制电路的右端。

### 3．电气原理图中符号位置的索引

为便于查找电气图中某一元件的位置，通常采用符号位置索引的表示方法。符号索引是指图区编号中代表行的字母和代表列的数字的组合，必要时还注明图号、页码，如图 4-1-2 所示。

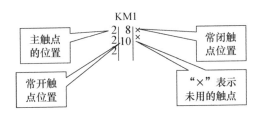

图 4-1-2　接触器触点位置索引标注及标注含义

**知识链接二　电气原理图分析方法**

在识读电气原理图时，应先看主电路，后看控制电路。

### 1．主电路分析

先分析执行元件的线路。一般先从电机着手，即从主电路看有哪些控制元件的主触头和附加元件，根据其组合规律大致可知该电机的工作情况（是否有特殊的启动、制动要求，是否正反转，是否要求调速等）。这样分析控制电路时就可以有的放矢。

### 2．控制电路分析

在控制电路中，由主电路的控制元件、主触头文字符号找到有关的控制环节以及环节间的联系，将控制线路"化整为零"，按功能不同划分成若干单元控制线路进行分析。通常按展开顺序表、结合元件表、元件动作位置图表进行阅读。从按动操作按钮（应记住各信号元件、控制元件或执行元件的原始状态）开始查询线路。观察元件的触头信号是如何控制其他元件动作的，查看受驱动的执行元件有何运动；再继续追查执行元件带动机械运动时，会使哪些信号元件状态发生变化。在识图过程中，特别要注意相互联系和制约关系，直至将线路全部看懂为止。

### 3．辅助电路分析

辅助电路包括执行元件的工作状态、电源显示、参数测定、照明和故障报警等单元电路。实际应用时，辅助电路中很多部分由控制电路中元件进行控制，所以常将辅助电路和控制电路一起分析，不再将辅助电路单独列出分析。

### 4．联锁与保护环节分析

生产机械对于系统的安全性、可靠性均有很高的要求，实现这些要求，除了合理的选择拖动、控制方案外，在控制线路中还设置了一系列电气保护和必要的电气联锁。在电气原理图的分析过程中，电气联锁与电气保护环节是一个重要的内容，不能遗漏。

### 5．特殊控制环节分析

在某些控制线路中，还设置了一些与主电路、控制电路关系不密切，相对独立的控制环节，如产品计数器装置、自动检测系统、晶闸管触发电路、自动调温装置等。这些部分往往自成一个小系统，其识图分析方法可以参照上述分析过程，并灵活运用电子技术、自控系统等知识逐一分析。

### 6．整体检查

经过"化整为零"，逐步分析各单元电路工作原理及各部分控制关系之后，还要用"集零为整"的方法检查整个控制线路，看是否有遗漏。特别要从整体角度进一步检查和理解各控制环节之间的联系，以清楚地理解原理图中每一个电气元件的作用及工作过程。

 **知识链接三　电气控制线路的安装工艺**

### 1．元器件布局工艺

首先按元件布置图将低压元器件安装于配电板上，并尽可能附以文字符号。图4-1-4为点动控制线路的元器件布局图。元器件的布局要求：各元器件安装应尽可能整齐有序，间距相对均匀，既美观又便于拆卸更换；在固定元器件时，因各元器件的底座为易损易碎材料，用力要均匀，且牢固程度要适中；在用旋具旋对角线上的螺钉紧固器件时，可轻摇器件，以不能晃动为准。

须注意：

（1）自动空气开关、熔断器的进线端应安装于控制板外侧，对熔断器遵循"低进高出"的原则。

（2）各低压电器安装前要先检测，初步确定性能良好，方可安装，否则应更换。

### 2．安装接线图绘制工艺

安装接线图是根据正确走线及满足走线要求而绘制的工艺性图纸。画安装接线图首先要学会正确的主电路、控制电路的编号方法。

（1）**主电路的编号**：三相电源遵循自上而下或自左而右按L1、L2、L3顺序编号；经隔离开关后出线端对应于U11、V11、W11；每经1组或1个接线端编号按相同规律依次递增，如下一编号对应U12、V12、W12、…，引出到电机的端子编号对应U、V、W（若多有台电机则对应用U1、V1、W1；U2、V2、W2、…表示）。

（2）**控制电路的编号**：采用从上到下、自左向右的顺序逐列依次编号，每经过1个电气接线端子编号递增，并遵循等电位同编号原则。编号有按自然顺序编号和奇偶编号的方法。本教材采用自然顺序编号的方法进行编号，如图4-1-3所示。

将元器件布局与控制电路的标号相结合可画出安装接线图，安装接线图是安装接线、线路检查、故障排除的主要依据。安装接线图要求各电气元件依据元件布局确定位置，元件大小与器件成比例，同一器件所有部件用虚线框起。同时还应注意：图形符号、文字符号应与电路原理图一致；需要接线的端子均应画出，并标注与原理图一致的编码；控制板或箱与操作面板、控制设备间的接线应通过端子排转换，而且同一走向的导线绘成一股，具体走向可结合线路上导线弯折处的转向判别。三相异步电机点动控制电路的接线图如图 4-1-5 所示。

**3．安装接线图布线工艺**

**（1）布线具体要求：** 接线顺序应满足先控制电路后主电路的原则。控制电路一般以中心接触器为中心，由内至外，由低到高，以满足不妨碍后续布线为原则；布线通道尽可能少，同路并行导线按主电路、控制电路分类集中，单层密排，紧贴安装板面；布线时应实现横平竖直，分布均匀，自由成形，变换线路走向时应满足垂直转向；同一平面的导线应高低一致或前后一致，尽量避免交叉；按钮连接线必须用软线，与配电板上的元器件连接时必须通过接线端子；布线时严禁损伤导线绝缘和线芯。

**（2）接线端具体要求：** 在每根导线两端剥去绝缘层后均须加套编码管，导线与接线端子或接线桩连接时，不得压绝缘皮，不得反圈和不得露铜过长；1 个元器件接线端（特别是瓦形接线桩）不得压接超过 2 根的导线；连接导线必须为连续线，中间不得有接头；考虑到防止瓦形接线桩压接线松脱，可将导线头加工成 U 形压接。若要压接 2 根导线，则均加工成 U 形，反向重叠压入瓦形垫圈下。

**（3）导线颜色具体要求：** 保护接地（PE）采用黄绿双色；动力线路中的零线（N）采用浅蓝色；交流或直流动力线路采用黑色；交流控制线路采用红色；直流控制线路采用蓝色；作为联锁控制的导线，若与外边控制线路连接，且当电源开关断开仍带电时采用橘黄色或黄色；与保护导线相接的线路采用白色。

 **知识链接四　电气控制线路及设备的安装流程**

（1）**识读原理图。** 明确电路所用电气元件名称、作用，熟悉线路的操作过程和原理。

（2）**配齐元器件并合理布局。** 列出元器件清单，配齐电气元件，并逐一进行质量检测，在配电板上合理布局。

（3）**安装线路。** 根据电机容量选配符合规格的导线，分别连接控制电路和主电路。

（4）**保护接地线的安装。** 连接电机和所有电气元件金属外壳的保护接地线。

（5）**外部导线的连接。** 连接电源、电机及控制板外部的导线。

（6）**检测线路。** 用万用表电阻挡分别检查主电路接线是否正确、控制电路接线是否正确，防止因接线错误造成不能正常运行或短路事故。

（7）**通电试车。** 为保证人身安全，必须在教师监护下通电试车。

**知识链接五　点动控制线路基本知识**

三相笼形异步电机点动控制是指需要电机短时断续工作时，只要按下按钮电机就转动，松开按钮电机就停止动作的控制。它是用按钮、接触器来控制电机运转的最简单的正转控制线路，如工厂中使用的电动葫芦和机床快速移动装置等。

## 电气原理图（图 4-1-3）

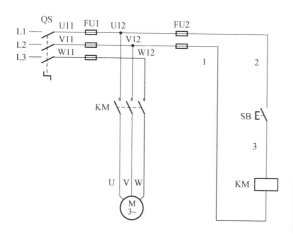

图 4-1-3　点动控制线路原理图

## 线路工作原理

合上电源开关 QS：

（1）启动：按下 SB→KM 线圈得电→KM 主触点闭合→电机 M 启动运转。

（2）停车：松开 SB→KM 线圈失电→KM 主触点断开→电机 M 失电停转。

停止使用时，断开电源开关 QS。

**技　巧**

实现点动控制可以将点动按钮直接与交流接触器的线圈串联，电机的运行时间由按钮按下的时间决定。

## 线路对电机的保护功能

短路保护：由熔断器 FU1、FU2 分别对主电路和控制电路实行短路保护。由于点动控制电路启动较为频繁且启动电流较大，故不宜在电路中利用热继电器设置过载保护。

**实操训练**

## 列一列　元器件清单

请根据学校实际情况，将安装三相异步电机点动控制线路所需的元器件及导线的型号、规格和数量填入表 4-1-1 中，并检查元器件的质量。

表 4-1-1　元器件清单

| 序号 | 名称 | 符号 | 规格型号 | 数量 | 备注 |
|---|---|---|---|---|---|
| 1 | 三相异步电机 | | | | |
| 2 | 组合开关 | | | | |
| 3 | 按钮 | | | | |
| 4 | 主电路熔断器 | | | | |
| 5 | 控制电路熔断器 | | | | |
| 6 | 交流接触器 | | | | |
| 7 | 端子排 | | | | |
| 8 | 主电路导线 | | | | |
| 9 | 控制电路导线 | | | | |
| 10 | 按钮导线 | | | | |
| 11 | 接地导线 | | | | |

## ○ 做一做　线路安装 ○

（1）画出元器件布置图并固定元器件（图4-1-4）。

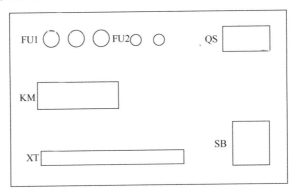

图4-1-4　点动控制线路元器件布置图

（2）画出电路的接线图（图4-1-5）。

（3）安装控制线路：按接线图完成控制线路的安装。

（4）安装主线路：按接线图完成主线路的安装。

（5）安装电源、电机等外部导线：按接线图完成电源、电机等控制板的外部导线的安装。

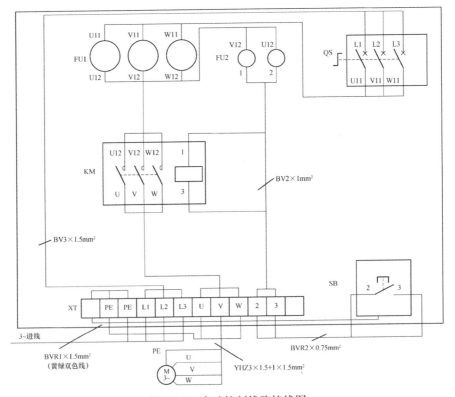

图4-1-5　点动控制线路接线图

○ **测一测 线路检测** ○

一般情况下应在断电时借助万用表检查电路的通断情况。检查时一般可选"R×100"或"R×1k"挡，并按需要进行调零。

### 1. 控制电路接线检查

将表笔分别搭在 U11、V11 线端上，读数应为"∞"。按下启动按钮 SB 时，万用表读数应为接触器线圈的直流电阻值（如 CJ10-10 线圈的直流电阻值约为 1800Ω）；松开 SB，万用表读数应偏转为"∞"。

### 2. 主电路接线检查

按电路图或接线图从电源端开始，借助手动压下交流接触器代替通电，检查主电路有无短路或开路现象。

### 3. 故障分析

若表笔搭在 U11、V11 线端上，读数不为"∞"，或按下启动按钮 SB 时，万用表读数不为接触器线圈的直流电阻值，在元器件性能良好的情况下，以上必然为接线错误。

主电路有短路或开路现象，可借助手动压下交流接触器代替通电进行检查，从而确定故障支路。

○ **试一试 通电试车** ○

为保证人身安全，通电试车时，要认真执行安全操作规程的有关规定，经教师检查并现场监护。接通三相电源 L1、L2、L3，合上电源开关 QS。按下 SB，观察接触器工作情况是否正常，是否符合线路功能要求，观察电机运行是否正常。若有异常，立即停车检查。

○ **查一查 故障原因** ○

某同学安装好点动控制线路后，按下按钮 SB，交流接触器不动作，请你帮他分析可能的故障原因有哪些。

 **总结评价表**

| 评价内容 | 评价标准 | 配分 | 扣分 | 得分 |
|---|---|---|---|---|
| 器材准备 | 1. 不清楚元器件功能及作用，每只扣 2 分，扣完为止<br>2. 不能说明使用注意事项，每项扣 2 分，扣完为止<br>3. 元器件漏检、错检每只扣 2 分，扣完为止 | 10 分 | | |
| 元器件布局 | 1. 元器件布局不合理，每只扣 3 分，扣完为止<br>2. 安装不牢固、不整齐、不匀称，每只扣 3 分，扣完为止<br>3. 布局过程导致元器件损坏，每只扣 3 分，扣完为止 | 15 分 | | |
| 线路敷设 | 1. 导线敷设不平直、不整齐、绝缘损坏，每处扣 2 分，扣完为止<br>2. 节点不紧密、露铜或反圈，每处扣 2 分，扣完为止<br>3. 线路敷设违反电路原理图，每处扣 2 分，扣完为止<br>4. 号码管错标、漏标，每处扣 2 分，扣完为止<br>5. 导线选取错误，每一根扣 10 分，扣完为止 | 20 分 | | |

续表

| 评价内容 | 评价标准 | 配分 | 扣分 | 得分 |
|---|---|---|---|---|
| 自检与排障 | 1. 自检方法错误、漏检、错检，每次扣5分，扣完为止<br>2. 连接线路有故障，故障分析与排障方法错误，每次扣10分，扣完为止<br>3. 连接线路无故障，设定故障分析与排障方法错误，每次扣10分，扣完为止 | 20分 | | |
| 通电试车 | 1. 第一次试车不成功且不能迅速判断故障，扣10分<br>2. 第二次试车不成功且不能迅速判断故障，本项不得分 | 20分 | | |
| 安全与文明规范 | 1. 工具摆放、整理等违反9S要求，每处扣5分，扣完为止<br>2. 导线、器材等浪费严重，酌情扣5～10分<br>3. 漏装、错装或不规范安装接地线，扣10分<br>4. 违反安全与文明生产规程，从重扣分 | 15分 | | |

 实训思考

（1）试分析电路中，哪些元器件具有保护电路的作用，分别实现什么保护？

（2）点动控制电路在生产中应用多吗？若要实现持续运转即"长动"，点动控制电路应该如何改装？

## 课题二　长动控制线路的安装

 工作任务单

| 序号 | 任务内容 |
|---|---|
| 1 | 正确安装长动控制线路 |
| 2 | 掌握长动控制线路的自检方法并能排除简易故障 |

 知识链接一　电气控制线路故障检测步骤

（1）寻找和分析故障现象。

（2）依据原理图找到故障发生部位或回路，尽可能缩小故障范围。

（3）在故障部位或回路找出故障点。

（4）依据故障点的不同情况，采取相应检修方法排除故障。

（5）通电空载校验或局部控制校验。

（6）正常运行。

 知识链接二　电气控制线路故障检测方法

### 1. 调查研究法

主要是询问设备操作工人，观察有无故障引起的明显的外观征兆；听设备电气元件运行时的声音与正常工作的区别；触摸测试电气发热元件及线路的温度，看是否正常。

### 2．试验法

一般可先点动试验各控制环节的动作程序，若发现某一电器动作不符合要求，即说明故障范围在与此器件有关的电路中，即可进一步排查找出故障。

### 3．逻辑分析法

对故障现象进行具体分析，缩小可疑范围，辅以试验法，对与故障回路相关的控制环节进行控制，排除公共支路故障，使故障范围明朗化。

### 4．电阻测量法

电阻测量法是切断电源后，用万用表的电阻挡检测的方法。这种方法比较方便和安全，是判断三相笼形异步电机控制线路故障的常用方法。电阻测量法分为电阻分段测量法（图 4-1-6）和电阻分阶测量法（图 4-1-11）。

### 5．交流电压测量法

交流电压测量法是在接通电源时，用万用表的交流电压挡进行检测的方法，由于是带电操作，须注意操作安全。交流电压测量法分为分阶测量法和分段测量法。图 4-1-14 为交流电压分阶测量法检测示意图。

### 6．逐步短接法

逐步短接法是在控制电源正常的情况下，用一根绝缘良好的导线分别短接测试（连接）点的方法。逐步短接法又分局部短接法和长短线短接法。

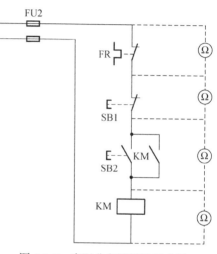

图 4-1-6　电阻分段测量法示意图

（1）短接法检测是用手拿绝缘导线带电操作，所以一定要注意安全，避免触电事故。

（2）短接法只适用于电压极小的导线及触点之间的短路故障。对于电压较大的电器，如线圈、绕组、电阻等断路故障，不能采用短接法，否则会出现短路故障。

 **知识链接三　长动控制线路基本知识**

对需要较长时间运行的电机，用点动控制是不方便的。因为一旦松开按钮 SB，电机立即停转。因此，需要在点动控制电路的基础上进行设计，使得松开按钮 SB 后，电机能够持续运转，即"长动"控制，从而满足实际生产的需要，如 CA6140 型普通车床的主轴电机等常采用长动控制。

## ○ 电气原理图（图 4-1-7）○

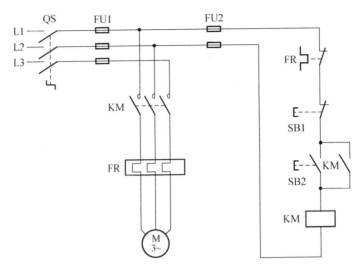

图 4-1-7　长动控制线路原理图

## ○ 线路工作原理 ○

合上电源开关 QS

（1）启动：

按下 SB2→KM 线圈得电 ⟶ KM 主触点闭合 ⟶ 电机 M 启动
　　　　　　　　　　　⟶ KM 辅助常开触点闭合自锁 ⟶ 连续运转

（2）停车：

按下 SB1→KM 线圈失电 ⟶ KM 主触点分断 ⟶ 电机 M 失电停转
　　　　　　　　　　　⟶ KM 辅助常开触点分断解除自锁

停止使用时，断开电源开关 QS。

**概 念**

　　当启动按钮松开后，交流接触器通过自身的辅助常开触点使其线圈保持得电的作用称为自锁，与启动按钮并联起自锁作用的触头称为自锁触头。

## ○ 线路对电机的保护功能 ○

　　长动控制电路除了具备点动控制电路的短路保护外，还具有过载保护、失压（或零压）保护和欠压保护作用。

　　（1）过载保护：由热继电器 FR 实现。FR 的热元件串联在电机的主电路中，当电机过载达一定程度时，FR 的动断触点断开，KM 因线圈失电而释放，从而切断电机的主电路。

　　（2）失压（或零压）保护：该电路每次都必须按下启动按钮 SB2，电机才能启动运行，这就保证了突然停电而又恢复供电时，不会因电机自行启动而造成设备和人身事故。这种在突然停电时能够自动切断电机电源的保护称为失压（或零压）保护。

（3）欠压保护：如果电源电压过低（如降至额定电压的85%以下），则接触器线圈产生的电磁吸力不足，接触器会在复位弹簧的作用下释放，从而切断电机电源。所以接触器控制电路对电机有欠压保护的作用。

常　识

　　在照明、电加热等电路中，熔断器FU既可作为短路保护，也可作为过载保护。但对三相异步电机控制线路来说，熔断器只能作为短路保护。这是因为三相异步电机的启动电流很大（全压启动时的启动电流能达到额定电流的4~7倍），若用熔断器作为过载保护，则选择的额定电流就应等于或稍大于电机的额定电流，这样电机在启动时，由于启动电流大大超过了熔断器的额定电流，使熔断器在很短的时间内熔断，造成电机无法启动。所以熔断器只能作为短路保护，熔体额定电流应取电机额定电流的1.5~2.5倍。

　　热继电器在三相异步电机控制线路中只能作为过载保护，不能作为短路保护。这是因为热继电器的热惯性大，即热继电器的双金属片受热膨胀弯曲需要一定的时间。当电机发生短路时，由于短路电流很大，热继电器还没来得及动作，供电线路和电源设备可能就已经损坏。而在电机启动时，由于启动时间很短，热继电器还未动作，电机已启动完毕。

　　总之，热继电器和熔断器两者所起的作用不同，不能相互代替使用。

 **实操训练**

### ◎ 列一列　元器件清单（表4-1-2）◎

表4-1-2　元器件清单

| 序号 | 名称 | 符号 | 规格型号 | 数量 | 备注 |
| --- | --- | --- | --- | --- | --- |
| 1 | 三相异步电机 | | | | |
| 2 | 组合开关 | | | | |
| 3 | 按钮 | | | | |
| 4 | 主电路熔断器 | | | | |
| 5 | 控制电路熔断器 | | | | |
| 6 | 交流接触器 | | | | |
| 7 | 热继电器 | | | | |
| 8 | 端子排 | | | | |
| 9 | 主电路导线 | | | | |
| 10 | 控制电路导线 | | | | |
| 11 | 按钮导线 | | | | |
| 12 | 接地导线 | | | | |

### ◎ 做一做　线路安装 ◎

（1）固定元器件，画出接线图（图4-1-8）。

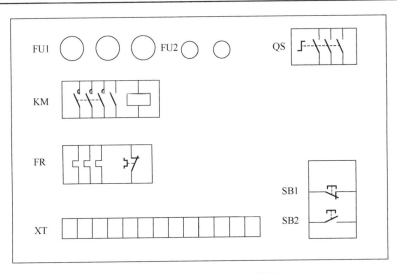

图 4-1-8　长动控制线路接线图

（2）安装控制线路。

（3）安装主线路。

（4）安装电源、电机等控制板的外部导线。

○　测一测　线路检测　○

**1. 控制电路接线检查**

用万用表电阻挡检查控制电路接线情况。检查时，应选用倍率适当的电阻挡，并欧姆调零。

① 按下 KM 触点架，使其常开辅助触点闭合，万用表读数应为接触器线圈的直流电阻值。

② 按下启动按钮 SB2 或 KM 触点架，测得接触器线圈的直流电阻值，同时按下停止按钮 SB1，万用表读数由线圈的直流电阻值变为"∞"。

**2. 主电路接线检查**

按电路图或接线图从电源端开始，借助手动压下交流接触器代替通电，检查主电路有无短路或开路现象，逐段核对接线有无漏接、错接、冗接之处，检查导线接点是否符合要求，是否压接牢固，以免带负载运行时产生闪弧现象。

○　试一试　通电试车　○

为保证人身安全，在通电试车时，要认真执行安全操作规程的有关规定，经教师检查并现场监护。

接通三相电源，合上电源开关 QS，用验电笔检查熔断器出线端，氖管亮说明电源接通。按下 SB2，观察接触器情况是否正常，是否符合线路功能要求，观察电气元件动作是否灵活，有无卡阻及噪声过大现象，观察电机运行是否正常。若有异常，立即停车检查。

○　查一查　故障原因　○

某同学安装好三相异步电机长动控制线路后，发现电机只能点动运行，请你分析可能的故障原因是什么。

**总结评价表**

| 评价内容 | 评价标准 | 配分 | 扣分 | 得分 |
|---|---|---|---|---|
| 器材准备 | 1. 不清楚元器件功能及作用，每只扣 2 分，扣完为止<br>2. 不能说明使用注意事项，每项扣 2 分，扣完为止<br>3. 元器件漏检、错检每只扣 2 分，扣完为止 | 10 分 | | |
| 元器件布局 | 1. 元器件布局不合理，每只扣 3 分，扣完为止<br>2. 安装不牢固、不整齐、不匀称，每只扣 3 分，扣完为止<br>3. 布局过程导致元器件损坏，每只扣 3 分，扣完为止 | 15 分 | | |
| 线路敷设 | 1. 导线敷设不平直、不整齐、绝缘损坏，每处扣 2 分，扣完为止<br>2. 节点不紧密、露铜或反圈，每处扣 2 分，扣完为止<br>3. 线路敷设违反电路原理图要求，每处扣 2 分，扣完为止<br>4. 号码管错标、漏标，每处扣 2 分，扣完为止<br>5. 导线选取错误，错一根扣 10 分，扣完为止 | 20 分 | | |
| 自检与排障 | 1. 自检方法错误、漏检、错检，每次扣 5 分，扣完为止<br>2. 连接线路有故障，故障分析与排障方法错误，每次扣 10 分，扣完为止<br>3. 连接线路无故障，设定故障分析与排障方法错误，每次扣 10 分，扣完为止 | 20 分 | | |
| 通电试车 | 1. 热继电器设定不正确，每处扣 5 分<br>2. 第一次试车不成功且不能迅速判断故障，扣 10 分<br>3. 第二次试车不成功且不能迅速判断故障，本项不得分 | 20 分 | | |
| 安全与文明规范 | 1. 工具摆放、整理等违反 9S 要求，每处扣 5 分，扣完为止<br>2. 导线、器材等浪费严重，酌情扣 5～10 分<br>3. 漏装、错装或不规范安装接地线，扣 10 分<br>4. 违反安全与文明生产规程，从重扣分 | 15 分 | | |

**实训思考**

（1）试述自锁的作用。

（2）电气控制线路常用的故障检测方法有哪些？有哪些安全注意事项？

## 课题三　点长动控制线路的安装

**工作任务单**

| 序号 | 任务内容 |
|---|---|
| 1 | 正确安装点长动控制线路 |
| 2 | 掌握点长动控制线路的自检方法并能排除简易故障 |

**知识链接　点长动控制线路基本知识**

机床电气设备正常工作时，电机一般处于连续运行状态，即长动控制状态，但在试车或调整刀具与加工工件位置时，则需要电机能实现点动控制，实现这种功能的线路是点长动控制线路。

## ○ 电气原理图（图4-1-9）○

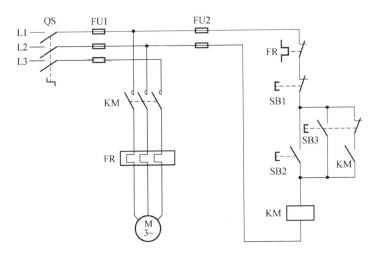

图 4-1-9　点长动控制线路原理图

## ○ 线路工作原理 ○

合上电源开关 QS。

（1）点动控制：

按下 SB3 ──→ KM 线圈得电 ──→ KM 主触点闭合 ──→ 电机 M 启动点动运转
　　　　　└─→ SB3 常闭按钮打开

（2）长动控制：

按下 SB2 ──→ KM 线圈得电 ──→ KM 主触点闭合 ──────────→ 电机 M 启动连续运转
　　　　　　　　　└─→ KM 辅助常开触点闭合自锁 ──────┘

（3）停车：

按下 SB1 ──→ KM 线圈失电 ──→ 电机 M 停转

停止使用时，断开电源开关 QS。

 **实 操 训 练**

## ○ 列一列　元器件清单 ○

请根据学校实际情况，将安装三相异步电机点动控制线路所需的元器件及导线的型号、规格和数量填入表 4-1-3 中，并检查元器件的质量。

表 4-1-3　元器件清单

| 序号 | 名称 | 符号 | 规格型号 | 数量 | 备注 |
|---|---|---|---|---|---|
| 1 | 三相异步电机 | | | | |
| 2 | 组合开关 | | | | |
| 3 | 按钮 | | | | |
| 4 | 主电路熔断器 | | | | |

续表

| 序号 | 名称 | 符号 | 规格型号 | 数量 | 备注 |
|------|------|------|----------|------|------|
| 5 | 控制电路熔断器 | | | | |
| 6 | 交流接触器 | | | | |
| 7 | 热继电器 | | | | |
| 8 | 端子排 | | | | |
| 9 | 主电路导线 | | | | |
| 10 | 控制电路导线 | | | | |
| 11 | 按钮导线 | | | | |
| 12 | 接地导线 | | | | |

◐ **做一做 线路安装** ◑

（1）固定元器件，画出接线图（图4-1-10）。

（2）安装控制线路。

（3）安装主线路。

（4）安装电源、电机等控制板的外部导线。

◐ **测一测 线路检测（图4-1-11及表4-1-4）** ◑

（1）控制电路接线检查。用万用表电阻挡检查控制电路接线情况。检查时，应选用倍率适当的电阻挡，并欧姆调零。

（2）主电路接线检查。按电路图或接线图从电源端开始，借助手动压下交流接触器代替通电，检查主电路有无短路或开路现象，逐段核对接线有无漏接、错接、冗接之处，检查导线接点是否符合要求，是否压接牢固，以免带负载运行时产生闪弧现象。

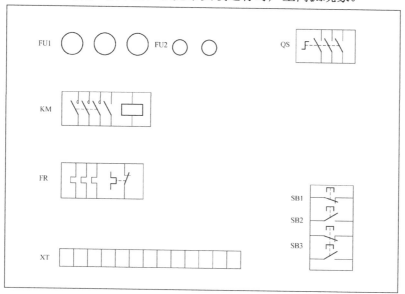

图4-1-10 点长动控制线路接线图

（3）若控制线路出现故障，利用电阻测量法分析出故障的范围并予以排除。

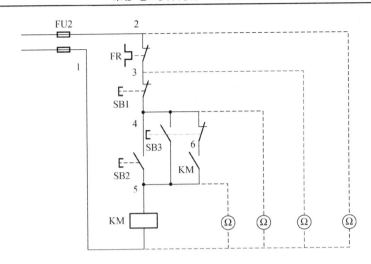

图 4-1-11　电阻分阶测量法检测示意图

**表 4-1-4　故障测试表**

| 故障现象 | 测试状态 | 1-2 | 1-3 | 1-4 | 1-5 | 故障点 |
|---|---|---|---|---|---|---|
| 按下 SB2 或 SB3 时，KM 不吸合 | 按下 SB2 不放 | ∞ | R | R | R | FR 常闭触头接触不良 |
| | | ∞ | ∞ | R | R | SB1 接触不良 |
| | | ∞ | ∞ | ∞ | R | SB2 或 SB3 接触不良 |
| | | ∞ | ∞ | ∞ | ∞ | KM 线圈断路 |

◎ **试一试　通电试车** ◎

为保证人身安全，在通电试车时，要认真执行安全操作规程的有关规定，经教师检查并现场监护。

接通三相电源 L1、L2、L3，合上电源开关 QS，用电笔检查熔断器出线端，氖管亮说明电源接通。按下电路中的按钮，观察接触器情况是否正常，是否符合线路功能要求；观察元器件动作是否灵活，有无卡阻及噪声过大现象；观察电机运行是否正常。若有异常，立即停车检查。

◎ **查一查　故障原因** ◎

某同学安装好电机点长动控制线路后，发现只能点动控制，请你分析可能的故障原因。

 **总结评价表**

| 评价内容 | 评价标准 | 配分 | 扣分 | 得分 |
|---|---|---|---|---|
| 器材准备 | 1. 不清楚元器件功能及作用，每只扣 2 分，扣完为止<br>2. 不能说明使用注意事项，每项扣 2 分，扣完为止<br>3. 元器件漏检、错检每只扣 2 分，扣完为止 | 10 分 | | |
| 元器件布局 | 1. 元器件布局不合理，每只扣 3 分，扣完为止<br>2. 安装不牢固、不整齐、不匀称，每只扣 3 分，扣完为止<br>3. 布局过程导致元器件损坏，每只扣 3 分，扣完为止 | 15 分 | | |

续表

| 评价内容 | 评价标准 | 配分 | 扣分 | 得分 |
|---|---|---|---|---|
| 线路敷设 | 1. 导线敷设不平直、不整齐、绝缘损坏，每处扣2分，扣完为止<br>2. 节点不紧密、露铜或反圈，每处扣2分，扣完为止<br>3. 线路敷设违反电路原理图，每处扣2分，扣完为止<br>4. 号码管错标、漏标，每处扣2分，扣完为止<br>5. 导线选取错误，每一根扣10分，扣完为止 | 20分 | | |
| 自检与排障 | 1. 自检方法错误、漏检、错检，每次扣5分，扣完为止<br>2. 连接线路有故障，故障分析与排障方法错误，每次扣10分，扣完为止<br>3. 连接线路无故障，设定故障分析与排障方法错误，每次扣10分，扣完为止 | 20分 | | |
| 通电试车 | 1. 热继电器设定不正确，每处扣5分<br>2. 第一次试车不成功且不能迅速判断故障，扣10分<br>3. 第二次试车不成功且不能迅速判断故障，本项不得分 | 20分 | | |
| 安全与文明规范 | 1. 工具摆放、整理等违反9S要求，每处扣5分，扣完为止<br>2. 导线、器材等浪费严重，酌情扣5～10分<br>3. 漏装、错装或不规范安装接地线，扣10分<br>4. 违反安全与文明生产规程，从重扣分 | 15分 | | |

## 实训思考

（1）试述电阻测量法检测线路故障的思路及具体步骤。

（2）查阅相关资料，设计能够利用手动开关实现点长动控制的电路。

# 课题四　两地控制线路的安装

## 工作任务单

| 序号 | 任务内容 |
|---|---|
| 1 | 正确安装两地控制线路 |
| 2 | 掌握两地控制线路的自检方法并能排除简易故障 |

 **知识链接** **两地控制线路基本知识**

为了操作方便，常常希望能在两个或多个地点进行同样的控制操作，即多地控制。能在两地或多地控制同一台电机的控制方式称为电机的多地控制。电气原理图如图4-1-12所示。

合上电源开关QS

（1）甲地启动：

按下SB11→KM线圈得电━━→ KM主触点闭合 ━━━━━━━━━→ 电机M启动
　　　　　　　　　　　 ┗→ KM辅助常开触点闭合自锁━┛　连续运转

## 电气原理图（图 4-1-12）

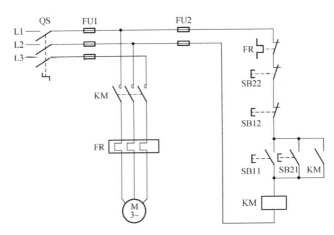

图 4-1-12　两地控制线路原理图

（2）甲地停车：

按下SB12 → KM线圈失电 → KM主触点分断 ────────→ 电机M停转
　　　　　　　　　　　　 → KM辅助常开触点分断解除自锁 ┘

（3）乙地启动：

按下SB21 → KM线圈得电 → KM主触点闭合 ────────→ 电机M启动
　　　　　　　　　　　　 → KM辅助常开触点闭合自锁 ──┘　连续运转

（4）乙地停车：

按下SB22 → KM线圈失电 → KM主触点分断 ────────→ 电机M停转
　　　　　　　　　　　　 → KM辅助常开触点分断解除自锁 ┘

停止使用时 → 断开电源开关QS。

**技 巧**

　　实现两地同时控制一台电机，必须在两个地点各安装一组启动和停止按钮。这两组启停按钮的接线方法是：启动按钮（常开触点）相互并联，停止按钮（常闭触点）相互串联。

　**实 操 训 练**

## 列一列　元器件清单

　　请根据学校实际情况，将安装三相异步电机两地控制线路所需的元器件及导线的型号、规格和数量填入表 4-1-5 中，并检查元器件的质量。

表 4-1-5　元器件清单

| 序号 | 名称 | 符号 | 规格型号 | 数量 | 备注 |
|---|---|---|---|---|---|
| 1 | 三相异步电机 | | | | |
| 2 | 组合开关 | | | | |
| 3 | 按钮 | | | | |
| 4 | 主电路熔断器 | | | | |
| 5 | 控制电路熔断器 | | | | |
| 6 | 交流接触器 | | | | |
| 7 | 热继电器 | | | | |
| 8 | 端子排 | | | | |
| 9 | 主电路导线 | | | | |
| 10 | 控制电路导线 | | | | |
| 11 | 按钮导线 | | | | |
| 12 | 接地导线 | | | | |

◎ 做一做　线路安装 ◎

（1）固定元器件，根据原理图将接线图标号（图 4-1-13）。

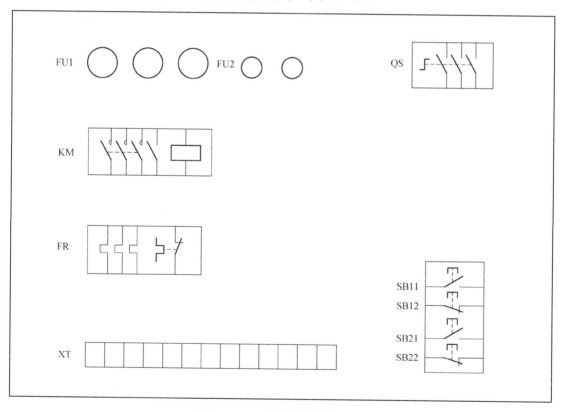

图 4-1-13　两地控制线路接线图

（2）安装控制线路。

（3）安装主线路。

（4）安装电源、电机等控制板的外部导线。

## ◯ 测一测　线路检测（图 4-1-14 及表 4-1-6）◯

（1）控制电路接线检查。用万用表电阻挡检查控制电路接线情况。检查时，应选用倍率适当的电阻挡，并欧姆调零。

（2）主电路接线检查。按电路图或接线图从电源端开始，借助手动压下交流接触器代替通电，检查主电路有无短路或开路现象，逐段核对接线有无漏接、错接、冗接之处，检查导线接点是否符合要求，是否压接牢固，以免带负载运行时产生闪弧现象。

（3）若控制线路出现故障，利用交流电压测量法分析出故障的范围并予以排除。

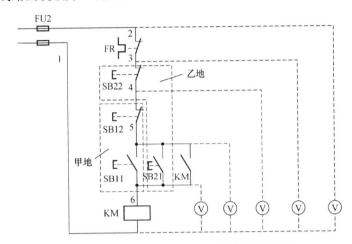

图 4-1-14　交流电压分阶测量法检测示意图

表 4-1-6　故障检测表

| 故障现象 | 测试状态 | 1-2 | 1-3 | 1-4 | 1-5 | 1-6 | 故障点 |
|---|---|---|---|---|---|---|---|
| 按下 SB11 或 SB21 时，KM 不吸合 | 按下 SB11 不放 | 0 | 0 | 0 | 0 | 0 | FU2 熔断 |
| | | 380V | 0 | 0 | 0 | 0 | FR 常闭触头接触不良 |
| | | 380V | 380V | 0 | 0 | 0 | SB22 接触不良 |
| | | 380V | 380V | 380V | 0 | 0 | SB12 接触不良 |
| | | 380V | 380V | 380V | 380V | 0 | SB11 或 SB22 接触不良 |
| | | 380V | 380V | 380V | 380V | 380V | KM 线圈断路 |

## ◯ 试一试　通电试车 ◯

为保证人身安全，在通电试车时，要认真执行安全操作规程的有关规定，经教师检查并现场监护。

接通三相电源 L1、L2、L3，合上电源开关 QS，用电笔检查熔断器出线端，氖管亮说明电源接通。按下电路中的按钮，观察接触器情况是否正常，是否符合线路功能要求；观察电气元件动作是否灵活，有无卡阻及噪声过大现象；观察电机运行是否正常。若有异常，立即停车检查。

## ◯ 查一查　故障原因 ◯

某同学安装好电机两地控制线路后，发现甲地能够实现启动和停车，乙地只能够停车，无法启动，请你分析可能的故障原因。

## 总 结 评 价 表

| 评价内容 | 评价标准 | 配分 | 扣分 | 得分 |
|---|---|---|---|---|
| 器材准备 | 1. 不清楚元器件功能及作用,每只扣2分,扣完为止<br>2. 不能说明使用注意事项,每项扣2分,扣完为止<br>3. 元器件漏检、错检每只扣2分,扣完为止 | 10分 | | |
| 元器件布局 | 1. 元器件布局不合理,每只扣3分,扣完为止<br>2. 安装不牢固、不整齐、不匀称,每只扣3分,扣完为止<br>3. 布局过程导致元器件损坏,每只扣3分,扣完为止 | 15分 | | |
| 线路敷设 | 1. 导线敷设不平直、不整齐、绝缘损坏,每处扣2分,扣完为止<br>2. 节点不紧密、露铜或反圈,每处扣2分,扣完为止<br>3. 线路敷设违反电路原理图,每处扣2分,扣完为止<br>4. 号码管错标、漏标,每处扣2分,扣完为止<br>5. 导线选取错误,每一根扣10分,扣完为止 | 20分 | | |
| 自检与排障 | 1. 自检方法错误、漏检、错检,每次扣5分,扣完为止<br>2. 连接线路有故障,故障分析与排障方法错误,每次扣10分,扣完为止<br>3. 连接线路无故障,设定故障分析与排障方法错误,每次扣10分,扣完为止 | 20分 | | |
| 通电试车 | 1. 热继电器设定不正确,每处扣5分<br>2. 第一次试车不成功且不能迅速判断故障,扣10分<br>3. 第二次试车不成功且不能迅速判断故障,本项不得分 | 20分 | | |
| 安全与文明规范 | 1. 工具摆放、整理等违反9S要求,每处扣5分,扣完为止<br>2. 导线、器材等浪费严重,酌情扣5~10分<br>3. 漏装、错装或不规范安装接地线,扣10分<br>4. 违反安全与文明生产规程,从重扣分 | 15分 | | |

## 实 训 思 考

(1) 试述交流电压测量法检测的思路及具体步骤。

(2) 说说现实生活中有哪些场所运用到两地控制线路。

(3) 运用所学知识设计一个三地控制线路。

# 任务二 三相异步电机顺序控制线路的安装

在装有多台电机的生产机械上,由于各电机所起的作用不同,有时需要按一定的顺序启动或停止才能保证整个电力拖动系统安全可靠地工作。例如 M7130 磨床中,要求砂轮电机 M1 启动后,冷却泵电机 M2 才能启动,M1 停止,M2 也停止;CA6140 普通车床中,要求主轴电机 M1 启动后,冷却泵电机 M2 才能启动,M1 停止,M2 也停止。这种要求几台电机的启动或停止必须按一定的先后顺序来完成的控制方式,称为电机的顺序控制。实现电机顺序控制的常用方式有控制电路顺序控制和主电路顺序控制两种。

# 课题一  控制电路顺序控制线路的安装

## 工作任务单

| 序号 | 任务内容 |
|---|---|
| 1 | 正确安装控制电路顺序控制线路 |
| 2 | 掌握控制电路顺序控制线路的自检方法并能排除简易故障 |

**知识链接  控制电路顺序控制线路基本知识**

○ **电气原理图（图 4-2-1）** ○

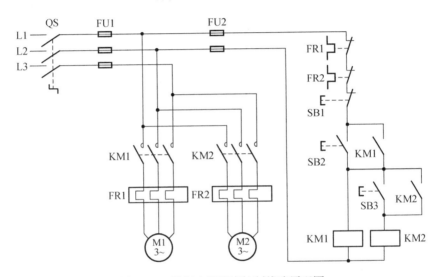

图 4-2-1  控制电路顺序控制线路原理图

○ **线路工作原理** ○

合上电源开关 QS。

（1）顺序启动：

按下SB2 → KM1线圈得电 → KM1主触点闭合 → 电机M1启动
            → KM1辅助常开触点闭合自锁 → 连续运转

按下SB3 → KM2线圈得电 → KM2主触点闭合 → 电机M2启动
            → KM2辅助常开触点闭合自锁 → 连续运转

反之，电机无法运转。

（2）停车：

按下SB1 → KM1、KM2线圈失电 → 电机M1、M2停转。

停止使用后，断开电源开关 QS。

## ○ 线路特点 ○

控制电路顺序控制线路的特点是：电机 M2 的控制电路接在接触器 KM1 的自锁触点下面。这样就保证了只有当 KM1 接通，电机 M1 启动后，M2 才能启动。当由于某种原因（如失压或过载等）使 KM1 线圈失电，M1 停车，M2 也立即停车，即 M1、M2 同时停车。

 **实操训练**

## ○ 列一列　元器件清单 ○

请根据学校实际情况，将安装线路所需的元器件及导线的型号、规格和数量填入表 4-2-1 中。

表 4-2-1　元器件清单

| 序号 | 名称 | 符号 | 规格型号 | 数量 | 备注 |
|---|---|---|---|---|---|
| 1 | 三相异步电机 | | | | |
| 2 | 组合开关 | | | | |
| 3 | 按钮 | | | | |
| 4 | 主电路熔断器 | | | | |
| 5 | 控制电路熔断器 | | | | |
| 6 | 交流接触器 | | | | |
| 7 | 热继电器 | | | | |
| 8 | 端子排 | | | | |
| 9 | 主电路导线 | | | | |
| 10 | 控制电路导线 | | | | |
| 11 | 按钮导线 | | | | |
| 12 | 接地导线 | | | | |

## ○ 做一做　线路安装 ○

（1）固定元器件，根据原理图将接线图标号（图 4-2-2）。
（2）安装控制线路。
（3）安装主线路。
（4）安装电源、电机等控制板的外部导线。

## ○ 测一测　线路检测 ○

（1）控制电路接线检查。用万用表电阻挡检查控制电路接线情况。检查时，应选用倍率适当的电阻挡，并欧姆调零。

（2）主电路接线检查。按电路图或接线图从电源端开始，借助手动压下交流接触器代替通电，检查主电路有无短路或开路现象，逐段核对接线有无漏接、错接、冗接之处，检查导线接点是否符合要求，是否压接牢固，以免带负载运行时产生闪弧现象。

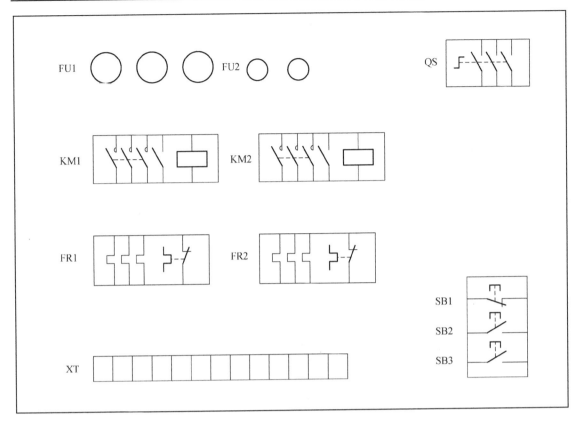

图 4-2-2　控制电路顺序控制线路接线图

○　试一试　通电试车　○

为保证人身安全，在通电试车时，要认真执行安全操作规程的有关规定，经教师检查并现场监护。

接通三相电源 L1、L2、L3，合上电源开关 QS，用电笔检查熔断器出线端，氖管亮说明电源接通。按下电路中的按钮，观察接触器情况是否正常，是否符合线路功能要求；观察电器的元器件动作是否灵活，有无卡阻及噪声过大现象；观察电机运行是否正常。若有异常，立即停车检查。

○　查一查　故障原因　○

某同学安装好控制电路顺序控制线路后，按下 SB2 电机启动运转，按下 SB3 电机只能够实现点动控制，请分析可能出现的故障原因并正确排除。

## 总结评价表

| 评价内容 | 评价标准 | 配分 | 扣分 | 得分 |
|---|---|---|---|---|
| 器材准备 | 1. 不清楚元器件功能及作用，每只扣2分，扣完为止<br>2. 不能说明使用注意事项，每项扣2分，扣完为止<br>3. 元器件漏检、错检每只扣2分，扣完为止 | 10分 | | |
| 元器件布局 | 1. 元器件布局不合理，每只扣3分，扣完为止<br>2. 安装不牢固、不整齐、不匀称，每只扣3分，扣完为止<br>3. 布局过程导致元器件损坏，每只扣3分，扣完为止 | 15分 | | |
| 线路敷设 | 1. 导线敷设不平直、不整齐、绝缘损坏，每处扣2分，扣完为止<br>2. 节点不紧密、露铜或反圈，每处扣2分，扣完为止<br>3. 线路敷设违反电路原理图，每处扣2分，扣完为止<br>4. 号码管错标、漏标，每处扣2分，扣完为止<br>5. 导线选取错误，每一根扣10分，扣完为止 | 20分 | | |
| 自检与排障 | 1. 自检方法错误、漏检、错检，每次扣5分，扣完为止<br>2. 连接线路有故障，故障分析与排障方法错误，每次扣10分，扣完为止<br>3. 连接线路无故障，设定故障分析与排障方法错误，每次扣10分，扣完为止 | 20分 | | |
| 通电试车 | 1. 热继电器设定不正确，每处扣5分<br>2. 第一次试车不成功且不能迅速判断故障，扣10分<br>3. 第二次试车不成功且不能迅速判断故障，本项不得分 | 20分 | | |
| 安全与文明规范 | 1. 工具摆放、整理等违反9S要求，每处扣5分，扣完为止<br>2. 导线、器材等浪费严重，酌情扣5～10分<br>3. 漏装、错装或不规范安装接地线，扣10分<br>4. 违反安全与文明生产规程，从重扣分 | 15分 | | |

## 实训思考

设计一控制电路顺序控制线路，能够实现三台电机的顺序控制。

# 课题二　主电路顺序控制线路的安装

## 工作任务单

| 序号 | 任务内容 |
|---|---|
| 1 | 正确安装主电路顺序控制线路 |
| 2 | 掌握主电路顺序控制线路的自检方法并能排除简易故障 |

**知识链接　主电路顺序控制线路基本知识**

## ○ 电气原理图（图4-2-3）○

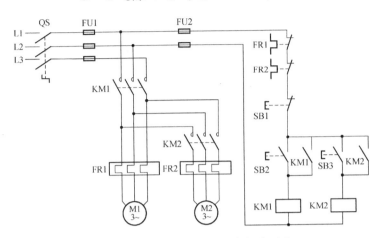

图 4-2-3　主电路顺序控制线路原理图

## ○ 线路工作原理 ○

合上电源开关 QS。

（1）顺序启动：

按下SB2 → KM1线圈得电 → KM1主触点闭合 → 电机M1启动

→ KM1辅助常开触点闭合自锁 → 连续运转

按下SB3 → KM2线圈得电 → KM2主触点闭合 → 电机M2启动

→ KM2辅助常开触点闭合自锁 → 连续运转

注意：当 KM1 接触器闭合后按下 SB3 才能使电机 M2 运转。

（2）停车：

按下按钮SB1 → KM1、KM2线圈失电 → 电机M1、M2停转。

停止使用后，断开电源开关 QS。

## ○ 线路特点 ○

主电路顺序控制线路的特点是：电机 M2 的主电路接在接触器 KM1 的主触点下面，即使按下电机 M2 的启动按钮 SB3，线圈 KM2 得电，但是由于 KM1 主触点处于断开状态，导致电机 M2 不能连接到三相电源，M2 仍不能启动。这样就保证了只有当 KM1 接通，电机 M1 启动后，M2 才能启动。当由于某种原因（如失压或过载等）使 KM1 线圈失电，KM1 主触点分断，M1 停车，M2 也立即停车，即 M1、M2 同时停车。

 **实操训练**

## ○ 列一列　元器件清单 ○

请根据学校实际情况，将安装三相异步电机主电路顺序控制线路所需的元器件及导线的型号、规格和数量填入表 4-2-2 中，并检查元器件的质量。

表 4-2-2 元器件清单

| 序号 | 名称 | 符号 | 规格型号 | 数量 | 备注 |
|---|---|---|---|---|---|
| 1 | 三相异步电机 | | | | |
| 2 | 组合开关 | | | | |
| 3 | 按钮 | | | | |
| 4 | 主电路熔断器 | | | | |
| 5 | 控制电路熔断器 | | | | |
| 6 | 交流接触器 | | | | |
| 7 | 热继电器 | | | | |
| 8 | 端子排 | | | | |
| 9 | 主电路导线 | | | | |
| 10 | 控制电路导线 | | | | |
| 11 | 按钮导线 | | | | |
| 12 | 接地导线 | | | | |

○ 做一做 线路安装 ○

（1）固定元器件，根据原理图将接线图标号（图 4-2-4）。

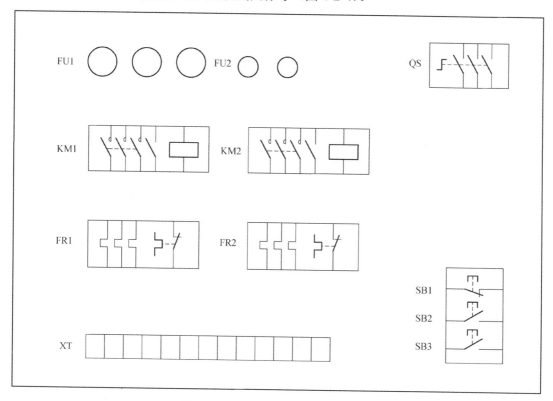

图 4-2-4 主电路顺序控制线路接线图

（2）安装控制线路。

（3）安装主线路。

（4）安装电源、电机等控制板的外部导线。

○ **测一测　线路检测** ○

（1）控制电路接线检查。用万用表电阻挡检查控制电路接线情况。检查时，应选用倍率适当的电阻挡，并欧姆调零。

（2）主电路接线检查。按电路图或接线图从电源端开始，借助手动压下交流接触器代替通电，检查主电路有无短路或开路现象，逐段核对接线有无漏接、错接、冗接之处，检查导线接点是否符合要求，是否压接牢固，以免带负载运行时产生闪弧现象。

○ **试一试　通电试车** ○

为保证人身安全，在通电试车时，要认真执行安全操作规程的有关规定，经教师检查并现场监护。

接通三相电源 L1、L2、L3，合上电源开关 QS，用电笔检查熔断器出线端，氖管亮说明电源接通。按下电路中的按钮，观察接触器情况是否正常，是否符合线路功能要求；观察电器的元器件动作是否灵活，有无卡阻及噪声过大现象；观察电机运行是否正常。若有异常，立即停车检查。

○ **查一查　故障原因** ○

某同学安装好主电路顺序控制线路后，直接按下启动按钮 SB3，发现电机 M2 能够运转，请你分析可能的故障原因。

 **总结评价表**

| 评价内容 | 评价标准 | 配分 | 扣分 | 得分 |
|---|---|---|---|---|
| 器材准备 | 1. 不清楚元器件功能及作用，每只扣2分，扣完为止<br>2. 不能说明使用注意事项，每项扣2分，扣完为止<br>3. 元器件漏检、错检每只扣2分，扣完为止 | 10分 | | |
| 元器件布局 | 1. 元器件布局不合理，每只扣3分，扣完为止<br>2. 安装不牢固、不整齐、不匀称，每只扣3分，扣完为止<br>3. 布局过程导致元器件损坏，每只扣3分，扣完为止 | 15分 | | |
| 线路敷设 | 1. 导线敷设不平直、不整齐、绝缘损坏，每处扣2分，扣完为止<br>2. 节点不紧密、露铜或反圈，每处扣2分，扣完为止<br>3. 线路敷设违反电路原理图，每处扣2分，扣完为止<br>4. 号码管错标、漏标，每处扣2分，扣完为止<br>5. 导线选取错误，每一根扣10分，扣完为止 | 20分 | | |
| 自检与排障 | 1. 自检方法错误、漏检、错检，每次扣5分，扣完为止<br>2. 连接线路有故障，故障分析与排障方法错误，每次扣10分，扣完为止<br>3. 连接线路无故障，设定故障分析与排障方法错误，每次扣10分，扣完为止 | 20分 | | |

续表

| 评价内容 | 评价标准 | 配分 | 扣分 | 得分 |
|---|---|---|---|---|
| 通电试车 | 1. 热继电器设定不正确，每处扣 5 分<br>2. 第一次试车不成功且不能迅速判断故障，扣 10 分<br>3. 第二次试车不成功且不能迅速判断故障，本项不得分 | 20 分 | | |
| 安全与文明规范 | 1. 工具摆放、整理等违反 9S 要求，每处扣 5 分，扣完为止<br>2. 导线、器材等浪费严重，酌情扣 5～10 分<br>3. 漏装、错装或不规范安装接地线，扣 10 分<br>4. 违反安全与文明生产规程，从重扣分 | 15 分 | | |

 **实 训 思 考**

设计一主电路顺序控制线路，能够实现三台电机的顺序控制。

## 课题三　顺序启动、逆序停车控制线路的安装

 **工 作 任 务 单**

| 序号 | 任务内容 |
|---|---|
| 1 | 正确安装顺序启动、逆序停车控制线路 |
| 2 | 掌握顺序启动、逆序停车控制线路的电路自检方法并能排除简易故障 |

 **知识链接　顺序启动、逆序停车控制线路基本知识**

在实际应用中可能会遇到某控制电路要求实现：两台电机 M1、M2，当电机 M1 启动后，M2 才能实现启动控制；当电机 M2 实现停车后，M1 才能够停车。能够实现这种功能的线路称为顺序启动、逆序停车控制线路。

○ **电气原理图（图 4-2-5）** ○

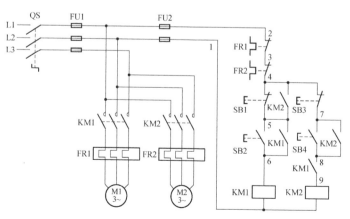

图 4-2-5　电机顺序启动、逆序停车转控制线路原理图

## ○ 线路工作原理 ○

合上电源开关 QS。

（1）顺序启动：

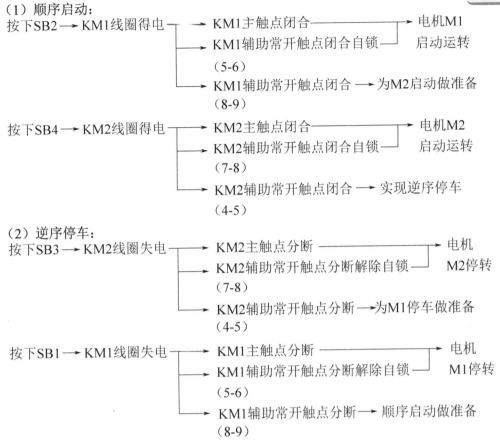

按下SB2 → KM1线圈得电 ──→ KM1主触点闭合 ─────────→ 电机M1
　　　　　　　　　　　 ──→ KM1辅助常开触点闭合自锁 ──┘ 启动运转
　　　　　　　　　　　　　　（5-6）
　　　　　　　　　　　 ──→ KM1辅助常开触点闭合 → 为M2启动做准备
　　　　　　　　　　　　　　（8-9）

按下SB4 → KM2线圈得电 ──→ KM2主触点闭合 ─────────→ 电机M2
　　　　　　　　　　　 ──→ KM2辅助常开触点闭合自锁 ──┘ 启动运转
　　　　　　　　　　　　　　（7-8）
　　　　　　　　　　　 ──→ KM2辅助常开触点闭合 → 实现逆序停车
　　　　　　　　　　　　　　（4-5）

（2）逆序停车：

按下SB3 → KM2线圈失电 ──→ KM2主触点分断 ─────────→ 电机
　　　　　　　　　　　 ──→ KM2辅助常开触点分断解除自锁 ──┘ M2停转
　　　　　　　　　　　　　　（7-8）
　　　　　　　　　　　 ──→ KM2辅助常开触点分断 → 为M1停车做准备
　　　　　　　　　　　　　　（4-5）

按下SB1 → KM1线圈失电 ──→ KM1主触点分断 ─────────→ 电机
　　　　　　　　　　　 ──→ KM1辅助常开触点分断解除自锁 ──┘ M1停转
　　　　　　　　　　　　　　（5-6）
　　　　　　　　　　　 ──→ KM1辅助常开触点分断 → 顺序启动做准备
　　　　　　　　　　　　　　（8-9）

停止使用后，断开电源开关 QS。

## ○ 线路特点 ○

在电机 M2 的控制支路中串联了接触器 KM1 的辅助常开触点，即 M1 不启动，M2 无法启动；由于 KM2 的辅助常开触点与 M1 停止按钮并联，只有 KM2 断电，即 M2 停止转动，M1 才能进行停止操作。各按钮的控制顺序为：SB2-SB4-SB3-SB1。

## 实操训练

## ○ 列一列　元器件清单 ○

请根据学校实际情况，将安装线路所需的元器件及导线的型号、规格和数量填入表 4-2-3 中。

表 4-2-3　元器件清单

| 序号 | 名称 | 符号 | 规格型号 | 数量 | 备注 |
|---|---|---|---|---|---|
| 1 | 按钮 | | | | |
| 2 | 熔断器 | | | | |
| 3 | 交流接触器 | | | | |
| 4 | 热继电器 | | | | |
| 5 | 主电路导线 | | | | |
| 7 | 控制电路导线 | | | | |
| 8 | 按钮导线 | | | | |
| 9 | 接地导线 | | | | |

◉ 做一做　线路安装 ◉

（1）固定元器件，根据原理图将接线图标号（图 4-2-6）。

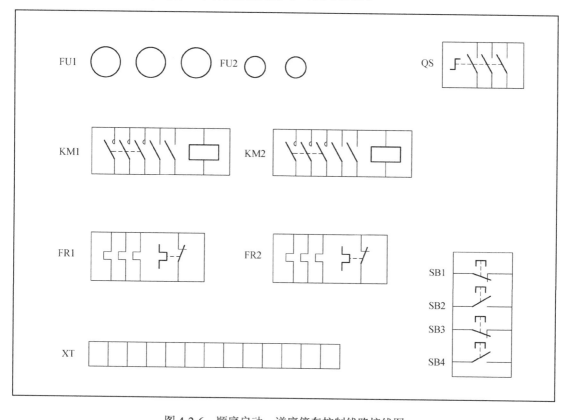

图 4-2-6　顺序启动、逆序停车控制线路接线图

（2）安装控制线路。

（3）安装主线路。

（4）安装电源、电机等控制板的外部导线。

○ *测一测　线路检测* ○

### 1. 控制电路接线检查

用万用表电阻挡检查控制电路接线情况。检查时，应选用倍率适当的电阻挡，并欧姆调零。

### 2. 主电路接线检查

按电路图或接线图从电源端开始，借助手动压下交流接触器代替通电，检查主电路有无短路或开路现象，逐段核对接线有无漏接、错接、冗接之处，检查导线接点是否符合要求，是否压接牢固，以免带负载运行时产生闪弧现象。

为保证人身安全，在通电试车时，要认真执行安全操作规程的有关规定，经教师检查并现场监护。

○ *试一试　通电试车* ○

必须征得老师同意，并由老师在现场监护。接通三相电源 L1、L2、L3，合上电源开关 QS。

按下 SB2，观察接触器 KM1 是否吸合，松开 SB2 接触器 KM1 是否自锁，观察电机 M1 运行是否正常等；按下 SB4，观察接触器 KM2 是否吸合，松开 SB4 接触器 KM2 是否自锁，观察电机 M2 运行是否正常等；先按下 SB3，观察接触器 KM2 是否释放，电机 M2 是否停转；再按下 SB1，观察接触器 KM1 是否释放，电机 M1 是否停转。

○ *查一查　故障原因* ○

某同学安装好电机顺序启动、逆序停车控制线路后，发现只能顺序启动不能逆序停车，请你分析可能的故障原因。

## 总结评价表

| 评价内容 | 评价标准 | 配分 | 扣分 | 得分 |
|---|---|---|---|---|
| 器材准备 | 1. 不清楚元器件功能及作用，每只扣2分，扣完为止<br>2. 不能说明使用注意事项，每项扣2分，扣完为止<br>3. 元器件漏检、错检每只扣2分，扣完为止 | 10分 | | |
| 元器件布局 | 1. 元器件布局不合理，每只扣3分，扣完为止<br>2. 安装不牢固、不整齐、不匀称，每只扣3分，扣完为止<br>3. 布局过程导致元器件损坏，每只扣3分，扣完为止 | 15分 | | |
| 线路敷设 | 1. 导线敷设不平直、不整齐、绝缘损坏，每处扣2分，扣完为止<br>2. 节点不紧密、露铜或反圈，每处扣2分，扣完为止<br>3. 线路敷设违反电路原理图，每处扣2分，扣完为止<br>4. 号码管错标、漏标，每处扣2分，扣完为止<br>5. 导线选取错误，每一根扣10分，扣完为止 | 20分 | | |
| 自检与排障 | 1. 自检方法错误、漏检、错检，每次扣5分，扣完为止<br>2. 连接线路有故障，故障分析与排障方法错误，每次扣10分，扣完为止<br>3. 连接线路无故障，设定故障分析与排障方法错误，每次扣10分，扣完为止 | 20分 | | |

续表

| 评价内容 | 评价标准 | 配分 | 扣分 | 得分 |
|---|---|---|---|---|
| 通电试车 | 1. 热继电器设定不正确，每处扣 5 分<br>2. 第一次试车不成功且不能迅速判断故障，扣 10 分<br>3. 第二次试车不成功且不能迅速判断故障，本项不得分 | 20 分 | | |
| 安全与文明规范 | 1. 工具摆放、整理等违反 9S 要求，每处扣 5 分，扣完为止<br>2. 导线、器材等浪费严重，酌情扣 5～10 分<br>3. 漏装、错装或不规范安装接地线，扣 10 分<br>4. 违反安全与文明生产规程，从重扣分 | 15 分 | | |

**实训思考**

（1）本控制电路如要设置紧急按钮，如何实现？

（2）你能根据所学知识，设计出一顺序启动、顺序停车的控制线路吗？

# 任务三　三相异步电机正反转控制线路的安装

三相异步电机正反转控制线路是指采用某一种方式使电机实现正反转向调换的控制，也称可逆运行。实际生产中，相当多的机械在加工中需要向两个方向转动，如建筑工地上的卷扬机上下起吊重物，车间电动行车的前进与后退等。

在电气控制中，通常采用改变接入三相异步电机绕组的电源相序来实现正反转控制，当电机输入电源的相序为 L1-L2-L3，即为正相序时，电机正转；若要反转则将其中任意两根相线换接一次，即为反相序，电机反转。

三相异步电机的正反转控制线路类型有很多，如接触器联锁正反转控制线路、按钮联锁正反转控制线路、接触器按钮双重联锁正反转控制线路等。

## 课题一　接触器联锁正反转控制线路的安装

**工作任务单**

| 序号 | 任务内容 |
|---|---|
| 1 | 正确安装接触器联锁正反转控制线路 |
| 2 | 掌握接触器联锁正反转控制线路的自检方法并能排除简易故障 |

**知识链接　接触器联锁正反转控制线路基本知识**

○ **电气原理图（图 4-3-1）** ○

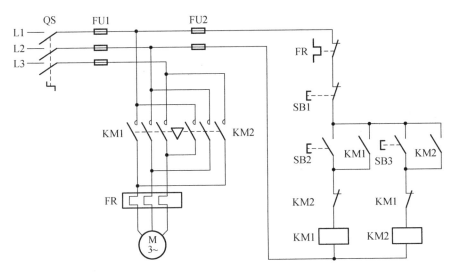

图 4-3-1　接触器联锁正反转控制线路原理图

○ **线路工作原理** ○

**合上电源开关 QS。**

（1）正转：
按下 SB2 ⟶ KM1 线圈得电
- ⟶ KM1 主触点闭合 ⟶ 电机 M1 启动正转
- ⟶ KM1 辅助常开触点闭合自锁
- ⟶ KM1 辅助常闭触点分断互锁 ⟶ 锁住 KM2

（2）停止：
按下 SB1 ⟶ KM1 线圈失电
- ⟶ KM1 主触点分断 ⟶ 电机 M1 停车
- ⟶ KM1 辅助常开触点分断
- ⟶ KM1 辅助常闭触点闭合 ⟶ 为反转做准备

（3）反转：
按下 SB3 ⟶ KM2 线圈得电
- ⟶ KM2 主触点闭合 ⟶ 电机 M2 启动反转
- ⟶ KM2 辅助常开触点闭合自锁
- ⟶ KM2 辅助常闭触点分断互锁 ⟶ 锁住 KM1

停止使用后，断开电源开关 **QS。**

**提　示**

　　当一个接触器得电动作时，通过其辅助常闭触点使另一个接触器不能得电动作，接触器之间这种相互制约的作用称为接触器联锁（或互锁）。实现联锁作用的辅助常闭触点称为联锁触点（或互锁触点），联锁用符号"▽"表示。

○ **线路特点** ○

（1）图 4-3-1 中采用了 2 只交流接触器，即正转用接触器 KM1，反转用接触器 KM2。当 KM1 主触点接通时，三相电源 L1、L2、L3 按 U-V-W 的相序接入电机；当 KM2 主触点接通时，三相电源 L1、L2、L3 按 W-V-U 的相序接入电机，即对调了 W 和 U 两相相序，所以当 2 只交流接触器分别工作时，电机的转向相反。

（2）接触器联锁电路优点是安全性好，缺点是操作不便。因电机从正转切换为反转时，必须先按下停止按钮，再按下反转启动按钮才能使 KM2 线圈得电。否则，由于接触器的联锁作用，电机不能实现正反转的切换。

 **实操训练**

○ **列一列 元器件清单** ○

请根据学校实际情况，将安装三相异步电机接触器联锁正反转控制线路所需的元器件及导线的型号、规格和数量填入表 4-3-1 中，并检查元器件的质量。

表 4-3-1 元器件清单

| 序号 | 名称 | 符号 | 规格型号 | 数量 | 备注 |
|------|------|------|----------|------|------|
| 1 | 三相异步电机 | | | | |
| 2 | 组合开关 | | | | |
| 3 | 按钮 | | | | |
| 4 | 主电路熔断器 | | | | |
| 5 | 控制电路熔断器 | | | | |
| 6 | 交流接触器 | | | | |
| 7 | 热继电器 | | | | |
| 8 | 端子排 | | | | |
| 9 | 主电路导线 | | | | |
| 10 | 控制电路导线 | | | | |
| 11 | 按钮导线 | | | | |
| 12 | 接地导线 | | | | |

○ **做一做 线路安装** ○

（1）固定元器件，根据原理图将接线图标号（图 4-3-2）。
（2）安装控制线路。
（3）安装主线路。
（4）安装电源、电机等控制板的外部导线。

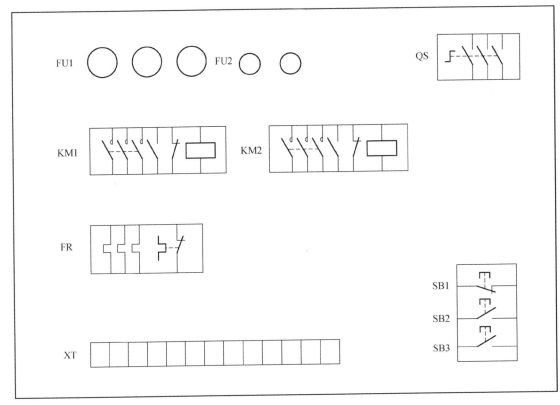

图 4-3-2　接触器联锁正反转控制线路接线图

## ○　测一测　线路检测　○

### 1. 控制电路接线检查

用万用表电阻挡检查控制电路接线情况。检查时，应选用倍率适当的电阻挡，并欧姆调零。

### 2. 主电路接线检查

按电路图或接线图从电源端开始，借助手动压下交流接触器代替通电，检查主电路有无短路或开路现象，逐段核对接线有无漏接、错接、冗接之处，检查导线接点是否符合要求，是否压接牢固，以免带负载运行时产生闪弧现象。

## ○　试一试　通电试车　○

为保证人身安全，在通电试车时，要认真执行安全操作规程的有关规定，经教师检查并现场监护。

接通三相电源 L1、L2、L3，合上电源开关 QS，用电笔检查熔断器出线端，氖管亮说明电源接通。按下电路中的按钮，观察接触器情况是否正常，是否符合线路功能要求；观察电器的元器件动作是否灵活，有无卡阻及噪声过大现象；观察电机运行是否正常。若有异常，立即停车检查。

○ **查一查　故障原因** ○

某同学安装好电机接触器联锁正反转控制线路后，发现只能正转不能反转，请你帮他查出故障原因。

 **总结评价表**

| 评价内容 | 评价标准 | 配分 | 扣分 | 得分 |
|---|---|---|---|---|
| 器材准备 | 1. 不清楚元器件功能及作用，每只扣 2 分，扣完为止<br>2. 不能说明使用注意事项，每项扣 2 分，扣完为止<br>3. 元器件漏检、错检每只扣 2 分，扣完为止 | 10 分 | | |
| 元器件布局 | 1. 元器件布局不合理，每只扣 3 分，扣完为止<br>2. 安装不牢固、不整齐、不匀称，每只扣 3 分，扣完为止<br>3. 布局过程导致元器件损坏，每只扣 3 分，扣完为止 | 15 分 | | |
| 线路敷设 | 1. 导线敷设不平直、不整齐、绝缘损坏，每处扣 2 分，扣完为止<br>2. 节点不紧密、露铜或反圈，每处扣 2 分，扣完为止<br>3. 线路敷设违反电路原理图，每处扣 2 分，扣完为止<br>4. 号码管错标、漏标，每处扣 2 分，扣完为止<br>5. 导线选取错误，每一根扣 10 分，扣完为止 | 20 分 | | |
| 自检与排障 | 1. 自检方法错误、漏检、错检，每次扣 5 分，扣完为止<br>2. 连接线路有故障，故障分析与排障方法错误，每次扣 10 分，扣完为止<br>3. 连接线路无故障，设定故障分析与排障方法错误，每次扣 10 分，扣完为止 | 20 分 | | |
| 通电试车 | 1. 热继电器设定不正确，每处扣 5 分<br>2. 第一次试车不成功且不能迅速判断故障，扣 10 分<br>3. 第二次试车不成功且不能迅速判断故障，本项不得分 | 20 分 | | |
| 安全与文明规范 | 1. 工具摆放、整理等违反 9S 要求，每处扣 5 分，扣完为止<br>2. 导线、器材等浪费严重，酌情扣 5～10 分<br>3. 漏装、错装或不规范安装接地线，扣 10 分<br>4. 违反安全与文明生产规程，从重扣分 | 15 分 | | |

 **实训总结**

试述接触器联锁正反转控制线路的优缺点。

## 课题二　按钮联锁正反转控制线路的安装

 **工作任务单**

| 序号 | 任务内容 |
|---|---|
| 1 | 正确安装按钮联锁正反转控制线路 |
| 2 | 掌握按钮联锁正反转控制线路自检方法并能排除简易故障 |

**知识链接　按钮联锁正反转控制线路基本知识**

## ○ 电气原理图（图4-3-3）○

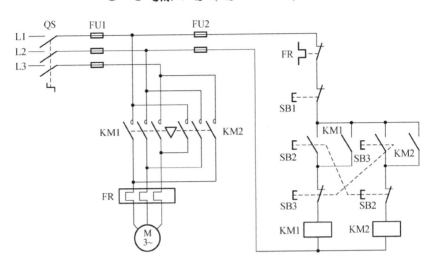

图4-3-3　按钮联锁正反转控制线路原理图

## ○ 线路工作原理 ○

合上电源开关QS。

（1）正转：

按下SB2 → KM1线圈得电 → KM1主触点闭合 ─────────→ 电机M连续正转

　　　　　　　　　　　　→ KM1辅助常开触点闭合自锁 ─┘

　　　　　→ SB2常闭按钮先断开 ──→ 对KM2线圈实施联锁

（2）反转：

按下SB3 → KM1线圈先失电 → KM1主触点分断 ─────────→ 为电机M

　　　　　　　　　　　　→ KM1辅助常开触点分断解除自锁 ─┘　反转做准备

　　　　　→ KM2线圈得电 → KM2主触点闭合 ─────────→ 电机M反转

　　　　　　　　　　　　→ KM2辅助常开触点闭合自锁 ─┘

　　　　　→ SB3常闭按钮先断开 ──→ 对KM1线圈实施联锁

（3）停车：按下SB1 ──→ KM2线圈失电 ──→ 电机M停转

停止使用后，断开电源开关QS。

## ○ 线路特点 ○

　　按钮联锁控制线路克服了接触器联锁控制线路的缺点，能够实现电机正反转的直接切换，操作较为方便。但是电路的安全性取决于按钮的品质，如果按钮品质不高，容易产生电源两相短路故障。例如当正转接触器KM1发生主触点熔焊或被杂物卡住等故障时，即使接触器线圈失电，主触点也分断不开，这时若直接按下反转按钮SB3，KM2得电动作，主触点吸合，必然造成电源两相短路故障。因此，按钮联锁正反转控制线路工作不够安全可靠。

**实操训练**

○ *列一列　元器件清单* ○

请根据学校实际情况，将安装三相异步电机接触器联锁正反转控制线路所需的元器件及导线的型号、规格和数量填入表 4-3-2 中，并检查元器件的质量。

表 4-3-2　元器件清单

| 序号 | 名称 | 符号 | 规格型号 | 数量 | 备注 |
|---|---|---|---|---|---|
| 1 | 三相异步电机 | | | | |
| 2 | 组合开关 | | | | |
| 3 | 按钮 | | | | |
| 4 | 主电路熔断器 | | | | |
| 5 | 控制电路熔断器 | | | | |
| 6 | 交流接触器 | | | | |
| 7 | 热继电器 | | | | |
| 8 | 端子排 | | | | |
| 9 | 主电路导线 | | | | |
| 10 | 控制电路导线 | | | | |
| 11 | 按钮导线 | | | | |
| 12 | 接地导线 | | | | |

○ *做一做　线路安装* ○

（1）固定元器件，根据原理图将接线图标号（图 4-3-4）。

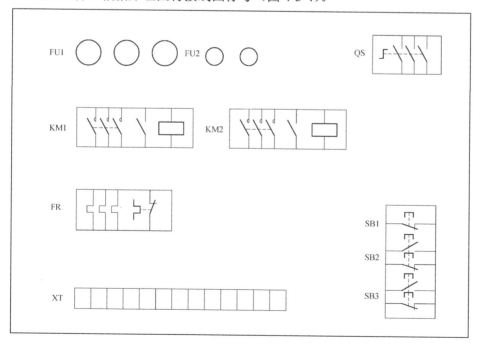

图 4-3-4　接触器联锁正反转控制线路接线图

（2）安装控制线路。

（3）安装主线路。

（4）安装电源、电机等控制板的外部导线。

## ◯ 测一测　线路检测 ◯

### 1. 控制电路接线检查

用万用表电阻挡检查控制电路接线情况。检查时，应选用倍率适当的电阻挡，并欧姆调零。

### 2. 主电路接线检查

按电路图或接线图从电源端开始，借助手动压下交流接触器代替通电，检查主电路有无短路或开路现象，逐段核对接线有无漏接、错接、冗接之处，检查导线接点是否符合要求，是否压接牢固，以免带负载运行时产生闪弧现象。

## ◯ 试一试　通电试车 ◯

为保证人身安全，在通电试车时，要认真执行安全操作规程的有关规定，经教师检查并现场监护。

接通三相电源 L1、L2、L3，合上电源开关 QS，用电笔检查熔断器出线端，氖管亮说明电源接通。按下电路中的按钮，观察接触器情况是否正常，是否符合线路功能要求；观察元器件动作是否灵活，有无卡阻及噪声过大现象；观察电机运行是否正常。若有异常，立即停车检查。

## ◯ 查一查　故障原因 ◯

某同学安装好电机按钮联锁正反转控制线路后，发现不管是按下 SB2 还是按下 SB3，电机始终单向运转，请你帮他查出故障原因。

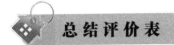 **总结评价表**

| 评价内容 | 评价标准 | 配分 | 扣分 | 得分 |
|---|---|---|---|---|
| 器材准备 | 1. 不清楚元件功能及作用，每只扣 2 分，扣完为止<br>2. 不能说明使用注意事项，每项扣 2 分，扣完为止<br>3. 元器件漏检、错检每只扣 2 分，扣完为止 | 10 分 | | |
| 元器件布局 | 1. 元器件布局不合理，每只扣 3 分，扣完为止<br>2. 安装不牢固、不整齐、不匀称，每只扣 3 分，扣完为止<br>3. 布局过程导致元器件损坏，每只扣 3 分，扣完为止 | 15 分 | | |
| 线路敷设 | 1. 导线敷设不平直、不整齐、绝缘损坏，每处扣 2 分，扣完为止<br>2. 节点不紧密、露铜或反圈，每处扣 2 分，扣完为止<br>3. 线路敷设违反电路原理图，每处扣 2 分，扣完为止<br>4. 号码管错标、漏标，每处扣 2 分，扣完为止<br>5. 导线选取错误，每一根扣 10 分，扣完为止 | 20 分 | | |

续表

| 评价内容 | 评价标准 | 配分 | 扣分 | 得分 |
|---|---|---|---|---|
| 自检与排障 | 1. 自检方法错误、漏检、错检，每次扣 5 分，扣完为止<br>2. 连接线路有故障，故障分析与排障方法错误，每次扣 10 分，扣完为止<br>3. 连接线路无故障，设定故障分析与排障方法错误，每次扣 10 分，扣完为止 | 20 分 | | |
| 通电试车 | 1. 热继电器设定不正确，每处扣 5 分<br>2. 第一次试车不成功且不能迅速判断故障，扣 10 分<br>3. 第二次试车不成功且不能迅速判断故障，本项不得分 | 20 分 | | |
| 安全与文明规范 | 1. 工具摆放、整理等违反 9S 要求，每处扣 5 分，扣完为止<br>2. 导线、器材等浪费严重，酌情扣 5～10 分<br>3. 漏装、错装或不规范安装接地线，扣 10 分<br>4. 违反安全与文明生产规程，从重扣分 | 15 分 | | |

 **实 训 总 结**

试述按钮联锁正反转控制线路的优缺点。

# 课题三　接触器、按钮双重联锁正反转控制线路的安装

 **工 作 任 务 单**

| 序号 | 任务内容 |
|---|---|
| 1 | 正确安装双重联锁正反转控制线路 |
| 2 | 掌握双重联锁正反转控制的自检方法并能排除简易故障 |

 **知识链接　接触器、按钮双重联锁正反转控制线路基本知识**

○ **电气原理图（图4-3-5）** ○

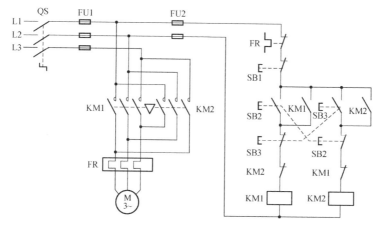

图 4-3-5　双重联锁正反转控制线路原理图

## ○ 线路工作原理 ○

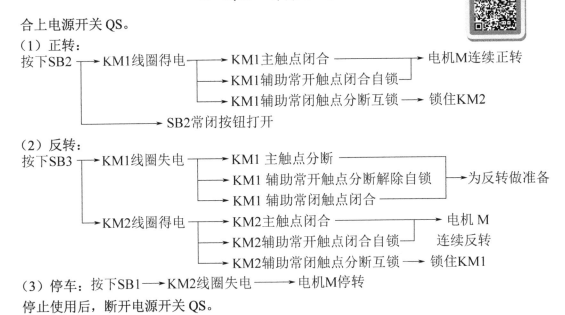

合上电源开关 QS。

（1）正转：

按下SB2 → KM1线圈得电 → KM1主触点闭合 → 电机M连续正转

→ KM1辅助常开触点闭合自锁

→ KM1辅助常闭触点分断互锁 → 锁住KM2

→ SB2常闭按钮打开

（2）反转：

按下SB3 → KM1线圈失电 → KM1 主触点分断

→ KM1 辅助常开触点分断解除自锁 → 为反转做准备

→ KM1 辅助常闭触点闭合

→ KM2线圈得电 → KM2主触点闭合 → 电机 M

→ KM2辅助常开触点闭合自锁 → 连续反转

→ KM2辅助常闭触点分断互锁 → 锁住KM1

（3）停车：按下SB1 → KM2线圈失电 → 电机M停转

停止使用后，断开电源开关 QS。

**技 巧**

　　实现双重联锁正反转控制可以在正转接触器和反转接触器线圈支路中，相互串联对方的一副常闭辅助触点（接触器联锁），正反转启动按钮的常闭触点分别与对方的常开触点相互串联（按钮联锁）。

## ○ 线路特点 ○

　　接触器、按钮双重联锁正反转控制线路操作同时具备了接触器联锁正反转控制线路和按钮联锁正反转控制线路的优点，又避免了两种控制线路的缺点，所以既操作方便，又安全可靠。因此，在电力拖动控制线路中被广泛应用，如 Z535 型摇臂钻床立柱松紧电机的电气控制线路和 X62 型万能铣床的主轴反接制动控制均采用这种双重联锁的控制线路。

**实 操 训 练**

## ○ 列一列　元器件清单 ○

　　请根据学校实际情况，将安装三相异步电机双重联锁正反转控制线路所需的元器件及导线的型号、规格和数量填入表 4-3-3 中，并检查元器件的质量。

表 4-3-3 元器件清单

| 序号 | 名称 | 符号 | 规格型号 | 数量 | 备注 |
|---|---|---|---|---|---|
| 1 | 三相异步电机 | | | | |
| 2 | 组合开关 | | | | |
| 3 | 按钮 | | | | |
| 4 | 主电路熔断器 | | | | |
| 5 | 控制电路熔断器 | | | | |
| 6 | 交流接触器 | | | | |
| 7 | 热继电器 | | | | |
| 8 | 端子排 | | | | |
| 9 | 主电路导线 | | | | |
| 10 | 控制电路导线 | | | | |
| 11 | 按钮导线 | | | | |
| 12 | 接地导线 | | | | |

○ 做一做 线路安装 ○

（1）固定元器件，根据原理图将接线图标号（图 4-3-6）。

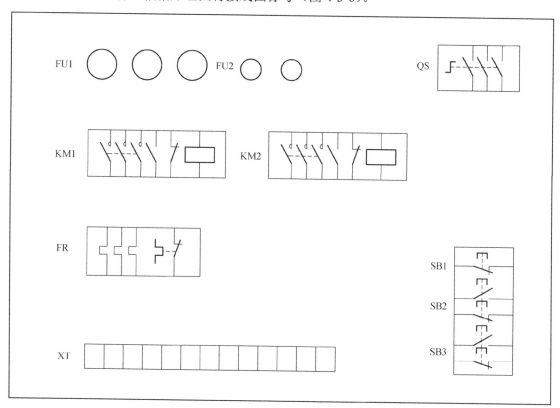

图 4-3-6 双重联锁正反转控制线路接线图

（2）安装控制线路。

（3）安装主线路。

（4）安装电源、电机等控制板的外部导线。

## ○ 测一测　线路检测 ○

### 1．控制电路接线检查

用万用表电阻挡检查控制电路接线情况。检查时，应选用倍率适当的电阻挡，并欧姆调零。

① 检查控制电路通断。断开主电路，将表笔分别搭在 U11、V11 线端上，读数应为"∞"。按下正转按钮 SB2（或反转按钮 SB3）时，万用表读数应为接触器线圈的直流电阻值，松开 SB2（或 SB3），万用表读数为"∞"。

② 自锁控制线路的控制电路检查。松开 SB2（或 SB3），按下 KM1（或 KM2）触点架，使其常开辅助触点闭合，万用表读数应为接触器线圈的直流电阻值。

③ 检查按钮联锁。同时按下正转按钮 SB2 和反转按钮 SB3，万用表读数为"∞"。

④ 检查接触器联锁。同时按下 KM1 和 KM2 触点架，万用表读数为"∞"。

⑤ 停车控制检查。按下启动按钮 SB2（SB3）或 KM1（KM2）触点架，测得接触器线圈的直流电阻值，按下停止按钮 SB1，万用表读数由线圈的直流电阻值变为"∞"。

### 2．主电路接线检查

按电路图或接线图从电源端开始，借助手动压下交流接触器代替通电，检查主电路有无短路或开路现象，逐段核对接线有无漏接、错接、冗接之处，检查导线接点是否符合要求，是否压接牢固，以免带负载运行时产生闪弧现象。

## ○ 试一试　通电试车 ○

为保证人身安全，在通电试车时，要认真执行安全操作规程的有关规定，经教师检查并现场监护。

接通三相电源 L1、L2、L3，合上电源开关 QS，用电笔检查熔断器出线端，氖管亮说明电源接通。按下电路中的按钮，观察接触器情况是否正常，是否符合线路功能要求；观察电器元器件动作是否灵活，有无卡阻及噪声过大现象；观察电机运行是否正常。若有异常，立即停车检查。

## ○ 查一查　故障原因 ○

某同学安装好电机双重联锁正反转控制线路后，通电试车时发现不管是按下正转启动按钮 SB2 还是按下反转启动按钮 SB3，电机始终是同一转向，请你帮他分析电路可能的故障原因。

**总结评价表**

| 评价内容 | 评价标准 | 配分 | 扣分 | 得分 |
|---|---|---|---|---|
| 器材准备 | 1. 不清楚元器件功能及作用，每只扣2分，扣完为止<br>2. 不能说明使用注意事项，每项扣2分，扣完为止<br>3. 元器件漏检、错检每只扣2分，扣完为止 | 10分 | | |
| 元器件布局 | 1. 元器件布局不合理，每只扣3分，扣完为止<br>2. 安装不牢固、不整齐、不匀称，每只扣3分，扣完为止<br>3. 布局过程导致元器件损坏，每只扣3分，扣完为止 | 15分 | | |
| 线路敷设 | 1. 导线敷设不平直、不整齐、绝缘损坏，每处扣2分，扣完为止<br>2. 节点不紧密、露铜或反圈，每处扣2分，扣完为止<br>3. 线路敷设违反电路原理图，每处扣2分，扣完为止<br>4. 号码管错标、漏标，每处扣2分，扣完为止<br>5. 导线选取错误，每一根扣10分，扣完为止 | 20分 | | |
| 自检与排障 | 1. 自检方法错误、漏检、错检，每次扣5分，扣完为止<br>2. 连接线路有故障，故障分析与排障方法错误，每次扣10分，扣完为止<br>3. 连接线路无故障，设定故障分析与排障方法错误，每次扣10分，扣完为止 | 20分 | | |
| 通电试车 | 1. 热继电器设定不正确，每处扣5分<br>2. 第一次试车不成功且不能迅速判断故障，扣10分<br>3. 第二次试车不成功且不能迅速判断故障，本项不得分 | 20分 | | |
| 安全与文明规范 | 1. 工具摆放、整理等违反9S要求，每处扣5分，扣完为止<br>2. 导线、器材等浪费严重，酌情扣5~10分<br>3. 漏装、错装或不规范安装接地线，扣10分<br>4. 违反安全与文明生产规程，从重扣分 | 15分 | | |

**实训思考**

某机床有两台电机设备，一台主轴电机，一台冷却泵电机，主轴电机要求实现正反转控制，且具有短路、过载、欠压和失压保护；冷却泵电机只要求实现单向运转控制，且具有短路、欠压和失压保护。试设计满足要求的电路图。

## 课题四　工作台自动往返行程控制线路的安装

**工作任务单**

| 序号 | 任务内容 |
|---|---|
| 1 | 正确安装工作台自动往返行程控制线路 |
| 2 | 掌握工作台自动往返行程控制线路的电路自检方法并能排除简易故障 |

**知识链接** **工作台自动往返行程控制线路基本知识**

在生产过程中，如摇臂钻床、镗床、万能铣床和桥式起重机等各种自动或半自动控制的机床设备中，经常要求生产机械运动部件的行程或位置受到限制，或者需要其运动部件在一定范围内自动往返循环等，这种控制要求需要行程开关来实现。行程控制，又称位置控制或限位控制，是利用生产机械运动部件上的挡铁与行程开关碰撞，使其触点动作来控制电路的接通或断开，以实现对生产机械运动部件的行程或位置控制。

自动循环控制是实现在一定行程内的自动往返运动的控制，自动循环控制可以方便地对工件进行连续加工。

○ **电气原理图（图4-3-7）** ○

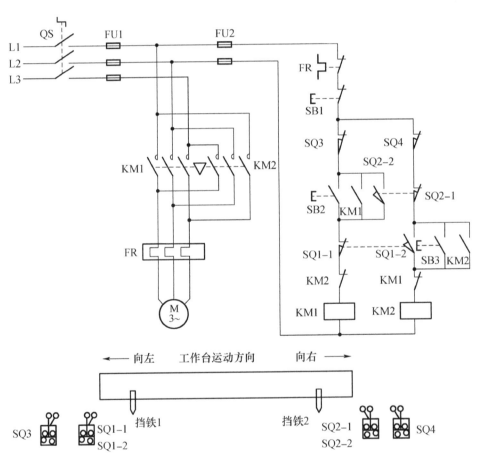

图 4-3-7 电机自动往返行程控制线路原理图

○ **线路工作原理** ○

合上电源开关 QS。

（1）启动：

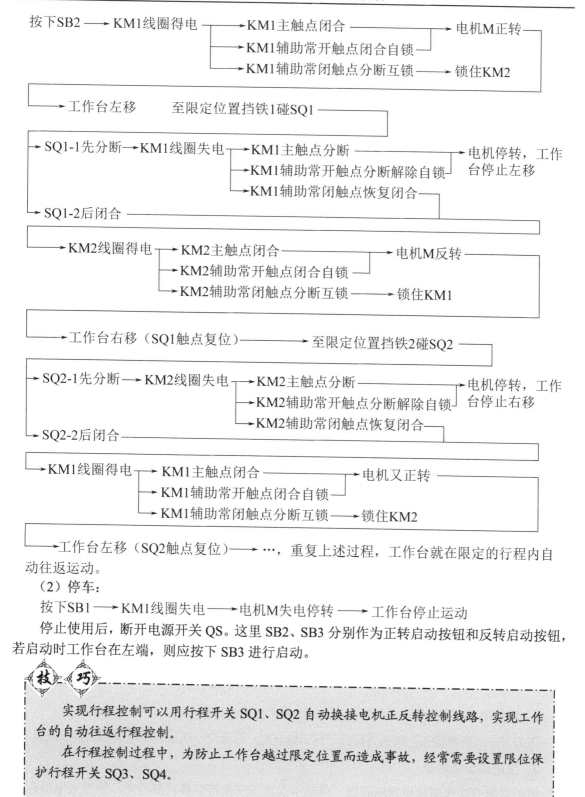

按下SB2 —→ KM1线圈得电 ┬─→ KM1主触点闭合 ─────────────→ 电机M正转
　　　　　　　　　　　 ├─→ KM1辅助常开触点闭合自锁
　　　　　　　　　　　 └─→ KM1辅助常闭触点分断互锁 ─→ 锁住KM2

└─→ 工作台左移　至限定位置挡铁1碰SQ1 ─────────────┐

┌→ SQ1-1先分断 ─→ KM1线圈失电 ┬─→ KM1主触点分断 ───────→ 电机停转，工作
│　　　　　　　　　　　　　　　├─→ KM1辅助常开触点分断解除自锁　台停止左移
│　　　　　　　　　　　　　　　└─→ KM1辅助常闭触点恢复闭合
└→ SQ1-2后闭合 ─────────────────────────────┘

└─→ KM2线圈得电 ┬─→ KM2主触点闭合 ─────────────→ 电机M反转
　　　　　　　　 ├─→ KM2辅助常开触点闭合自锁
　　　　　　　　 └─→ KM2辅助常闭触点分断互锁 ─→ 锁住KM1

└─→ 工作台右移（SQ1触点复位）────────→ 至限定位置挡铁2碰SQ2 ──┐

┌→ SQ2-1先分断 ─→ KM2线圈失电 ┬─→ KM2主触点分断 ───────→ 电机停转，工作
│　　　　　　　　　　　　　　　├─→ KM2辅助常开触点分断解除自锁　台停止右移
│　　　　　　　　　　　　　　　└─→ KM2辅助常闭触点恢复闭合
└→ SQ2-2后闭合 ─────────────────────────────┘

└→ KM1线圈得电 ┬─→ KM1主触点闭合 ─────────→ 电机又正转
　　　　　　　　├─→ KM1辅助常开触点闭合自锁
　　　　　　　　└─→ KM1辅助常闭触点分断互锁 ─→ 锁住KM2

└──→ 工作台左移（SQ2触点复位）────→ …，重复上述过程，工作台就在限定的行程内自动往返运动。

（2）停车：

按下SB1 ─→ KM1线圈失电 ─→ 电机M失电停转 ─→ 工作台停止运动

停止使用后，断开电源开关QS。这里SB2、SB3分别作为正转启动按钮和反转启动按钮，若启动时工作台在左端，则应按下SB3进行启动。

**技巧**

实现行程控制可以用行程开关SQ1、SQ2自动换接电机正反转控制线路，实现工作台的自动往返行程控制。

在行程控制过程中，为防止工作台越过限定位置而造成事故，经常需要设置限位保护行程开关SQ3、SQ4。

### ◯ 线路的限位功能 ◯

图 4-3-7 中的 SQ3、SQ4 位于行程开关 SQ1、SQ2 的外侧，在整个控制电路正常工作时，它们不起作用。一旦行程开关 SQ1 或 SQ2 发生故障，失去限位功能时，它们将取代已坏行程开关，限制生产机械行程，作为终端保护，防止由于 SQ1 或 SQ2 失灵或损坏，生产机械到位后继续越位行驶，造成严重后果。SQ3、SQ4 与 SQ1、SQ2 型号、规格、结构相同。

 实 操 训 练

### ◯ 列一列　元器件清单 ◯

请根据学校实际情况，将安装三相异步电机自动往返行程控制线路所需的元器件及导线的型号、规格和数量填入表 4-3-4 中，并检查元器件的质量。

表 4-3-4　元器件清单

| 序号 | 名称 | 符号 | 规格型号 | 数量 | 备注 |
|---|---|---|---|---|---|
| 1 | 三相异步电机 | | | | |
| 2 | 组合开关 | | | | |
| 3 | 按钮 | | | | |
| 4 | 主电路熔断器 | | | | |
| 5 | 控制电路熔断器 | | | | |
| 6 | 交流接触器 | | | | |
| 7 | 行程开关 | | | | |
| 8 | 热继电器 | | | | |
| 9 | 端子排 | | | | |
| 10 | 主电路导线 | | | | |
| 11 | 控制电路导线 | | | | |
| 12 | 按钮导线 | | | | |
| 13 | 接地导线 | | | | |

### ◯ 做一做　线路安装 ◯

（1）固定元器件，根据原理图将接线图标号（图 4-3-8）。

（2）安装控制线路。

（3）安装主线路。

（4）安装电源、电机等控制板的外部导线。

### ◯ 测一测　线路检测 ◯

**1. 控制电路接线检查**

用万用表电阻挡检查控制电路接线情况。检查时，应选用倍率适当的电阻挡，并欧姆调零。

**2. 主电路接线检查**

按电路图或接线图从电源端开始，借助手动压下交流接触器代替通电，检查主电路有无短路或开路现象，逐段核对接线有无漏接、错接、冗接之处，检查导线接点是否符合要求，是否压接牢固，以免带负载运行时产生闪弧现象。

　　为保证人身安全，在通电试车时，要认真执行安全操作规程的有关规定，经教师检查并现场监护。

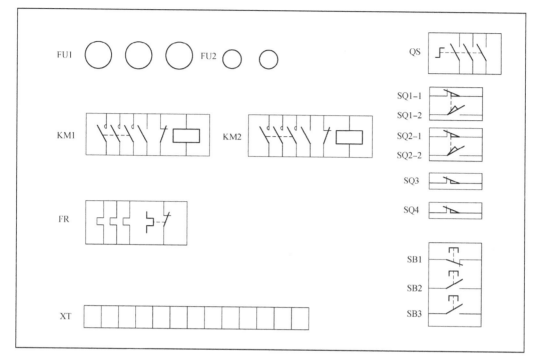

图 4-3-8　电机自动往返控制线路接线图

## ◉ 试一试　通电试车 ◉

　　试车时必须征得老师同意，并由老师在现场监护。接通三相电源 L1、L2、L3，合上电源开关 QS，按下 SB2，观察接触器 KM1 是否吸合，松开 SB2 观察接触器 KM1 是否自锁，观察电机 M 是否正转，工作台是否左移；当工作台移到左端碰撞 SQ1 后，观察接触器 KM1 是否释放、KM2 是否吸合，电机 M 是否反转，工作台是否右移等；当工作台移到右端碰撞 SQ2 后，观察接触器 KM2 是否释放、KM1 是否吸合，电机 M 是否正转，工作台是否左移等；按下 SB1，KM 是否释放，电机、工作台是否都停止。

## ◉ 查一查　故障原因 ◉

　　某同学安装好自动往返控制线路后，发现工作台到达 SQ1 后继续前行，请你分析可能的故障原因。

 **总 结 评 价 表**

| 评价内容 | 评价标准 | 配分 | 扣分 | 得分 |
| --- | --- | --- | --- | --- |
| 器材准备 | 1. 不清楚元器件功能及作用，每只扣 2 分，扣完为止<br>2. 不能说明使用注意事项，每项扣 2 分，扣完为止<br>3. 元器件漏检、错检每只扣 2 分，扣完为止 | 10 分 | | |

续表

| 评价内容 | 评价标准 | 配分 | 扣分 | 得分 |
|---|---|---|---|---|
| 元器件布局 | 1. 元器件布局不合理，每只扣 3 分，扣完为止<br>2. 安装不牢固、不整齐、不匀称，每只扣 3 分，扣完为止<br>3. 布局过程导致元器件损坏，每只扣 3 分，扣完为止 | 15 分 | | |
| 线路敷设 | 1. 导线敷设不平直、不整齐、绝缘损坏，每处扣 2 分，扣完为止<br>2. 节点不紧密、露铜或反圈，每处扣 2 分，扣完为止<br>3. 线路敷设违反电路原理图，每处扣 2 分，扣完为止<br>4. 号码管错标、漏标，每处扣 2 分，扣完为止<br>5. 导线选取错误，每一根扣 10 分，扣完为止 | 20 分 | | |
| 自检与排障 | 1. 自检方法错误、漏检、错检，每次扣 5 分，扣完为止<br>2. 连接线路有故障，故障分析与排障方法错误，每次扣 10 分，扣完为止<br>3. 连接线路无故障，设定故障分析与排障方法错误，每次扣 10 分，扣完为止 | 20 分 | | |
| 通电试车 | 1. 热继电器设定不正确，每处扣 5 分<br>2. 第一次试车不成功且不能迅速判断故障，扣 10 分<br>3. 第二次试车不成功且不能迅速判断故障，本项不得分 | 20 分 | | |
| 安全与文明规范 | 1. 工具摆放、整理等违反 9S 要求，每处扣 5 分，扣完为止<br>2. 导线、器材等浪费严重，酌情扣 5～10 分<br>3. 漏装、错装或不规范安装接地线，扣 10 分<br>4. 违反安全与文明生产规程，从重扣分 | 15 分 | | |

 **实 训 思 考**

（1）说说现实生活中哪些场合用到自动往返行程控制线路。

（2）电路中的限位开关 SQ3、SQ4 正常情况下用不到，可以暂时去掉吗？

# 任务四　三相异步电机降压启动控制线路的安装

前面介绍的三相异步电机和各种控制电路均为全压启动电路。三相异步电机全压启动时，启动电流一般为额定电流的 4～7 倍。通常规定，电源容量在 180kVA 以上，电机容量在 7kW 以下的三相异步电机可采用直接启动。对容量较大的电机的启动，为了不造成电网电压的大幅度降落，从而导致电机启动困难或不能启动，也不影响电网内其他用电设备的正常供电，在生产技术上，多采用降压启动措施。

所谓降压启动是将电网电压适当降低后加到电机定子绕组上进行启动，待电机启动后，再将绕组电压恢复到额定值。降压启动的目的是减小电机启动电流，从而减小电网供电的负荷。由于启动电流的减小，必然导致电机启动转矩下降，因此凡采用降压启动措施的电机，只适合空载或轻载启动。

常见的降压启动方法有四种：定子绕组串联电阻降压启动，自耦变压器降压启动，Y-△降压启动和延边三角形降压启动等，其控制方法有手动控制和自动控制。在生产实际中用得最多的有定子绕组串联电阻降压启动、Y-△降压启动、自耦变压器降压启动自动控制线路。

# 课题一　定子绕组串联电阻降压启动控制线路的安装

 **工作任务单**

| 序号 | 任务内容 |
| --- | --- |
| 1 | 正确安装定子绕组串联电阻降压启动控制线路 |
| 2 | 掌握定子绕组串联电阻降压启动控制线路的自检方法并能排除简易故障 |

 **知识链接一　定子绕组串联电阻降压启动**

定子绕组串联电阻降压启动的原理是在电机启动时，把电阻串接在电机定子绕组与电源之间，通过电阻的分压作用来降低定子绕组上的启动电压，如图4-4-1所示。待电机启动结束后，再将电阻短接，使电机在额定电压下正常运行。

由于定子电路中串入的电阻要消耗电能，所以大、中型电机常采用串联电阻的启动方法，它们的控制电路是一样的。定子绕组串联电阻降压启动，加到定子绕组上的电压一般只有直接启动时的一半，而电机的启动转矩和所加电压平方成正比，故串联电阻降压启动的启动转矩仅为直接启动的1/4。因此，定子绕组串联电阻降压启动仅适用于启动要求平稳，启动次数不频繁的电机空载或轻载启动。

 **知识链接二　手动控制的定子绕组串联电阻降压启动控制线路基本知识**

○ **线路工作原理** ○　　　　○ **电气原理图（图4-4-1）** ○

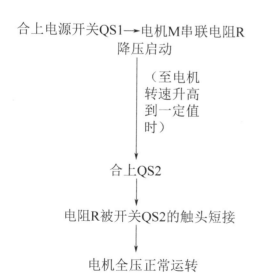

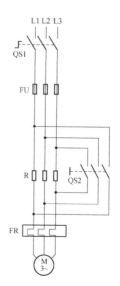

图4-4-1　手动控制串联电阻降压启动控制线路原理图

○ **线路特点** ○

手动控制的定子绕组串联电阻降压启动控制线路，电机从降压到全压运行是通过操作开关 QS2 来实现的，工作既不方便也不可靠。因此，在实际应用中，常采用时间继电器来自动完成短接电阻的动作，实现自动控制。

 **知识链接三　时间继电器自动控制的定子绕组串联电阻降压启动控制线路基本知识**

○ **电气原理图（图4-4-2）** ○

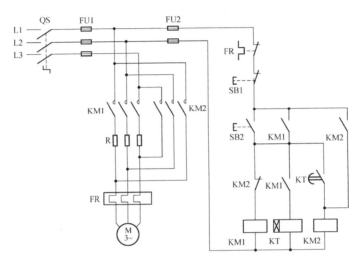

图 4-4-2　时间继电器自动控制定子绕组串联电阻降压启动控制线路原理图

○ **线路工作原理** ○

合上电源开关 QS。

（1）降压启动：

按下SB2 ──→ KM1线圈得电 ──→ KM1主触点闭合 ──→ 电机M串电阻R降压启动
　　　　　　　　　　　　　├──→ KM1自锁触头闭合自锁
　　　　　　　　　　　　　└──→ KM1辅助常开触点闭合 ──→ KT线圈得电

（至转速上升到一定值时，KT 延时结束）

──→ KT常开触头闭合 ──→ KM2线圈得电

──→ KM2主触点闭合 ──→ 电阻R被短接 ──→ 电机M全压运转
├──→ KM2自锁触头闭合自锁
└──→ KM2辅助常闭触点分断 ──→ KM1、KT线圈先后失电，其触头复位

（2）停车：按下SB1 ──→ KM2线圈失电 ──→ 电机M停转

停止使用后，断开电源开关 QS。

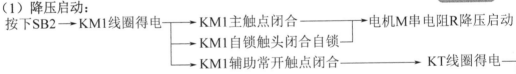

○ **线路特点** ○

由以上分析可知，只要调整好时间继电器 KT 触头的动作时间，电机由降压启动过程切换成全压运行过程就能准确可靠地完成。

启动电阻一般采用 ZX1、ZX2 系列铸铁电阻。铸铁电阻能够通过较大的电流，功率大。启动电阻的阻值 $R$ 可按下列近似公式确定：

$$R = 190 \times \frac{I_{st} - I'_{st}}{I_{st} I'_{st}}$$

式中：$I_{st}$——未串联电阻前的启动电流，一般 $I_{st} = (4 \sim 7) I_N$；

$\quad\quad\ I'_{st}$——串联电阻后的启动电流，一般 $I'_{st} = (2 \sim 3) I_N$；

$\quad\quad\ I_N$——电机的额定电流；

$\quad\quad\ R$——电机每相串联的启动电阻值。

电阻功率可用公式 $P = I_N^2 R$ 计算。由于启动电阻 $R$ 仅在启动过程中接入，且启动时间很短，所以实际选用的电阻功率可比计算值减小 3～4 倍。

串联电阻降压启动的缺点是减小了电机的启动转矩，同时启动时在电阻上功率消耗也较大，如果启动频繁，则电阻的温度很高，对于精密的机床会产生一定的影响。

 **实操训练**

○ **列一列　元器件清单** ○

请根据学校实际情况，将安装定子绕组串联电阻降压启动控制线路所需的元器件及导线的型号、规格和数量填入表 4-4-1 中，并检查元器件的质量。

表 4-4-1　元器件清单

| 序号 | 名称 | 符号 | 规格型号 | 数量 | 备注 |
|---|---|---|---|---|---|
| 1 | 三相异步电机 | | | | |
| 2 | 组合开关 | | | | |
| 3 | 按钮 | | | | |
| 4 | 主电路熔断器 | | | | |
| 5 | 控制电路熔断器 | | | | |
| 6 | 交流接触器 | | | | |
| 7 | 热继电器 | | | | |
| 8 | 电阻 | | | | |
| 9 | 端子排 | | | | |
| 10 | 主电路导线 | | | | |
| 11 | 控制电路导线 | | | | |
| 12 | 按钮导线 | | | | |
| 13 | 接地导线 | | | | |

## ○ 做一做　线路安装 ○

（1）固定元器件，根据原理图将接线图标号（图 4-4-3）。

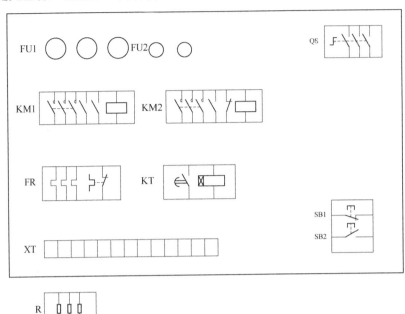

图 4-4-3　时间继电器控制的定子绕组串联电阻降压启动控制线路接线图

（2）安装控制线路。
（3）安装主线路。
（4）安装电源、电机等控制板的外部导线。

## ○ 测一测　线路检测 ○

### 1. 控制电路接线检查

用万用表电阻挡检查控制电路接线情况。检查时，应选用倍率适当的电阻挡，并欧姆调零。

### 2. 主电路接线检查

按电路图或接线图从电源端开始，借助手动压下交流接触器代替通电，检查主电路有无短路或开路现象，逐段核对接线有无漏接、错接、冗接之处，检查导线接点是否符合要求，是否压接牢固，以免带负载运行时产生闪弧现象。

## ○ 试一试　通电试车 ○

为保证人身安全，在通电试车时，要认真执行安全操作规程的有关规定，经教师检查并现场监护。

## ○ 查一查　故障原因 ○

某同学安装好时间继电器控制的定子绕组串联电阻降压启动控制线路后，发现电机切换时间不准确，你能帮他正确调整切换时间吗？

**总结评价表**

| 评价内容 | 评价标准 | 配分 | 扣分 | 得分 |
|---|---|---|---|---|
| 器材准备 | 1. 不清楚元器件功能及作用，每只扣2分，扣完为止<br>2. 不能说明使用注意事项，每项扣2分，扣完为止<br>3. 元器件漏检、错检每只扣2分，扣完为止 | 10分 | | |
| 元器件布局 | 1. 元器件布局不合理，每只扣3分，扣完为止<br>2. 安装不牢固、不整齐、不匀称，每只扣3分，扣完为止<br>3. 布局过程导致元器件损坏，每只扣3分，扣完为止 | 15分 | | |
| 线路敷设 | 1. 导线敷设不平直、不整齐、绝缘损坏，每处扣2分，扣完为止<br>2. 节点不紧密、露铜或反圈，每处扣2分，扣完为止<br>3. 线路敷设违反电路原理图，每处扣2分，扣完为止<br>4. 号码管错标、漏标，每处扣2分，扣完为止<br>5. 导线选取错误，每一根扣10分，扣完为止 | 20分 | | |
| 自检与排障 | 1. 自检方法错误、漏检、错检，每次扣5分，扣完为止<br>2. 连接线路有故障，故障分析与排障方法错误，每次扣10分，扣完为止<br>3. 连接线路无故障，设定故障分析与排障方法错误，每次扣10分，扣完为止 | 20分 | | |
| 通电试车 | 1. 热继电器或时间继电器设定不正确，每处扣5分<br>2. 第一次试车不成功且不能迅速判断故障，扣10分<br>3. 第二次试车不成功且不能迅速判断故障，本项不得分 | 20分 | | |
| 安全与文明规范 | 1. 工具摆放、整理等违反9S要求，每处扣5分，扣完为止<br>2. 导线、器材等浪费严重，酌情扣5~10分<br>3. 漏装、错装或不规范安装接地线，扣10分<br>4. 违反安全与文明生产规程，从重扣分 | 15分 | | |

**实训思考**

一台三相异步电机，功率为20W，额定电流为38.4A，电压为380V，分析各相应该串联多大的启动电阻进行降压启动？

# 课题二　自耦变压器降压启动控制线路的安装

**工作任务单**

| 序号 | 任务内容 |
|---|---|
| 1 | 正确安装自耦变压器降压启动控制线路 |
| 2 | 掌握自耦变压器降压启动控制线路的自检方法并能排除简易故障 |

**知识链接一　自耦变压器降压启动**

自耦变压器降压启动是利用自耦变压器二次绕组的不同抽头电压，既能适应不同负载启

141

动的需要，又能获得比 Y-△降压启动更大的启动转矩（在启动电流减小倍数相同的情况下启动转矩相对较大），因此应用较为广泛，常被用来启动容量较大的笼形三相异步电机。自耦变压器降压启动控制电路已经形成定型产品，称为自耦减压启动器（或称补偿器），有手动式和自动式两种。

 **知识链接二　手动控制自耦减压启动器基本知识**

如图 4-4-4 所示为 QJD3 型手动控制自耦减压启动器。这种启动器的内部构造主要包括自耦变压器、保护装置、触头系统和手柄操作机构部分。自耦变压器的抽头电压有两种，分别是电源电压的 65% 和 80%（出厂时一般接在 65%），可根据电机启动时负载的大小选择不同的启动电压。线圈是按短时制通电设计的，只能连续带负载启动两次。保护装置有过载保护和欠压保护两种。过载保护采用可手动复位的热继电器 FR，热元件串接在电机与电源之间，其常闭触点与欠压脱扣器线圈 KV、停止按钮串联。在室温 35℃ 环境下，电流增加到额定电流的 1.2 倍时，热继电器动作，其常闭触点分断，切断电源停车；欠压保护采用失压脱扣器 KV，它由线圈、铁芯和衔铁组成，其线圈跨接在两相之间。在电源电压正常时，线圈得电使铁芯吸住衔铁，当电源电压降低到额定电压的 85% 以下时，铁芯吸力减小，不能吸住衔铁，衔铁下落，通过操作机构使启动器跳闸，切断电机电源，保护电机不会因电压太低而烧坏。同理，在电源突然断电时，启动器也会跳闸，这样可防止恢复供电时电机自行全压启动。操作机构包括手柄、主轴和机械联锁装置等。

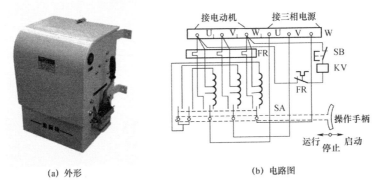

(a) 外形　　　　　　　　　　　(b) 电路图

图 4-4-4　QJD3 型手动控制自耦减压启动器

QJD3 型手动控制自耦减压启动器使用于一般工业用交流 50Hz 或 60Hz、额定电压 380V、功率 10～75kW 的三相异步电机，用于不频繁降压启动和停止。其动作原理为：

当手柄扳到"停止"位置时，装在主轴上的动触头与上、下两排静触头都不接触，电机处于断电停止状态。

当操作手柄向前推到"启动"位置时，装在主轴上的动触头与上面一排启动静触头接触，三相电源 L1、L2、L3 通过右边三个动、静触头接入自耦变压器，又经自耦变压器的三个 65%（或 80%）抽头接入电机进行降压启动；左边两个动、静触头接触则把自耦变压器接成了 Y 形。

当电机的转速上升到一定值时，将操作手柄向后迅速扳到"运行"位置，使右边三个动触头与下面一排的三个运行静触头接触，这时自耦变压器脱离，电机与三相电源 L1、L2、L3

直接相接全压运行。

停止时，只要按下停止按钮 SB，失压脱扣器 KV 线圈失电，衔铁下落释放，通过机械操作机构使启动器掉闸，操作手柄便自动回到"停止"位置，电机断电停转。

 **知识链接三　自动控制自耦减压启动器基本知识**

我国生产的 XJ01 系列自动控制自耦减压启动器是目前广泛应用的自耦变压器降压启动的自动控制设备，适用于交流 380V、功率为 14～300kW 的三相异步电机的降压启动（100kW以上要配电流互感器）。

XJ01 系列自动控制自耦减压启动器由自耦变压器、交流接触器、中间继电器、热继电器、时间继电器和按钮等元器件组成。对于 14～75kW 的产品，采用自动控制方式，对于 80～300kW的产品，具有手动和自动两种控制方式，由转换开关进行切换。时间继电器为可调式，在 5～120s 以内，可以自由调节控制启动时间。自耦变压器备有额定电压 60%及 80%两挡抽头，出厂时接在 60%抽头上。启动器具有过载和失压保护，最大启动时间为 2min（包括一次或连续数次启动时间的总和），若启动时间超过 2min，则启动后的冷却时间应不小于 4h，才能再次启动。

XJ01 型自耦减压启动器的电路图如图 4-4-5 所示。SB11 和 SB12 是异地控制按钮。

整个电路分为三部分：主电路、控制电路和指示电路。

○ **电气原理图** ○

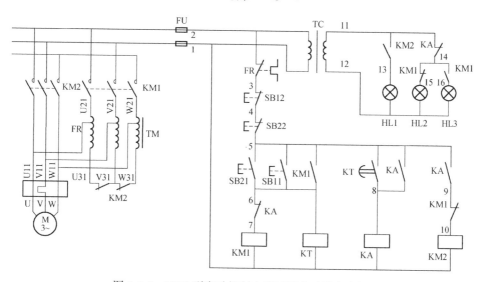

图 4-4-5　XJ01 型自动控制自耦减压启动器电路图

○ **线路工作原理** ○

合上电源开关 QS。

（1）降压启动：

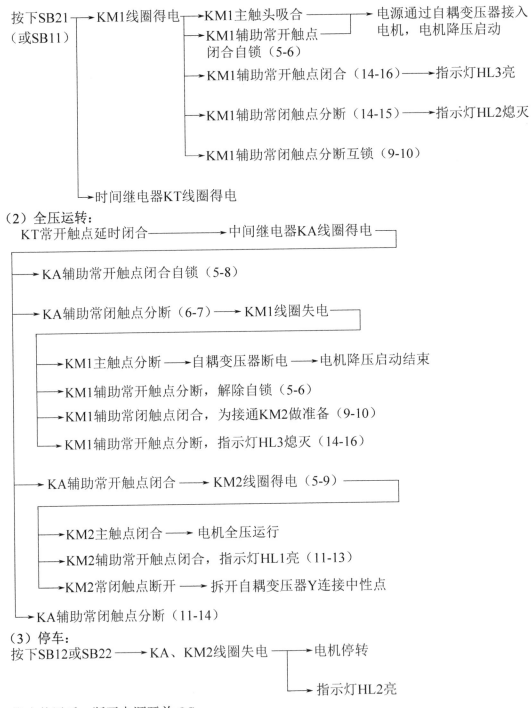

按下SB21（或SB11）→ KM1线圈得电 → KM1主触头吸合 —— 电源通过自耦变压器接入电机，电机降压启动
KM1辅助常开触点闭合自锁（5-6）
KM1辅助常开触点闭合（14-16）→ 指示灯HL3亮
KM1辅助常闭触点分断（14-15）→ 指示灯HL2熄灭
KM1辅助常闭触点分断互锁（9-10）
时间继电器KT线圈得电

（2）全压运转：
KT常开触点延时闭合 —— 中间继电器KA线圈得电
KA辅助常开触点闭合自锁（5-8）
KA辅助常闭触点分断（6-7）— KM1线圈失电
KM1主触点分断 — 自耦变压器断电 — 电机降压启动结束
KM1辅助常开触点分断，解除自锁（5-6）
KM1辅助常闭触点闭合，为接通KM2做准备（9-10）
KM1辅助常开触点分断，指示灯HL3熄灭（14-16）
KA辅助常开触点闭合 — KM2线圈得电（5-9）
KM2主触点闭合 — 电机全压运行
KM2辅助常开触点闭合，指示灯HL1亮（11-13）
KM2常闭触点断开 — 拆开自耦变压器Y连接中性点
KA辅助常闭触点分断（11-14）

（3）停车：
按下SB12或SB22 —— KA、KM2线圈失电 — 电机停转
指示灯HL2亮

停止使用后，断开电源开关 QS。

**实 操 训 练**

○ *列一列 元器件清单* ○

请根据学校实际情况,将安装三相异步电机自动控制自耦减压启动器控制线路所需的元器件及导线的型号、规格和数量填入表 4-4-2 中,并检查元器件的质量。

表 4-4-2 元器件清单

| 序号 | 名称 | 符号 | 规格型号 | 数量 | 备注 |
|---|---|---|---|---|---|
| 1 | 三相异步电机 | | | | |
| 2 | 组合开关 | | | | |
| 3 | 按钮 | | | | |
| 4 | 主电路熔断器 | | | | |
| 5 | 控制电路熔断器 | | | | |
| 6 | 交流接触器 | | | | |
| 7 | 热继电器 | | | | |
| 8 | 自耦变压器 | | | | |
| 9 | 变压器 | | | | |
| 10 | 指示灯 | | | | |
| 11 | 端子排 | | | | |
| 12 | 主电路导线 | | | | |
| 13 | 控制电路导线 | | | | |
| 14 | 按钮导线 | | | | |
| 15 | 接地导线 | | | | |

○ *做一做 线路安装* ○

(1)固定元器件,根据原理图将接线图标号(图 4-4-6)。

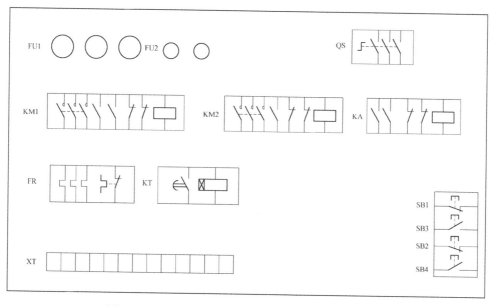

图 4-4-6 XJ01 型自动控制自耦减压启动器线路接线图

（2）安装控制线路。

（3）安装主线路。

（4）安装电源、电机等控制板的外部导线。

（5）安装注意事项：

① 时间继电器和热继电器的整定值应在不通电时预先整定好，并在试车时校正。

② 时间继电器的安装位置必须使继电器在断电后，动铁芯释放时的运动方向垂直向下。

③ 电机和自耦变压器的金属外壳及时间继电器的金属底板必须可靠接地，并应将接地线接到它们指定的接地螺钉上。

④ 自耦变压器要安装在箱体内，否则应采取遮护和隔离措施，并在进、出线的端子上进行绝缘处理，以防发生触电事故。

⑤ 指示电路接至灯箱。

○ **测一测　线路检测** ○

**1．控制电路接线检查**

用万用表电阻挡检查控制电路接线情况。检查时，应选用倍率适当的电阻挡，并欧姆调零。

**2．主电路接线检查**

按电路图或接线图从电源端开始，借助手动压下交流接触器代替通电，检查主电路有无短路或开路现象，逐段核对接线有无漏接、错接、冗接之处，检查导线接点是否符合要求，是否压接牢固，以免带负载运行时产生闪弧现象。

○ **试一试　通电试车** ○

为保证人身安全，在通电试车时，要认真执行安全操作规程的有关规定，经教师检查并现场监护。

○ **查一查　故障原因** ○

某同学安装好自动控制自耦减压启动器线路后，发现时间继电器在断电后，动铁芯释放时的运动方向垂直向上，请你分析可能引起电路什么故障。

 **总结评价表**

| 评价内容 | 评价标准 | 配分 | 扣分 | 得分 |
|---|---|---|---|---|
| 器材准备 | 1．不清楚元器件功能及作用，每只扣2分，扣完为止<br>2．不能说明使用注意事项，每项扣2分，扣完为止<br>3．元器件漏检、错检每只扣2分，扣完为止 | 10分 | | |
| 元器件布局 | 1．元器件布局不合理，每只扣3分，扣完为止<br>2．安装不牢固、不整齐、不匀称，每只扣3分，扣完为止<br>3．布局过程导致元器件损坏，每只扣3分，扣完为止 | 15分 | | |
| 线路敷设 | 1．导线敷设不平直、不整齐、绝缘损坏，每处扣2分，扣完为止<br>2．节点不紧密、露铜或反圈，每处扣2分，扣完为止<br>3．线路敷设违反电路原理图，每处扣2分，扣完为止<br>4．号码管错标、漏标，每处扣2分，扣完为止<br>5．导线选取错误，每根扣10分，扣完为止 | 20分 | | |

续表

| 评价内容 | 评价标准 | 配分 | 扣分 | 得分 |
|---|---|---|---|---|
| 自检与排障 | 1. 自检方法错误、漏检、错检，每次扣 5 分，扣完为止<br>2. 连接线路有故障，故障分析与排障方法错误，每次扣 10 分，扣完为止<br>3. 连接线路无故障，设定故障分析与排障方法错误，每次扣 10 分，扣完为止 | 20 分 | | |
| 通电试车 | 1. 热继电器或时间继电器设定不正确，每处扣 5 分<br>2. 第一次试车不成功且不能迅速判断故障，扣 10 分<br>3. 第二次试车不成功且不能迅速判断故障，本项不得分 | 20 分 | | |
| 安全与文明规范 | 1. 工具摆放、整理等违反 9S 要求，每处扣 5 分，扣完为止<br>2. 导线、器材等浪费严重，酌情扣 5～10 分<br>3. 漏装、错装或不规范安装接地线，扣 10 分<br>4. 违反安全与文明生产规程，从重扣分 | 15 分 | | |

 **实 训 思 考**

试述自耦变压器的作用。

# 课题三　Y-△降压启动控制线路的安装

 **工 作 任 务 单**

| 序号 | 任务内容 |
|---|---|
| 1 | 正确安装 Y-△降压启动控制线路 |
| 2 | 掌握 Y-△降压启动控制线路的自检方法并能排除简易故障 |

 **知识链接　Y-△降压启动控制线路**

　　星—三角降压启动是指电机启动时，把定子绕组接成星形接法，以降低启动时加到定子绕组上的电压，限制启动电流；待电机启动后，再把定子绕组改接成三角形接法，使电机全压运行。凡是在正常运行时定子绕组以三角形连接的三相异步电机，均可采用这种降压启动方法。如图 4-4-7 所示。

　　星—三角降压启动也可用符号 Y-△表示，启动时将绕组连接成星形，使每相绕组电压降至原电压的 $1/\sqrt{3}$，启动结束后再将绕组切换成三角形连接，使三相绕组在额定电压下运行。它的优点是启动设备成本低，使用方法简便，但启动转矩只有额定转矩的 1/3，所以这种降压启动方法只适用于轻载或空载下启动。

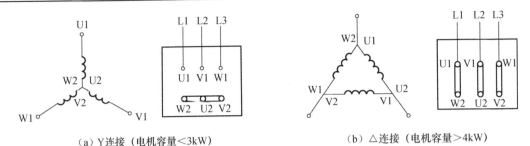

（a）Y连接（电机容量<3kW）　　　　　　（b）△连接（电机容量>4kW）

图 4-4-7　三相异步电机的绕组连接方法

（1）用 Y-△降压启动控制的电机必须有 6 个出线端子，而且定子绕组在△形接法时的额定电压等于三相电源的线电压。

（2）接线时要保证电机△接法的正确性，即接触器 KM△主触头闭合时，应保证定子绕组的 U1 与 W2、V1 与 U2、W1 与 V2 相连接。

（3）接触器 KM$_Y$ 的进线必须从三相定子绕组的末端引入，否则在 KM$_Y$ 吸合时，会产生三相电源短路事故。

（4）通电校验前要再检查一下熔体规格及时间继电器、热继电器的整定值是否符合要求。

在生产中，应用广泛的是用接触器和时间继电器自动控制的 Y-△降压启动控制线路。

 知识链接二　接触器、按钮控制的 Y - △降压启动控制线路的基本知识

○ 电气原理图（图4-4-8）○

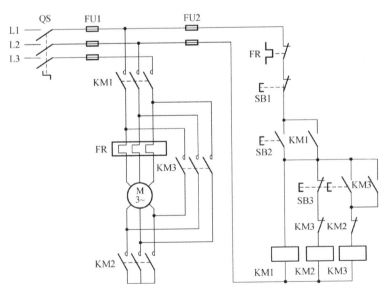

图 4-4-8　接触器、按钮控制的 Y-△降压启动控制线路原理图

## ○ 线路工作原理 ○

合上电源开关 QS。

（1）电机星形接法降压启动：

按下SB2 ━━→ KM1线圈得电 ━━→ KM1辅助常开触点闭合自锁

━━→ KM1主触点闭合

━━→ 电机星形降压启动

━━→ KM2 线圈得电 ━━→ KM2主触点闭合

━━→ KM2辅助常闭触点分断互锁 ━→ 锁住 KM3

（2）电机三角形接法全压运行：

当电机转速上升并接近额定值时：

按下SB3 ━━→ KM2线圈先失电 ━━→ KM2主触点分断

━━→ KM2辅助常闭触点闭合 ━━→ 为KM3得电做准备

━━→ KM3线圈得电 ━━→ KM3主触点闭合 ━━→ 电机三角形全压运行

━━→ KM3辅助常闭触点分断互锁 ━→ 锁住KM2

（3）停车：按下SB1 ━━→ KM1、KM线圈失电 ━━→ 电机M停转

停止使用后，断开电源开关 QS。

### 知识链接三　时间继电器控制的 Y - △ 降压启动控制线路基本知识

## ○ 电气原理图（图4-4-9）○

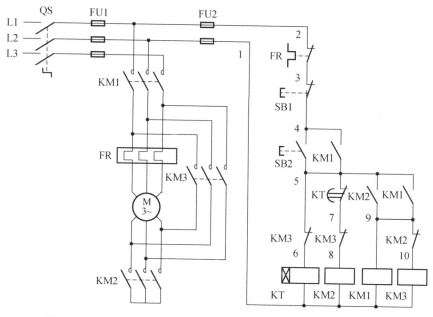

图 4-4-9　时间继电器控制的 Y-△降压启动控制线路原理图（一）

## ○ 线路工作原理 ○

合上电源开关QS。

（1）启动：

按下SB2 → KM2线圈得电 → KM2 辅助常闭触点分断互锁 → 锁住KM3

→ KM2 主触点闭合

→ KM2 辅助常开触点闭合 → KM1线圈得电

→ KM1辅助常开触点闭合自锁（4-5）

→ KM1辅助常开触点闭合自锁（5-9）

→ KM1主触点闭合 → 电机以星形接法转动

→ 时间继电器线圈KT得电 → KT常闭触点延时分断

→ KM2线圈失电 → KM2辅助常开触点分断

→ KM2主触点分断

→ KM2辅助常闭触点闭合

→ KM3 线圈得电 → KM3辅助常闭触点分断（5-6）→ KT线圈失电

→ KM3辅助常闭触点分断互锁（7-8）→ 锁住KM2

→ KM3主触点闭合 → 电机以三角形接法转动

（2）停车：按下SB1 → KM1、KM3线圈失电 → 电机M停转

停止使用后，断开电源开关 QS。

## ○ 电气原理图（图4-4-10）○

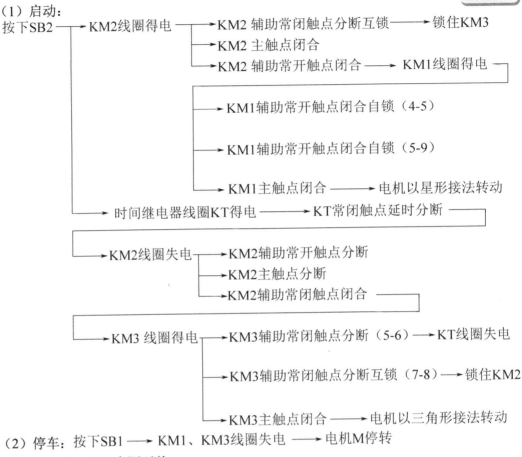

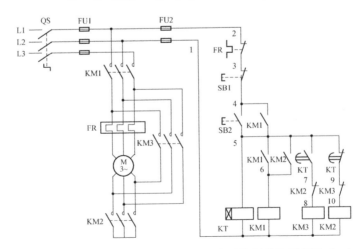

图4-4-10 时间继电器控制的 Y-△降压启动控制线路原理图（二）

○ **线路工作原理** ○

合上电源开关 QS。

（1）电机 Y-△降压启动：

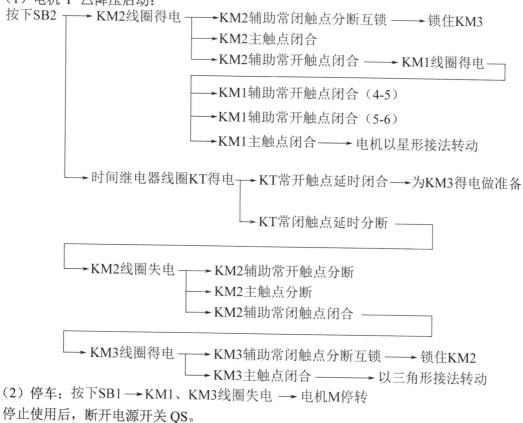

（2）停车：按下SB1 → KM1、KM3线圈失电 → 电机M停转

停止使用后，断开电源开关 QS。

○ **电气原理图（图4-4-11）** ○

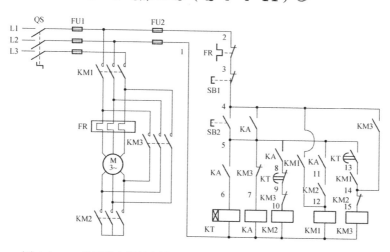

图4-4-11 时间继电器控制的 Y-△降压启动控制线路原理图（三）

## ○ 线路工作原理 ○

请自行分析该线路的电路工作原理。

## ○ 电气原理图（图4-4-12）○

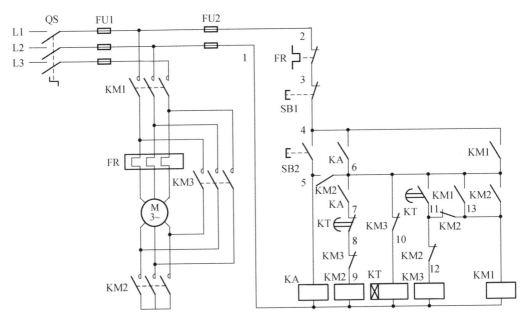

图4-4-12  时间继电器控制的Y-△降压启动控制线路原理图（四）

## ○ 线路工作原理 ○

请自行分析该线路的电路工作原理。

 **实操训练**

## ○ 列一列  元器件清单 ○

自主选择一个时间继电器控制的Y-△降压启动控制线路，根据电路需要选择所需的元器件及导线，并将元器件的型号、规格和数量填入表4-4-3中，检查元器件的质量。

表4-4-3  元器件清单

| 序号 | 名称 | 符号 | 规格型号 | 数量 | 备注 |
|------|------|------|----------|------|------|
| 1 | 三相异步电机 | | | | |
| 2 | 按钮 | | | | |
| 3 | 主电路熔断器 | | | | |
| 4 | 控制电路熔断器 | | | | |
| 5 | 交流接触器 | | | | |
| 6 | 中间继电器 | | | | |
| 7 | 时间继电器 | | | | |
| 8 | 热继电器 | | | | |
| 9 | 端子排 | | | | |

续表

| 序号 | 名称 | 符号 | 规格型号 | 数量 | 备注 |
|------|------|------|----------|------|------|
| 10 | 主电路导线 | | | | |
| 11 | 控制电路导线 | | | | |
| 12 | 按钮导线 | | | | |
| 13 | 接地导线 | | | | |

○ **做一做　线路安装** ○

（1）根据自主选择的 Y-△降压启动控制线路，固定元器件，并根据原理图画出接线图（图4-4-13）。

图4-4-13　时间继电器控制的 Y-△降压启动控制线路接线图

（2）安装控制线路。

（3）安装主线路。

（4）安装电源、电机等控制板的外部导线。

○ **测一测　线路检测** ○

（1）控制电路的检测。

（2）主电路的检测。

○ **试一试　通电试车** ○

在通电试车时，要认真执行安全操作规程的有关规定，经教师检查并现场监护。

○ **查一查　故障原因** ○

某同学安装好时间继电器控制的 Y-△降压启动控制线路后，发现电路由星形运行切换到三角形运行的时间过长，请你分析可能的故障原因。

## 总结评价表

| 评价内容 | 评价标准 | 配分 | 扣分 | 得分 |
|---|---|---|---|---|
| 器材准备 | 1. 不清楚元器件功能及作用，每只扣 2 分，扣完为止<br>2. 不能说明使用注意事项，每项扣 2 分，扣完为止<br>3. 元器件漏检、错检每只扣 2 分，扣完为止 | 10 分 | | |
| 元器件布局 | 1. 元器件布局不合理，每只扣 3 分，扣完为止<br>2. 安装不牢固、不整齐、不匀称，每只扣 3 分，扣完为止<br>3. 布局过程导致元器件损坏，每只扣 3 分，扣完为止 | 15 分 | | |
| 线路敷设 | 1. 导线敷设不平直、不整齐、绝缘损坏，每处扣 2 分，扣完为止<br>2. 节点不紧密、露铜或反圈，每处扣 2 分，扣完为止<br>3. 线路敷设违反电路原理图，每处扣 2 分，扣完为止<br>4. 号码管错标、漏标，每处扣 2 分，扣完为止<br>5. 导线选取错误，每根扣 10 分，扣完为止 | 20 分 | | |
| 自检与排障 | 1. 自检方法错误、漏检、错检，每次扣 5 分，扣完为止<br>2. 连接线路有故障，故障分析与排障方法错误，每次扣 10 分，扣完为止<br>3. 连接线路无故障，设定故障分析与排障方法错误，每次扣 10 分，扣完为止 | 20 分 | | |
| 通电试车 | 1. 热继电器或时间继电器设定不正确，每处扣 5 分<br>2. 第一次试车不成功且不能迅速判断故障，扣 10 分<br>3. 第二次试车不成功且不能迅速判断故障，本项不得分 | 20 分 | | |
| 安全与文明规范 | 1. 工具摆放、整理等违反 9S 要求，每处扣 5 分，扣完为止<br>2. 导线、器材等浪费严重，酌情扣 5～10 分<br>3. 漏装、错装或不规范安装接地线，扣 10 分<br>4. 违反安全与文明生产规程，从重扣分 | 15 分 | | |

## 实训思考

（1）本任务所学知识和技能最容易出错的是哪些地方？

（2）你有哪些操作错误？从中你应该汲取哪些经验教训？

## 课题四　延边三角形降压启动控制线路的安装

## 工作任务单

| 序号 | 任务内容 |
|---|---|
| 1 | 正确安装延边三角形降压启动控制线路 |
| 2 | 掌握延边三角形降压启动控制线路的自检方法并能排除简易故障 |

**知识链接一　延边三角形降压启动控制线路**

延边三角形降压启动的方法是在每相定子绕组中引出一个抽头，电机启动时将一部分定子绕组接成三角形，另一部分定子绕组接成星形，使整个绕组接成延边三角形，待电机启动后，再将电机定子绕组改接成三角形，使电机全压运行。其绕组连接示意图如图 4-4-14 所示。

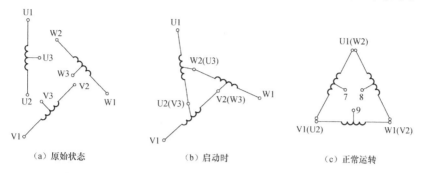

（a）原始状态　　　　（b）启动时　　　　（c）正常运转

图 4-4-14　延边三角形降压启动电机定子绕组连接示意图

电机定子绕组以延边三角形连接时，每相定子绕组所承受的电压大于星形接法时的相电压，而小于三角形接法时的相电压。并且电机每相绕组电压的大小可随电机绕组抽头（U3、V3、W3）位置的改变而调节，从而克服了 Y-△降压启动时启动电压偏低、启动转矩偏小的缺点。但采用延边三角形启动的电机需要九个出线端，故这种启动方式适用于 JO3 系列三相异步电机。

 **知识链接二　延边三角形降压启动控制线路基本知识**

○ **电气原理图（图 4-4-15）** ○

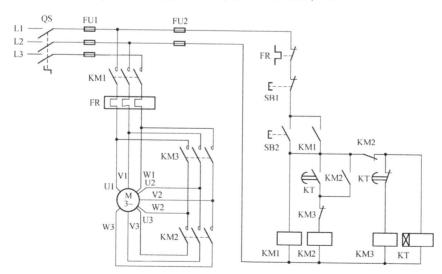

图 4-4-15　延边三角形降压启动线路原理图

## ○ *线路工作原理* ○

合上电源开关 QS。

（1）电机降压启动：

按下SB2 → KM1线圈得电 → KM1辅助常开触点闭合自锁
→ KM1主触点闭合 → 电机M接成星形降压启动
→ KM3线圈得电 → KM3主触点闭合
→ KM3辅助常闭触点分断互锁
→ KT线圈得电
（当M转速上升到一定值时，KT延时结束）

→ KT常闭触点断开 → KM3线圈失电 → KM3主触点分断
→ KM3辅助常闭触点闭合
→ KT常开触点闭合 → KM2线圈得电 → KM2主触点闭合 → 电机接成
三角形全压运行
→ KM2辅助常闭触点分断

（2）停车：按下SB1 → KM1、KM3线圈失电 → 电机M停转

 **实 操 训 练**

## ○ *列一列  元器件清单* ○

请根据学校实际情况，将安装线路所需的元器件及导线的型号、规格和数量填入表4-4-4中。

表4-4-4  元器件清单

| 序号 | 名称 | 符号 | 规格型号 | 数量 | 备注 |
|---|---|---|---|---|---|
| 1 | 三相异步电机 | | | | |
| 2 | 组合开关 | | | | |
| 3 | 按钮 | | | | |
| 4 | 主电路熔断器 | | | | |
| 5 | 控制电路熔断器 | | | | |
| 6 | 时间继电器 | | | | |
| 7 | 交流接触器 | | | | |
| 8 | 热继电器 | | | | |
| 9 | 端子排 | | | | |
| 10 | 主电路导线 | | | | |
| 11 | 控制电路导线 | | | | |
| 12 | 按钮导线 | | | | |
| 13 | 接地导线 | | | | |

## ⚪ 做一做　线路安装 ⚪

（1）固定元器件，根据原理图将接线图标号（图4-4-16）。

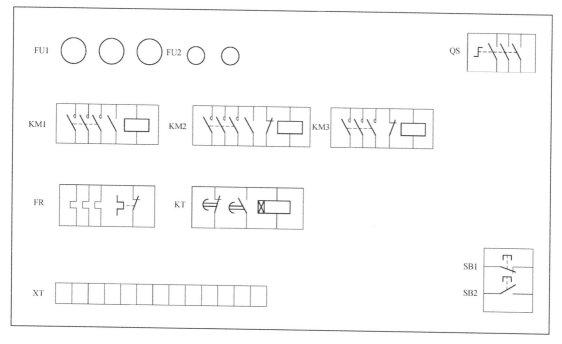

图4-4-16　延边三角形降压启动控制线路接线图

（2）安装控制线路。

（3）安装主线路。

（4）安装电源、电机等控制板的外部导线。

## ⚪ 测一测　线路检测 ⚪

（1）控制电路接线检查。用万用表电阻挡检查控制电路接线情况。检查时，应选用倍率适当的电阻挡，并欧姆调零。

（2）主电路接线检查。按电路图或接线图从电源端开始，借助手动压下交流接触器代替通电，检查主电路有无短路或开路现象，逐段核对接线有无漏接、错接、冗接之处，检查导线接点是否符合要求，是否压接牢固，以免带负载运行时产生闪弧现象。

## ⚪ 试一试　通电试车 ⚪

为保证人身安全，在通电试车时，要认真执行安全操作规程的有关规定，经教师检查并现场监护。

接通三相电源 L1、L2、L3，合上电源开关 QS，用电笔检查熔断器出线端，氖管亮说明电源接通。按下电路中的按钮，观察接触器情况是否正常，是否符合线路功能要求；观察元器件动作是否灵活，有无卡阻及噪声过大现象；观察电机运行是否正常。若有异常，立即停车检查。

○ 查一查　故障原因 ○

　　某同学安装好延边三角形降压启动控制线路后，发现时间继电器延时时间到了但是触点不动作，请分析可能出现的故障原因并正确排除。

 **总结评价表**

| 评价内容 | 评价标准 | 配分 | 扣分 | 得分 |
|---|---|---|---|---|
| 器材准备 | 1. 不清楚元器件功能及作用，每只扣 2 分，扣完为止<br>2. 不能说明使用注意事项，每项扣 2 分，扣完为止<br>3. 元器件漏检、错检每只扣 2 分，扣完为止 | 10 分 | | |
| 元器件布局 | 1. 元器件布局不合理，每只扣 3 分，扣完为止<br>2. 安装不牢固、不整齐、不匀称，每只扣 3 分，扣完为止<br>3. 布局过程导致元器件损坏，每只扣 3 分，扣完为止 | 15 分 | | |
| 线路敷设 | 1. 导线敷设不平直、不整齐、绝缘损坏，每处扣 2 分，扣完为止<br>2. 节点不紧密、露铜或反圈，每处扣 2 分，扣完为止<br>3. 线路敷设违反电路原理图，每处扣 2 分，扣完为止<br>4. 号码管错标、漏标，每处扣 2 分，扣完为止<br>5. 导线选取错误，每根扣 10 分，扣完为止 | 20 分 | | |
| 自检与排障 | 1. 自检方法错误、漏检、错检，每次扣 5 分，扣完为止<br>2. 连接线路有故障，故障分析与排障方法错误，每次扣 10 分，扣完为止<br>3. 连接线路无故障，设定故障分析与排障方法错误，每次扣 10 分，扣完为止 | 20 分 | | |
| 通电试车 | 1. 热继电器或时间继电器设定不正确，每处扣 5 分<br>2. 第一次试车不成功且不能迅速判断故障，扣 10 分<br>3. 第二次试车不成功且不能迅速判断故障，本项不得分 | 20 分 | | |
| 安全与文明规范 | 1. 工具摆放、整理等违反 9S 要求，每处扣 5 分，扣完为止<br>2. 导线、器材等浪费严重，酌情扣 5～10 分<br>3. 漏装、错装或不规范安装接地线，扣 10 分<br>4. 违反安全与文明生产规程，从重扣分 | 15 分 | | |

 **实训思考**

　　比较 Y-△降压启动控制线路与延边三角形降压启动控制线路的优缺点。

# 任务五　三相异步电机制动控制线路的安装

　　三相异步电机切断电源后，由于惯性，总要经过一段时间才能完全停止。为了缩短停止时间，提高生产效率和加工精度，要求生产机械能迅速、准确地停车，如起重机的吊钩需要准确定位，万能铣床要求立即停转等。采取一定措施使三相异步电机在切断电源后迅速、准确地停车的过程，称为三相异步电机制动。三相异步电机的制动方法分为机械制动和电气制动两大类。

应用较普遍的机械制动装置是电磁抱闸制动器，在切断电源后，产生一个和电机实际旋转方向相反的电磁转矩（制动力矩），使三相异步电机迅速、准确停车的制动方法称为电气制动。常用的电气制动方法有反接制动、能耗制动等。

## 课题一　电磁抱闸制动控制线路的安装

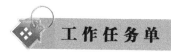

| 序号 | 任务内容 |
| --- | --- |
| 1 | 正确安装电磁抱闸制动控制线路 |
| 2 | 掌握电磁抱闸制动控制线路的自检方法并能排除简易故障 |

**知识链接一　电磁抱闸制动器**

电磁抱闸制动器结构示意图及符号如图 4-5-1 所示。

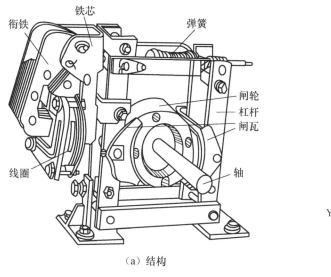

（a）结构　　　　　　　　　　（b）符号

图 4-5-1　电磁抱闸制动器结构示意图

电磁抱闸制动器主要由制动电磁铁和闸瓦制动器两部分组成。制动电磁铁由铁芯、衔铁和线圈三部分组成，并具有单相和三相之分。闸瓦制动器包括闸轮、闸瓦、杠杆和弹簧等部分，闸轮与电机装在同一根转轴上。

当电磁抱闸制动器的线圈得电时，铁芯吸引衔铁，衔铁克服弹簧拉力，迫使杠杆上移，使闸瓦松开闸轮，电机正常运转。

当电磁抱闸制动器的线圈失电时，衔铁复原，在弹簧的作用下，闸瓦与闸轮紧紧抱住，电机就被迅速制动而停转。

**知识链接二　电磁抱闸制动控制线路基本知识**

## ◯ 电气原理图（图4-5-2）◯

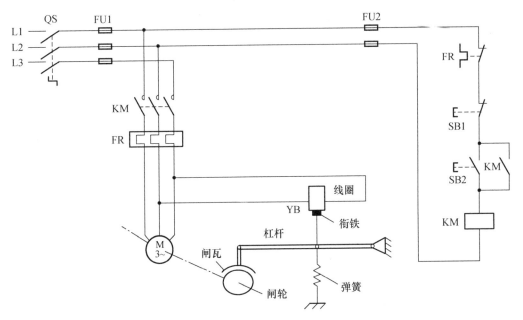

图4-5-2　电磁抱闸制动控制电路图

## ◯ 线路工作原理 ◯

合上电源开关QS。

（1）启动：

按下SB2 ──→ KM线圈得电 ─┐

├──→ KM辅助常开触点闭合自锁　　　　　　　　　　　┬──→ 电机M
│　　　　　　　　　　　　　　　　　　　　　　　　　│　　启动运转
└──→ KM主触点闭合 ──→ 电磁抱闸线圈YB得电，闸瓦松开闸轮 ─┘

（2）停车制动：

按下SB1 ──→ KM线圈失电 ─┐

├──→ KM辅助常开触点分断解除自锁　　　　　　　　　　┬──→ 电机M
│　　　　　　　　　　　　　　　　　　　　　　　　　│　　迅速制动
└──→ KM主触点分断 ──→ 电磁抱闸线圈YB失电，闸瓦抱紧闸轮 ─┘

停止使用时，断开电源开关QS。

## ◯ 线路特点 ◯

　　电磁抱闸制动的优点是通电时松开制动装置，断电时起制动作用。如果运行中突然停电或电路发生故障使电机绕组断电，闸瓦能立即抱紧闸轮，使电机处于制动状态，生产机械亦立即停止动作而不会因停电而造成损失。如起吊重物的卷扬机，当重物吊到一定高度时，突然遇到停电，电磁抱闸立即制动，使重物被悬挂在空中，不致掉下。但由于电磁抱闸制动器线圈耗电时间与电机一样长，因此不够经济。

 **实操训练**

○ **列一列 元器件清单** ○

请根据学校实际情况，将安装线路所需的元器件及导线的型号、规格和数量填入表 4-5-1 中。

表 4-5-1 元器件清单

| 序号 | 名称 | 符号 | 规格型号 | 数量 | 备注 |
|---|---|---|---|---|---|
| 1 | 三相异步电机 | | | | |
| 2 | 组合开关 | | | | |
| 3 | 按钮 | | | | |
| 4 | 主电路熔断器 | | | | |
| 5 | 控制电路熔断器 | | | | |
| 6 | 时间继电器 | | | | |
| 7 | 交流接触器 | | | | |
| 8 | 电磁抱闸制动器 | | | | |
| 9 | 热继电器 | | | | |
| 10 | 端子排 | | | | |
| 11 | 主电路导线 | | | | |
| 12 | 控制电路导线 | | | | |
| 13 | 按钮导线 | | | | |
| 14 | 接地导线 | | | | |

○ **做一做 线路安装** ○

（1）固定元器件，根据原理图将接线图标号（图 4-5-3）。

（2）安装控制线路。

（3）安装主线路。

（4）安装电源、电机等控制板的外部导线。

安装注意事项：

① 电磁抱闸制动器必须与电机一起安装在固定的底座或座墩上，其地脚螺栓必须拧紧，并且要有放松措施。电机轴伸出端上的制动闸轮必须与轴瓦制动器的抱闸机构在同一平面上，而且轴心要一致。

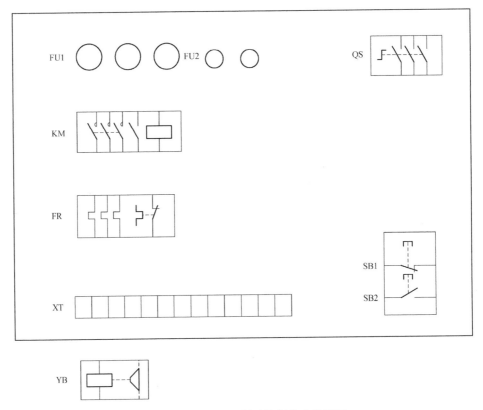

图 4-5-3　电磁抱闸制动控制线路接线图

② 电磁抱闸制动器安装后，必须在切断电源的情况下先进行粗调，然后在通电试车时再进行微调。粗调时以在断电状态下用外力转不动电机的转轴，而当用外力将制动电磁铁吸合后，电机转轴能自由转动为合格；微调时以在通电带负载运行状态下，电机转动自如，闸瓦与闸轮不摩擦、不过热，断电时又能立即制动为合格。

○ 测一测　线路检测 ○

（1）控制电路接线检查。用万用表电阻挡检查控制电路接线情况。检查时，应选用倍率适当的电阻挡，并欧姆调零。

（2）主电路接线检查。按电路图或接线图从电源端开始，借助手动压下交流接触器代替通电，检查主电路有无短路或开路现象，逐段核对接线有无漏接、错接、冗接之处，检查导线接点是否符合要求，是否压接牢固，以免带负载运行时产生闪弧现象。

○ 试一试　通电试车 ○

为保证人身安全，在通电试车时，要认真执行安全操作规程的有关规定，经教师检查并现场监护。

接通三相电源 L1、L2、L3，合上电源开关 QS，用电笔检查熔断器出线端，氖管亮说明电源接通。按下电路中的按钮，观察接触器情况是否正常，是否符合线路功能要求；观察元器件动作是否灵活，有无卡阻及噪声过大现象；观察电机运行是否正常。若有异常，立即停车检查。

○ 查一查　故障原因 ○

某同学安装好电磁抱闸制动控制线路后，发现按下停车按钮后，交流接触器与电磁制动器线圈失电，但电机并没有立即停转，请分析可能出现的故障原因并正确排除。

## 总结评价表

| 评价内容 | 评价标准 | 配分 | 扣分 | 得分 |
|---|---|---|---|---|
| 器材准备 | 1. 不清楚元器件功能及作用，每只扣 2 分，扣完为止<br>2. 不能说明使用注意事项，每项扣 2 分，扣完为止<br>3. 元器件漏检、错检每只扣 2 分，扣完为止 | 10 分 | | |
| 元器件布局 | 1. 元器件布局不合理，每只扣 3 分，扣完为止<br>2. 安装不牢固、不整齐、不匀称，每只扣 3 分，扣完为止<br>3. 布局过程导致元器件损坏，每只扣 3 分，扣完为止 | 15 分 | | |
| 线路敷设 | 1. 导线敷设不平直、不整齐、绝缘损坏，每处扣 2 分，扣完为止<br>2. 节点不紧密、露铜或反圈，每处扣 2 分，扣完为止<br>3. 线路敷设违反电路原理图，每处扣 2 分，扣完为止<br>4. 号码管错标、漏标，每处扣 2 分，扣完为止<br>5. 导线选取错误，每根扣 10 分，扣完为止 | 20 分 | | |
| 自检与排障 | 1. 自检方法错误、漏检、错检，每次扣 5 分，扣完为止<br>2. 连接线路有故障，故障分析与排障方法错误，每次扣 10 分，扣完为止<br>3. 连接线路无故障，设定故障分析与排障方法错误，每次扣 10 分，扣完为止 | 20 分 | | |
| 通电试车 | 1. 热继电器或时间继电器设定不正确，每处扣 5 分<br>2. 第一次试车不成功且不能迅速判断故障，扣 10 分<br>3. 第二次试车不成功且不能迅速判断故障，本项不得分 | 20 分 | | |
| 安全与文明规范 | 1. 工具摆放、整理等违反 9S 要求，每处扣 5 分，扣完为止<br>2. 导线、器材等浪费严重，酌情扣 5～10 分<br>3. 漏装、错装或不规范安装接地线，扣 10 分<br>4. 违反安全与文明生产规程，从重扣分 | 15 分 | | |

## ·实训思考

电磁抱闸制动器在切断电源后起制动作用，使手工调整工件很困难，查阅相关资料，设计一便于操作人员调整工件的电磁抱闸制动控制线路。

## 课题二　单向反接制动控制线路的安装

## 工作任务单

| 序号 | 任务内容 |
|---|---|
| 1 | 正确安装单向反接制动控制线路 |
| 2 | 掌握单向反接制动控制线路的自检方法并能排除简易故障 |

**知识链接一　反接制动的基本原理**

反接制动是将运动中的电机电源反接（即将任意两根相线对调），以改变电机定子绕组的电源相序，定子绕组产生反向的旋转磁场，从而使转子受到与原旋转方向相反的制动力矩而迅速停转。反接制动的基本原理如图 4-5-4 所示。

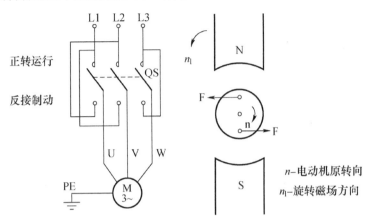

图 4-5-4　反接制动原理图

图中要使正以 n 方向旋转的电机迅速停转，可先拉开正转接法的电源开关 QS，使电机与三相电源脱离，转子由于惯性仍按原方向旋转，然后将开关 QS 投向反接制动侧，这时由于 U、V 两相电源线对调了，产生的旋转磁场方向与先前的方向相反。因此，在电机转子中产生了与原来相反的电磁转矩，即制动转矩，使电机转速迅速下降而实现制动。

在这个制动过程中，当制动到转子转速接近零时，如不及时切断电源，则电机将会反向启动。为此，必须在反接制定中，采取一定的措施，保证当电机的转速被制动到转速接近零时切断电源，防止反向启动。在一般的反接制动控制线路中常用速度继电器来反映转速，以实现自动控制。

 **知识链接二　速度继电器**

速度继电器又称为反接制动继电器。它是以旋转速度的快慢为指令信号，通过触点的分合传递给继电器，从而实现对电机反接制动控制。

速度继电器常用在铣床和镗床的控制电路中。转速在 120r/min 以上时，速度继电器就能动作并完成控制功能，当速度降到 120r/min 以下时触点复位。常用速度继电器有 JY1、JFZ0 系列。速度继电器具有结构简单、工作可靠、价格低廉等特点，故广泛用于生产机械运动部件的速度控制和反接控制快速停车，如车床主轴、铣床主轴等。速度继电器的实物及符号如图 4-5-5 所示。

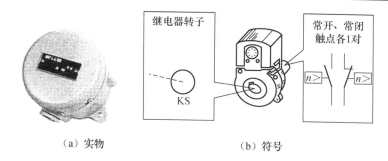

（a）实物　　　　　　　（b）符号

图 4-5-5　速度继电器的实物及符号

 **知识链接三　单向反接制动控制线路基本知识**

◯ 电气原理图（图 4-5-6）◯

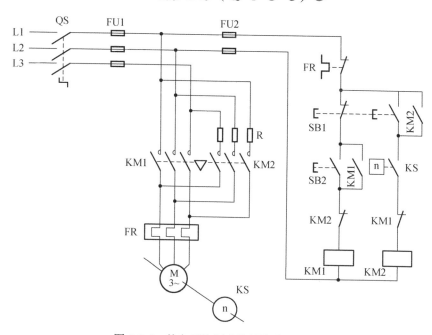

图 4-5-6　单向反接制动控制线路原理图

◯ 线路工作原理 ◯

合上电源开关 QS。

（1）单向启动：

按下 SB2 ──────► KM1 线圈得电 ──────┐

├──► KM1 自锁触点闭合 ──────┐

├──► KM1 主触点闭合 ──────► 电机 M 启动运行 ──────► KS 触点闭合（为制动做准备）

└──► KM1 联锁触点分断

（2）反接制动：

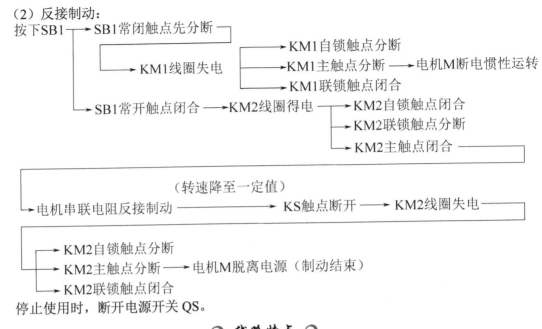

停止使用时，断开电源开关 QS。

## ○ *线路特点* ○

反接制动时，由于旋转磁场与转子的相对转速（$n_1 + n$）很高，故转子绕组中感应电流很大，致使定子绕组中的电流很大，一般约为电机额定电流的 10 倍左右。因此，反接制动适用于 10kW 以下小容量电机的制动，并且对 4.5kW 以上的电机进行反接制动时，须在定子绕组回路中串入限流电阻，以限制反接制动电流。

反接制动的优点是制动力强，制动迅速。缺点是制动准确性差，制动过程中冲击强烈，易损坏传动零件，制动能量消耗大，不宜经常制动。因此，反接制动一般用于制动要求迅速、制动惯性较大、不经常启动与制动的场合，如中型车床、铣床、镗床等主轴的制动控制。

 **实操训练**

## ○ *列一列  元器件清单* ○

请根据学校实际情况，将安装线路所需的元器件及导线的型号、规格和数量填入表 4-5-2 中。

表 4-5-2  元器件清单

| 序号 | 名称 | 符号 | 规格型号 | 数量 | 备注 |
|---|---|---|---|---|---|
| 1 | 三相异步电机 | | | | |
| 2 | 组合开关 | | | | |
| 3 | 按钮 | | | | |
| 4 | 主电路熔断器 | | | | |
| 5 | 控制电路熔断器 | | | | |
| 6 | 交流接触器 | | | | |
| 7 | 电阻 | | | | |
| 8 | 速度继电器 | | | | |
| 9 | 热继电器 | | | | |

续表

| 序号 | 名称 | 符号 | 规格型号 | 数量 | 备注 |
|------|------|------|----------|------|------|
| 10 | 端子排 | | | | |
| 11 | 主电路导线 | | | | |
| 12 | 控制电路导线 | | | | |
| 13 | 按钮导线 | | | | |
| 14 | 接地导线 | | | | |

○ 做一做　线路安装 ○

（1）固定元器件，根据原理图将接线图标号（图 4-5-7）。

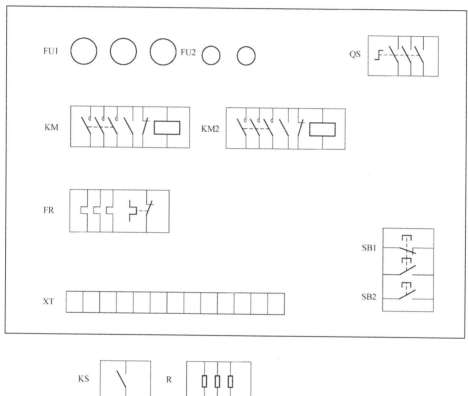

图 4-5-7　单向反接制动控制线路接线图

（2）安装控制线路。

（3）安装主线路。

（4）安装电源、电机等控制板的外部导线。

安装注意事项：

① 安装速度继电器前，要弄清楚其结构，辨明常开触头的接线端。

② 速度继电器可以预先安装好。安装时，采用速度继电器的连接头与电机转轴直接连接的方法，并使两轴中心线重合。

③ 通电试车时，若制动不正常，可检查速度继电器是否符合规定要求。若要调节速度继电器的调整螺钉，必须切断电源，以防出现安全事故。

④ 教师首先示范速度继电器动作值和返回值的调整，然后学生自己调整。

⑤ 制动操作不宜过于频繁。

## ○ 测一测　线路检测 ○

（1）控制电路接线检查。用万用表电阻挡检查控制电路接线情况。检查时，应选用倍率适当的电阻挡，并欧姆调零。

（2）主电路接线检查。按电路图或接线图从电源端开始，借助手动压下交流接触器代替通电，检查主电路有无短路或开路现象，逐段核对接线有无漏接、错接、冗接之处，检查导线接点是否符合要求，是否压接牢固，以免带负载运行时产生闪弧现象。

## ○ 试一试　通电试车 ○

为保证人身安全，在通电试车时，要认真执行安全操作规程的有关规定，经教师检查并现场监护。

接通三相电源 L1、L2、L3，合上电源开关 QS，用电笔检查熔断器出线端，氖管亮说明电源接通。按下电路中的按钮，观察接触器情况是否正常，是否符合线路功能要求；观察元器件动作是否灵活，有无卡阻及噪声过大现象；观察电机运行是否正常。若有异常，立即停车检查。

## ○ 查一查　故障原因 ○

某同学安装好单向反接制动控制线路后，发现电机在制动后又反向启动，请分析可能出现的故障原因并正确排除。

 **总结评价表**

| 评价内容 | 评价标准 | 配分 | 扣分 | 得分 |
|---|---|---|---|---|
| 器材准备 | 1. 不清楚元器件功能及作用，每只扣2分，扣完为止<br>2. 不能说明使用注意事项，每项扣2分，扣完为止<br>3. 元器件漏检、错检每只扣2分，扣完为止 | 10分 | | |
| 元器件布局 | 1. 元器件布局不合理，每只扣3分，扣完为止<br>2. 安装不牢固、不整齐、不匀称，每只扣3分，扣完为止<br>3. 布局过程导致元器件损坏，每只扣3分，扣完为止 | 15分 | | |
| 线路敷设 | 1. 导线敷设不平直、不整齐、绝缘损坏，每处扣2分，扣完为止<br>2. 节点不紧密、露铜或反圈，每处扣2分，扣完为止<br>3. 线路敷设违反电路原理图，每处扣2分，扣完为止<br>4. 号码管错标、漏标，每处扣2分，扣完为止<br>5. 导线选取错误，每根扣10分，扣完为止 | 20分 | | |
| 自检与排障 | 1. 自检方法错误、漏检、错检，每次扣5分，扣完为止<br>2. 连接线路有故障，故障分析与排障方法错误，每次扣10分，扣完为止<br>3. 连接线路无故障，设定故障分析与排障方法错误，每次扣10分，扣完为止 | 20分 | | |

续表

| 评价内容 | 评价标准 | 配分 | 扣分 | 得分 |
|---|---|---|---|---|
| 通电试车 | 1. 热继电器或时间继电器设定不正确，每处扣5分<br>2. 第一次试车不成功且不能迅速判断故障，扣10分<br>3. 第二次试车不成功且不能迅速判断故障，本项不得分 | 20分 | | |
| 安全与文明规范 | 1. 工具摆放、整理等违反9S要求，每处扣5分，扣完为止<br>2. 导线、器材等浪费严重，酌情扣5～10分<br>3. 漏装、错装或不规范安装接地线，扣10分<br>4. 违反安全与文明生产规程，从重扣分 | 15分 | | |

 **实训思考**

试分析图4-5-8控制线路的工作原理，重点阐述该线路的制动过程。

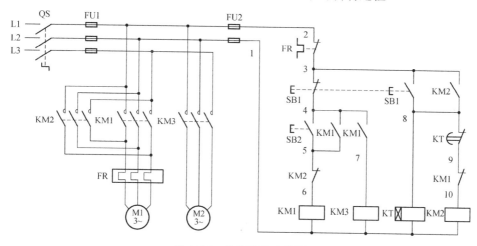

图4-5-8　控制线路电路图

# 课题三　可逆启动、半波能耗制动控制线路的安装

 **工作任务单**

| 序号 | 任务内容 |
|---|---|
| 1 | 正确安装可逆启动、半波能耗制动控制线路 |
| 2 | 掌握可逆启动、半波能耗制动控制线路的自检方法并能排除简易故障 |

 **知识链接一　能耗制动控制原理**

能耗制动是在三相异步电机脱离三相交流电源后，在定子绕组上加一个直流电源，使定子绕组产生一个静止的磁场，当电机在惯性作用下继续旋转时会产生感应电流，该感应电流与静止磁场相互作用产生一个与电机旋转方向相反的电磁转矩（制动转矩），使电机迅速停转。能耗制动的基本原理如图4-5-9所示。

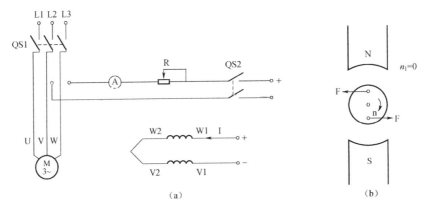

图 4-5-9　能耗制动原理图

在如图 4-5-9 所示电路中，断开电源开关 QS1，切断电机的交流电源后，这时转子仍沿原方向惯性运动；随后立即合上开关 QS2，并将 QS1 向下合闸，电机 V、W 两相定子绕组通入直流电。使定子中产生一个恒定的静止磁场，这样靠惯性运动的转子因切割磁感线而在转子绕组中产生感应电流，其方向用右手定则判断，如图 4-5-9（b）所示。转子绕组中一旦产生了感应电流，立即受到静止磁场的作用，产生电磁转矩，用左手定则判断可知，此转矩的方向正好与电机的转向相反，使电机受制动迅速停转。

由以上分析可知，这种制动方法是在电机切断交流电源后，通过立即在定子绕组的任意两相中通入直流电，以消耗转子惯性运动的动能来进行制动的，所以称为能耗制动，又称动能制动。

能耗制动时制动转矩的大小由通入定子绕组的直流电流大小决定。电流越大，静止磁场越强，产生的制动转矩就越大。直流电流大小可用电阻调节，但通入的直流电流不宜过大，一般为异步电机空载电流的 3～5 倍，否则会烧坏定子绕组。

 **知识链接二　可逆启动、半波能耗制动控制线路基本知识**

## ○ 电气原理图（图 4-5-10）○

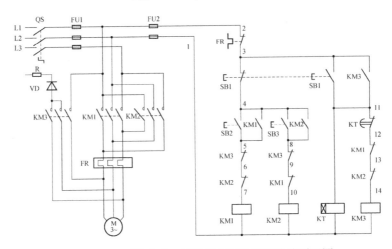

图 4-5-10　可逆启动、半波能耗制动控制线路原理图

○ 线路工作原理 ○

合上电源开关 QS。

（1）正转启动：

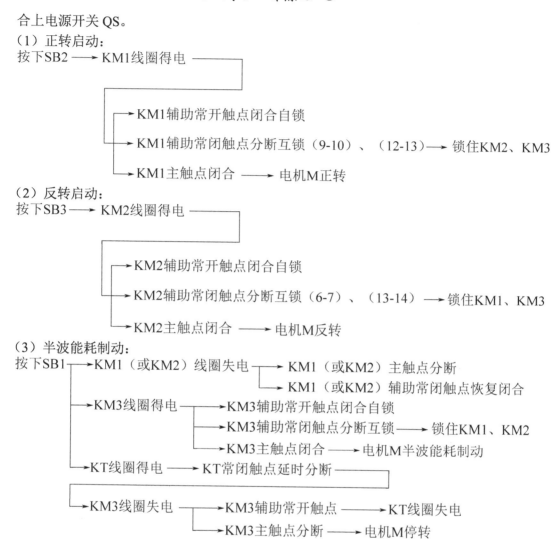

按下SB2 ⟶ KM1线圈得电

⟶ KM1辅助常开触点闭合自锁

⟶ KM1辅助常闭触点分断互锁（9-10）、（12-13）⟶ 锁住KM2、KM3

⟶ KM1主触点闭合 ⟶ 电机M正转

（2）反转启动：

按下SB3 ⟶ KM2线圈得电

⟶ KM2辅助常开触点闭合自锁

⟶ KM2辅助常闭触点分断互锁（6-7）、（13-14）⟶ 锁住KM1、KM3

⟶ KM2主触点闭合 ⟶ 电机M反转

（3）半波能耗制动：

按下SB1 ⟶ KM1（或KM2）线圈失电 ⟶ KM1（或KM2）主触点分断

⟶ KM1（或KM2）辅助常闭触点恢复闭合

⟶ KM3线圈得电 ⟶ KM3辅助常开触点闭合自锁

⟶ KM3辅助常闭触点分断互锁 ⟶ 锁住KM1、KM2

⟶ KM3主触点闭合 ⟶ 电机M半波能耗制动

⟶ KT线圈得电 ⟶ KT常闭触点延时分断

⟶ KM3线圈失电 ⟶ KM3辅助常开触点 ⟶ KT线圈失电

⟶ KM3主触点分断 ⟶ 电机M停转

停止使用后，断开电源开关 QS。

○ 线路特点 ○

本线路采用无变压器单相半波整流进行能耗制动，线路采用单相半波整流器作为直流电源，所用附加设备较少，线路简单，成本低，常用于 10kW 以下小容量电机，且对制动要求不高的场合。

对于 10kW 以上容量的电机，多采用有变压器单相桥式整流能耗制动自动控制线路，如图 4-5-11 所示。其中直流电源由单相桥式整流器 VC 供给，TC 是整流变压器，电阻用来调节直流电流，从而调节制动强度，整流变压器一次侧与整流器的直流侧同时进行切换，有利于提高触头的使用寿命。

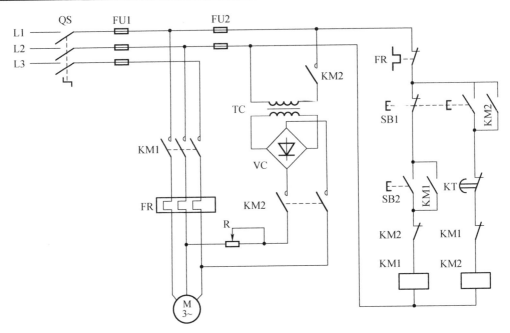

图 4-5-11　有变压器单相桥式整流单相启动能耗制动自动控制线路原理图

小　结

　　能耗制动的优点是制动准确、平稳，且容量消耗较小。缺点是需要附加直流电源装置，设备费用较高，制动力较弱，在低速时制动力矩小。因此能耗制动一般用于要求制动准确、平稳的场合，如磨床、立式铣床等的控制线路中。

## 实操训练

## ○ 列一列　元器件清单 ○

　　请根据学校实际情况，将安装可逆启动、半波能耗制动控制线路所需的元器件及导线的型号、规格和数量填入表 4-5-3 中，并检查元器件的质量。

表 4-5-3　元器件清单

| 序号 | 名称 | 符号 | 规格型号 | 数量 | 备注 |
|------|------|------|----------|------|------|
| 1 | 三相异步电机 | | | | |
| 2 | 组合开关 | | | | |
| 3 | 按钮 | | | | |
| 4 | 主电路熔断器 | | | | |
| 5 | 控制电路熔断器 | | | | |
| 6 | 交流接触器 | | | | |
| 7 | 时间继电器 | | | | |
| 8 | 制动电阻 | | | | |

续表

| 序号 | 名称 | 符号 | 规格型号 | 数量 | 备注 |
|---|---|---|---|---|---|
| 9 | 整流二极管 | | | | |
| 10 | 热继电器 | | | | |
| 11 | 端子排 | | | | |
| 12 | 主电路导线 | | | | |
| 13 | 控制电路导线 | | | | |
| 14 | 按钮导线 | | | | |
| 15 | 接地导线 | | | | |

○ 做一做　线路安装 ○

（1）固定元器件，根据原理图将接线图标号（图 4-5-12）。

（2）安装控制线路。

（3）安装主线路。

（4）安装电源、电机等控制板的外部导线。

安装注意事项：

① 时间继电器的整定时间不要调得太长，以免制动时间过长引起定子绕组发热。

② 整流二极管要装配散热器和固装散热器支架。

③ 进行制动时，停止按钮 SB1 要按到底。

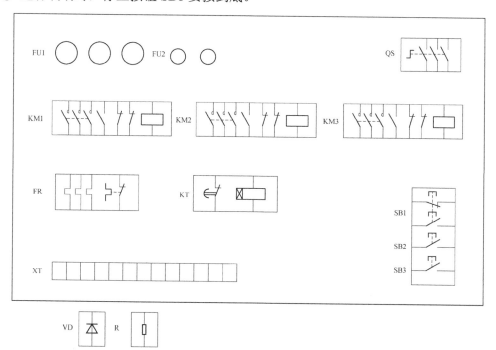

图 4-5-12　可逆启动、半波能耗制动控制线路接线图

○ 测一测　线路检测 ○

（1）控制电路接线检查。用万用表电阻挡检查控制电路接线情况。检查时，应选用倍率适当的电阻挡，并欧姆调零。

（2）主电路接线检查。按电路图或接线图从电源端开始，借助手动压下交流接触器代替通电，检查主电路有无短路或开路现象，逐段核对接线有无漏接、错接、冗接之处，检查导线接点是否符合要求，是否压接牢固，以免带负载运行时产生闪弧现象。

## ◎ 试一试　通电试车 ◎

为保证人身安全，在通电试车时，要认真执行安全操作规程的有关规定，经教师检查并现场监护。

接通三相电源 L1、L2、L3，合上电源开关 QS，用电笔检查熔断器出线端，氖管亮说明电源接通。按下电路中的按钮，观察接触器情况是否正常，是否符合线路功能要求；观察元器件动作是否灵活，有无卡阻及噪声过大现象；观察电机运行是否正常。若有异常，立即停车检查。

## ◎ 查一查　故障原因 ◎

某同学安装好可逆启动、半波能耗制动控制线路后，发现电路按下按钮 SB1 后，电机停车后继续反转，请你分析可能的故障原因。

 ## 总结评价表

| 评价内容 | 评价标准 | 配分 | 扣分 | 得分 |
|---|---|---|---|---|
| 器材准备 | 1. 不清楚元器件功能及作用，每只扣 2 分，扣完为止<br>2. 不能说明使用注意事项，每项扣 2 分，扣完为止<br>3. 元器件漏检、错检每只扣 2 分，扣完为止 | 10 分 | | |
| 元器件布局 | 1. 元器件布局不合理，每只扣 3 分，扣完为止<br>2. 安装不牢固、不整齐、不匀称，每只扣 3 分，扣完为止<br>3. 布局过程导致元器件损坏，每只扣 3 分，扣完为止 | 15 分 | | |
| 线路敷设 | 1. 导线敷设不平直、不整齐、绝缘损坏，每处扣 2 分，扣完为止<br>2. 节点不紧密、露铜或反圈，每处扣 2 分，扣完为止<br>3. 线路敷设违反电路原理图，每处扣 2 分，扣完为止<br>4. 号码管错标、漏标，每处扣 2 分，扣完为止<br>5. 导线选取错误，每根扣 10 分，扣完为止 | 20 分 | | |
| 自检与排障 | 1. 自检方法错误、漏检、错检，每次扣 5 分，扣完为止<br>2. 连接线路有故障，故障分析与排障方法错误，每次扣 10 分，扣完为止<br>3. 连接线路无故障，设定故障分析与排障方法错误，每次扣 10 分，扣完为止 | 20 分 | | |
| 通电试车 | 1. 热继电器或时间继电器设定不正确，每处扣 5 分<br>2. 第一次试车不成功且不能迅速判断故障，扣 10 分<br>3. 第二次试车不成功且不能迅速判断故障，本项不得分 | 20 分 | | |
| 安全与文明规范 | 1. 工具摆放、整理等违反 9S 要求，每处扣 5 分，扣完为止<br>2. 导线、器材等浪费严重，酌情扣 5~10 分<br>3. 漏装、错装或不规范安装接地线，扣 10 分<br>4. 违反安全与文明生产规程，从重扣分 | 15 分 | | |

## 实训思考

（1）试分析电路中二极管的作用是什么？

（2）分析如图 4-5-13 所示线路能够实现什么功能？与图 4-5-10 相比有什么异同？

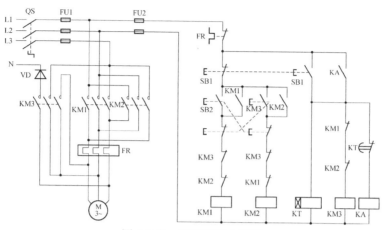

图 4-5-13　控制线路电路图

# 任务六　三相异步电机调速控制线路的安装

## 课题　时间继电器控制的双速电机控制线路的安装

| 序号 | 任务内容 |
|---|---|
| 1 | 正确安装时间继电器控制的双速电机控制线路 |
| 2 | 掌握时间继电器控制的双速电机控制线路的自检方法并能排除简易故障 |

 **知识链接一　调速控制方法**

三相异步电机调速方法有变极调速（改变定子绕组磁极对数）、变频调速（改变电机电源频率）、变转差率调速（定子调压调速、转子回路串电阻调速、串级调速）等方法。目前，机床设备电机的调速方法仍以变极调速为主。双速异步电机是变极调速中最常用的一种形式。

 **知识链接二　双速异步电机定子绕组的连接**

双速异步电机定子绕组的△/YY 连接图如图 4-6-1 所示。

图中，三相定子绕组接成△形，由三个连接点接出三个出线端 U1、V1、W1，从每相绕组的中点各接出一个出线端 U2、V2、W2，这样定子绕组共有 6 个出线端。通过改变这 6 个出线端与电源的连接方式，就可以得到两种不同的转速。

电机低速工作时，就把三相电源分别接在出线端 U1、V1、W1 上，另外三个出线端 U2、V2、W2 空着不接，如图 4-6-1（a）所示，此时电机定子绕组接成△形，磁极为 4 极，同步转速为 1500r/min。

电机高速工作时，要把三个出线端 U1、V1、W1 并接在一起，三相电源分别接到另外三个出线端 U2、V2、W2 上，如图 4-6-1（b）所示，此时电机定子绕组接成 YY 形，磁极为 2 极，同步转速为 3000r/min。可见，双速电机高速运转时的转速是低速运转转速的两倍。

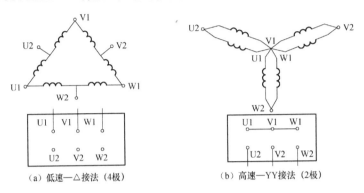

（a）低速—△接法（4极）　　　（b）高速—YY接法（2极）

图 4-6-1　双速电机三相定子绕组△/YY 示意图

需要注意的是，双速电机定子绕组从一种接法改变为另一种接法时，必须把电源相序反接，以保证电机的旋转方向不变。

 **知识链接三　时间继电器控制的双速电机控制线路基本知识**

### ○ 电气原理图（图 4-6-2）○

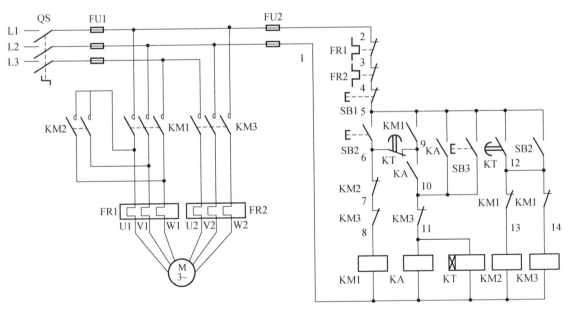

图 4-6-2　双速电机启动控制线路原理图

○　**线路工作原理**　○

合上电源开关 QS。

（1）低速原理：

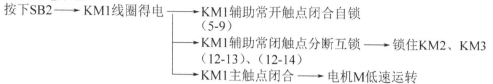

按下SB2 —→ KM1线圈得电 —→ KM1辅助常开触点闭合自锁
（5-9）
—→ KM1辅助常闭触点分断互锁 —→ 锁住KM2、KM3
（12-13）、（12-14）
—→ KM1主触点闭合 —→ 电机M低速运转

（2）高速原理：

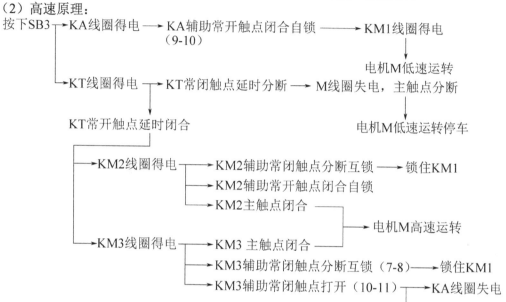

按下SB3 —→ KA线圈得电 —→ KA辅助常开触点闭合自锁 —→ KM1线圈得电
（9-10）

电机M低速运转

—→ KT线圈得电 —→ KT常闭触点延时分断 —→ M线圈失电，主触点分断

KT常开触点延时闭合

电机M低速运转停车

—→ KM2线圈得电 —→ KM2辅助常闭触点分断互锁 —→ 锁住KM1
—→ KM2辅助常开触点闭合自锁
—→ KM2主触点闭合
电机M高速运转
—→ KM3线圈得电 —→ KM3 主触点闭合
—→ KM3辅助常闭触点分断互锁（7-8）—→ 锁住KM1
—→ KM3辅助常闭触点打开（10-11）—→ KA线圈失电
—→ KT线圈失电

（3）停车：

按下SB1 —→ KM2、KM3线圈失电 —→ 停转

停止使用后，断开电源开关 QS。

　**实 操 训 练**

○　**列一列　元器件清单（表4-6-1）**　○

表 4-6-1　元器件清单

| 序号 | 名称 | 符号 | 规格型号 | 数量 | 备注 |
| --- | --- | --- | --- | --- | --- |
| 1 | 三相异步电机 | | | | |
| 2 | 组合开关 | | | | |
| 3 | 按钮 | | | | |
| 4 | 主电路熔断器 | | | | |
| 5 | 控制电路熔断器 | | | | |
| 6 | 交流接触器 | | | | |
| 7 | 中间继电器 | | | | |
| 8 | 时间继电器 | | | | |
| 9 | 热继电器 | | | | |
| 10 | 端子排 | | | | |

续表

| 序号 | 名称 | 符号 | 规格型号 | 数量 | 备注 |
|------|------|------|----------|------|------|
| 11 | 主电路导线 | | | | |
| 12 | 控制电路导线 | | | | |
| 13 | 按钮导线 | | | | |
| 14 | 接地导线 | | | | |

○ **做一做　线路安装（图 4-6-3）** ○

（1）固定元器件，根据原理图将接线图标号。

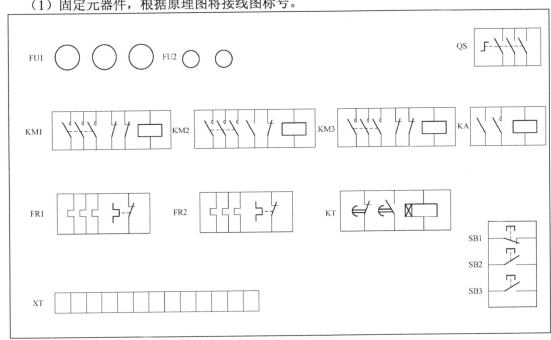

图 4-6-3　双速电机启动控制线路接线图

（2）安装控制线路。

（3）安装主线路。

（4）安装电源、电机等控制板的外部导线。

○ **测一测　线路检测** ○

（1）控制电路接线检查。用万用表电阻挡检查控制电路接线情况。检查时，应选用倍率适当的电阻挡，并欧姆调零。

（2）主电路接线检查。按电路图或接线图从电源端开始，借助手动压下交流接触器代替通电，检查主电路有无短路或开路现象，逐段核对接线有无漏接、错接、冗接之处，检查导线接点是否符合要求，是否压接牢固，以免带负载运行时产生闪弧现象。

○ **试一试　通电试车** ○

为保证人身安全，在通电试车时，要认真执行安全操作规程的有关规定，经教师检查并现场监护。

接通三相电源 L1、L2、L3，合上电源开关 QS，用电笔检查熔断器出线端，氖管亮说明电源接通。按下电路中的按钮，观察接触器情况是否正常，是否符合线路功能要求；观察元器件动作是否灵活，有无卡阻及噪声过大现象；观察电机运行是否正常。若有异常，立即停车检查。

○ 查一查　故障原因 ○

某同学安装好双速电机启动控制线路后，发现电路低速运行和高速运行时电机的速度相同，请你分析可能的故障原因。

 **总结评价表**

| 评价内容 | 评价标准 | 配分 | 扣分 | 得分 |
|---|---|---|---|---|
| 器材准备 | 1. 不清楚元器件功能及作用，每只扣 2 分，扣完为止<br>2. 不能说明使用注意事项，每项扣 2 分，扣完为止<br>3. 元器件漏检、错检每只扣 2 分，扣完为止 | 10 分 | | |
| 元器件布局 | 1. 元器件布局不合理，每只扣 3 分，扣完为止<br>2. 安装不牢固、不整齐、不匀称，每只扣 3 分，扣完为止<br>3. 布局过程导致元器件损坏，每只扣 3 分，扣完为止 | 15 分 | | |
| 线路敷设 | 1. 导线敷设不平直、不整齐、绝缘损坏，每处扣 2 分，扣完为止<br>2. 节点不紧密、露铜或反圈，每处扣 2 分，扣完为止<br>3. 线路敷设违反电路原理图，每处扣 2 分，扣完为止<br>4. 号码管错标、漏标，每处扣 2 分，扣完为止<br>5. 导线选取错误，每根扣 10 分，扣完为止 | 20 分 | | |
| 自检与排障 | 1. 自检方法错误、漏检、错检，每次扣 5 分，扣完为止<br>2. 连接线路有故障，故障分析与排障方法错误，每次扣 10 分，扣完为止<br>3. 连接线路无故障，设定故障分析与排障方法错误，每次扣 10 分，扣完为止 | 20 分 | | |
| 通电试车 | 1. 热继电器或时间继电器设定不正确，每处扣 5 分<br>2. 第一次试车不成功且不能迅速判断故障，扣 10 分<br>3. 第二次试车不成功且不能迅速判断故障，本项不得分 | 20 分 | | |
| 安全与文明规范 | 1. 工具摆放、整理等违反 9S 要求，每处扣 5 分，扣完为止<br>2. 导线、器材等浪费严重，酌情扣 5~10 分<br>3. 漏装、错装或不规范安装接地线，扣 10 分<br>4. 违反安全与文明生产规程，从重扣分 | 15 分 | | |

 **实训思考**

查阅相关书籍、资料并讨论：为什么将半相绕组电流反向可实现极对数减少一半？变极时为什么要改变电源相序？

# 项目五 典型机床控制电路的分析与维修

（1）了解典型机床的结构、用途及运动形式。
（2）掌握典型机床的工作原理。

（1）能正确操作典型机床。
（2）能够排除典型机床的常见故障。
（3）会电气设备的维护与检修。

## 任务一 CA6140 型普通车床电气控制与维修

 工作任务单

| 序号 | 任务内容 |
| --- | --- |
| 1 | 了解 CA6140 型普通车床结构、用途及运动形式 |
| 2 | 掌握 CA6140 型普通车床的工作原理 |
| 3 | 能够排除 CA6140 型普通车床的常见故障 |

 **知识链接一　CA6140 型普通车床的主要结构及用途**

　　CA6140 型普通车床的外形如图 5-1-1 所示。它主要由床身、主轴箱、进给箱、溜板箱、刀架、丝杠、光杠、尾架等部分组成。车床是一种使用最广泛的金属切削机床，主要用于加工各种回转表面（内外圆柱面、端面、圆锥面、成形回转面等），还可用于车削螺纹和进行孔加工。

 **知识链接二　CA6140 型普通车床的运动形式**

### 1．切削运动

包括工件的主运动和刀具的直线进给运动。

### 2．进给运动

刀架带动刀具沿直线运动，此时，溜板箱把丝杠或光杠的转动传递给刀架部分，变换溜板箱外的手柄位置，使车刀纵向或横向进给。

### 3．辅助运动

除切削运动外的其他一切必需的运动，如尾架的纵向移动、工件的夹紧与放松等。

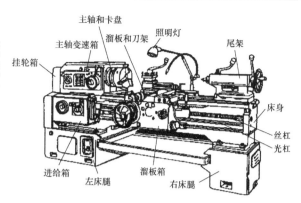

图 5-1-1　CA6140 普通车床的外形图

 **知识链接三　CA6140 型普通车床电力拖动特点及控制要求**

### 1．多运动部件

为减少传动机构，采用三台三相笼形异步电机进行拖动。

### 2．用齿轮箱进行调速

采用机械有级调速，电机不需要进行电气调速。为减小振动，主驱动电机通过几条 V 形带将动力传递到主轴箱。

### 3．主轴能正、反转

车削螺纹时需要主轴的正、反转，由多片摩擦离合器实现。

### 4．加工时，刀具和工件会发热

配冷却泵电机，及时提供冷却液。要求在主轴电机启动后，方可决定冷却泵的开启与否；当主轴电机停止时，冷却泵应能立即停止。

### 5．具有保护功能

电气线路中设有过载、短路、欠电压和失电压保护。

### 6．加工时需要照明

配有安全的局部照明装置。

 **知识链接四　CA6140 型普通车床的工作原理分析**

CA6140 型普通车床的电气控制线路原理如图 5-1-2 所示。

### 1．主电路分析

主电路共有三台电机。M1 为主轴电机，带动主轴旋转和刀架进给；M2 为冷却泵电机；M3 为刀架快速移动电机。

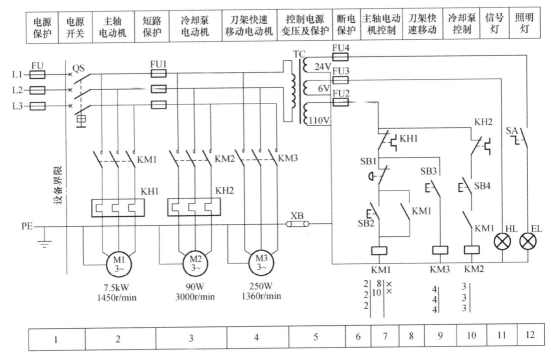

图 5-1-2　CA6140 普通车床的电气原理图

三相交流电源通过转换开关 QS 引入，主轴电机 M1 由接触器 KM1 控制启动，热继电器 KH1 为主轴电机 M1 的过载保护。

冷却泵电机 M2 由接触器 KM2 控制启动，热继电器 KH2 为冷却泵电机 M2 的过载保护。

控制刀架快速移动电机 M3 由接触器 KM3 控制启动，因快速移动电机 M3 是短时工作制，故可不设过载保护。

**2．控制电路分析**

控制变压器 TC 二次侧输出 110V 电压作为控制回路的电源。

**（1）主轴电机 M1 的控制。**按下启动按钮 SB2，接触器 KM1 的线圈得电，KM1 主触头吸合，主轴电机 M1 启动，按下停止按钮 SB1，电机 M1 停转。

**（2）冷却泵电机 M2 的控制。**只有在接触器 KM1 主触点吸合，主轴电机 M1 启动后，再按下启动按钮 SB4，才能使接触器 KM2 线圈得电，冷却泵 M2 启动。

**（3）刀架快速移动电机的控制。**刀架快速移动电机 M3 的启动由安装在进给操纵手柄顶端的按钮 SB3 来控制，它与接触器 KM3 组成点动控制环节。将操纵手柄扳到所需的方向，压下按钮 SB3，接触器 KM3 线圈得电，KM3 主触点吸合，电机 M3 得电启动，刀架就向指定方向快速移动。

**（4）照明、信号灯线路分析。**控制变压器 TC 的二次侧分别输出 24V 和 6V 电压，作为机床照明灯和信号灯的电源。EL 为机床的低压照明灯，由开关 SA 控制；HL 为电源的信号灯。

**知识链接五　CA6140 型普通车床常见故障分析**

### 1. 主轴电机 M1 不能启动

（1）按下启动按钮 **SB2** 后，接触器 **KM1** 没吸合，主轴电机 **M1** 不能启动。故障原因在控制电路中，可依次检查熔断器 FU2、热继电器 KH1 的常闭触头、停车按钮 SB1、启动按钮 SB2 和接触器 KM1 的线圈是否断路。

（2）按下启动按钮 **SB2** 后，接触器 **KM1** 吸合，但主轴电机 **M1** 不能启动。故障的原因在主电路中，可依次检查接触器 KM1 的主触头、热继电器 KH1 的热元件接线端及三相电机的接线端。

### 2. 主轴电机 M1 不能停车

此类故障的原因多数是接触器 KM1 的铁芯接触面上的油污使上下铁芯不能释放，或 KM1 的主触头发生熔焊，或停止按钮 SB1 的常闭触头短路所致。

### 3. 刀架快速移动电机 M3 不能启动

按下点动控制按钮 SB3，接触器 KM3 主触头没吸合，则故障在控制线路中，可用万用表依次检查热继电器 KH1 的常闭触点、点动按钮 SB3 及接触器 KM3 的线圈是否断路。

 **实 操 训 练**

○ **听一听　注意事项** ○

（1）熟悉 CA6140 车床电气控制线路的基本环节及控制要求，操作前认真观摩教师的示范检修。

（2）检修所用工具及仪表应符合使用要求。

（3）排除故障时，必须修复故障点，但不得采用元件代换法。

（4）检修时，严禁扩大故障范围或产生新的故障。

（5）带电检修时，必须有指导教师监护，以确保安全。

○ **做一做　车床检修** ○

（1）在教师的指导下对车床进行操作，了解车床的各种工作状态及操作方法。

（2）在教师的指导下，参照电气位置图和机床接线图，熟悉车床电气元件的分布位置和走线情况。

（3）在 CA6140 车床上人为设置故障点。

（4）教师示范检修，检修程序如下：

① 用通电试验法引导学生观察故障现象。

② 根据故障现象，依据电路图用逻辑分析法确定故障范围。

③ 采取正确的检查方法确定故障点，并排除故障。

④ 检修完毕进行通电试验，并做好维修记录。

（5）教师设置故障点并告知学生，然后指导学生从故障现象进行分析，逐步引导学生采用正确的检修步骤和检修方法。

（6）教师设置故障点，学生检修。

（7）检修完毕进行通电试验，并将故障排除过程填入表 5-1-1 中。

**表 5-1-1　CA6140 普通车床检修记录表**

| 项目 | 情况记录 |
| --- | --- |
| 故障现象 | |
| 故障原因 | |
| 检修或排除故障的过程 | |

## 总结评价表

| 评价内容 | 评价标准 | 配分 | 扣分 | 得分 |
| --- | --- | --- | --- | --- |
| 原理分析 | 不能正确表述车床的工作原理，扣 10 分 | 10 分 | | |
| 通电试车 | 不能熟练地对车床进行操作，扣 5～10 分 | 10 分 | | |
| 故障分析 | 1. 不能正确标示出故障点，每处扣 15 分<br>2. 检修思路不正确，扣 5～10 分 | 30 分 | | |
| 故障排除 | 1. 停电不验电，扣 5 分<br>2. 测量仪器和工具使用不正确，每次扣 5 分<br>3. 检修步骤不正确，每处扣 5 分<br>4. 不能查出故障，每个扣 20 分<br>5. 查出故障但不能排除，每处扣 20 分<br>6. 排障过程损坏元器件，每只扣 15 分<br>7. 排障过程产生新的故障，每处扣 15 分 | 40 分 | | |
| 安全文明生产 | 违反安全文明生产规程，扣 10 分 | 10 分 | | |

## 实训思考

CA6140 普通车床出现下列故障的可能原因有哪些？

（1）按启动按钮，主轴不转。

（2）按停止按钮，主轴不停。

（3）按启动按钮，电机不转动但有嗡嗡声。

# 任务二　Z535 型钻床电气控制与维修

## 工作任务单

| 序号 | 任务内容 |
|---|---|
| 1 | 了解 Z535 型钻床结构、用途及运动形式 |
| 2 | 掌握 Z535 型钻床的工作原理 |
| 3 | 能够排除 Z535 型钻床的常见故障 |

 **知识链接一　Z535 型钻床的主要结构及用途**

Z535 型钻床的外形如图 5-2-1 所示。它主要由立柱（床身）、主轴变速箱、主轴、主轴进给箱、进给操纵手柄、工作台和底座等组成。钻床是一种专门进行孔加工的机床，主要用于钻孔，还可以进行扩孔、铰孔和攻丝等。

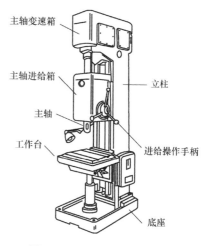

图 5-2-1　Z535 钻床的外形图

 **知识链接二　Z535 型钻床的运动形式**

- 主运动：主轴的旋转运动。
- 进给运动：主轴的垂直进给运动。
- 辅助运动：进给箱和工作台在调节位置时的升降运动。

 **知识链接三　Z535 型钻床电力拖动特点及控制要求**

（1）钻床的主轴运动和进给运动由主轴电机驱动。主轴电机直接启动，能够正反转；由于采用机械方法调速，所以对电机没有调速要求。

（2）由一台冷却泵提供冷却液。

（3）具有常规的电气保护环节和安全的局部照明装置。

 **知识链接四　Z535 型钻床的工作原理分析**

Z535 型钻床的电气控制线路原理如图 5-2-2 所示。

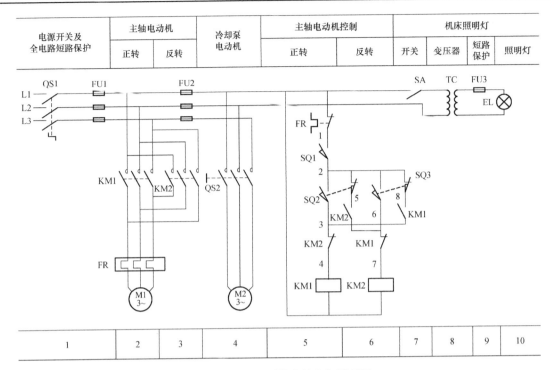

| 电源开关及<br>全电路短路保护 | 主轴电动机 | | 冷却泵<br>电动机 | 主轴电动机控制 | | 机床照明灯 | | | |
|---|---|---|---|---|---|---|---|---|---|
| | 正转 | 反转 | | 正转 | 反转 | 开关 | 变压器 | 短路<br>保护 | 照明灯 |

| 1 | 2 | 3 | 4 | 5 | 6 | 7 | 8 | 9 | 10 |
|---|---|---|---|---|---|---|---|---|---|

图 5-2-2　Z535 型钻床的电气原理图

### 1. 主电路

三相电源由 QS1 引入，FU1 作为全电路的短路保护。M1 为主轴电机，分别由接触器 KM1、KM2 控制正反转，热继电器 FR 作为过载保护。M2 为冷却泵电机，由 QS2 控制运行，FU2 作为 M2 及控制、照明电路的短路保护。

### 2. 控制电路

该钻床的电气控制电路比较简单，主要由三个操纵手柄压动微动开关 SQ1、SQ2、SQ3 来控制 KM1、KM2，实现 M1 的正反转控制。

（1）当操纵手柄置于中间位置时，SQ1 的动合触点（1-2）断开，M1 停车。

（2）M1 正转控制：将操纵手柄置于向下位置→压动 SQ1 与 SQ2→SQ1 与 SQ2 的动合触点（1-2）、（2-3）闭合→KM1 通电→M1 正转。如果松开手柄，SQ2 的动合触点（2-3）断开，但 KM1 由其自锁触点（8-3）经 SQ3 的动断触点（2-8）支路自锁而保持通电。

（3）M1 反转控制：将操纵手柄置于向上位置→压动 SQ1 与 SQ3→SQ1 与 SQ3 的动合触点（1-2）、（2-6）闭合→KM2 通电→M1 反转。再松开手柄，SQ3 的动合触点（2-6）断开时，KM2 由其自锁触点（5-6）经 SQ2 的动断触点（2-5）支路保持通电。

（4）自动进给控制：该钻床在进行攻丝加工时可以自动进给，预先调节好自动进给的速度和进给深度，按照上述正转控制的方法将操纵手柄向下压→M1 正转→完成攻丝加工后，装在刻度盘上的撞块碰撞凸轮，通过杠杆作用而压住 SQ3→SQ3 的动断触点（2-8）断开使 KM1 断电，而 SQ3 的动合触点（2-6）闭合→KM2 通电，M1 反转→使丝锥退出工件。

（5）如果需要继续加工，则不要将操纵手柄置于中间位置，而是将手柄再向下压→SQ2 动作→SQ2 的动断触点（2-5）断开而动合触点（2-3）闭合→KM2 断电而 KM1 通电→M1 由反转转为正转，就可以继续加工了。

### 3．照明电路

由照明变压器 TC 为钻床照明灯 EL 提供电源，SA 为照明灯开关，FU3 为短路保护。

 **知识链接五　Z535 型钻床常见故障分析**

#### 1．主轴电机控制电路故障

Z535 型钻床的三个微动开关 SQ1、SQ2、SQ3 在多次操纵后，经常会因安装螺丝松动而移位，或触点接触不良而损坏，造成操纵手柄不能正常控制 M1 运行。例如 SQ2 或 SQ3 的动合触点（2-3）、（2-6）若接触不良，则 M1 正转或反转不能启动；如果动断触点（2-5）、（2-8）接触不良，则 M1 只能点动运行。因此这三个微动开关应是故障检查的重点部位。

#### 2．热继电器 FR 能够动作，但 M1 却因过载而烧毁

Z535 型钻床的主轴电机 M1 频繁地正反转运行，因此很容易出现过载，所以使用 FR 进行过载保护。但往往会出现 FR 动作复位后，电机继续运行又出现过载，如此反复容易造成绕组过热而损坏。这主要是因为 FR 热元件的冷却速度要较电机绕组的冷却速度更快，即 M1 频繁地反复正反转→FR 动作→FR 复位后→M1 又继续正反转运行→过热损坏。针对 Z535 型钻床主轴电机 M1 运行的这一特点，在操作时应注意在 FR 动作、复位后，不要立即启动 M1，运行时不要过于频繁地正反转，并随时留意 M1 外壳的温度。

 **实操训练**

#### ○ 听一听　注意事项 ○

（1）熟悉 Z535 型钻床电气控制线路的基本环节及控制要求，操作前认真观摩教师的示范检修。

（2）检修所用工具及仪表应符合使用要求。

（3）排除故障时，必须修复故障点，但不得采用元件代换法。

（4）检修时，严禁扩大故障范围或产生新的故障。

（5）带电检修时，必须有指导教师监护，以确保安全。

#### ○ 做一做　钻床检修 ○

（1）在教师的指导下对钻床进行操作，了解钻床的各种工作状态及操作方法。

（2）在教师的指导下，参照电气位置图和钻床接线图，熟悉钻床电气元件的分布位置和走线情况。

（3）在 Z535 型钻床上人为设置故障点。

（4）教师示范检修，检修程序如下：

① 用通电试验法引导学生观察故障现象。

② 根据故障现象，依据电路图用逻辑分析法确定故障范围。

③ 采取正确的检查方法确定故障点，并排除故障。

④ 检修完毕进行通电试验，并做好维修记录。

（5）教师设置故障点并告知学生，然后指导学生从故障现象进行分析，逐步引导学生采用正确的检修步骤和检修方法。

（6）教师设置故障点，学生检修。

（7）检修完毕进行通电试验，并将故障排除过程填入表 5-2-1 中。

表 5-2-1　Z535 型钻床检修记录表

| 项目 | 情况记录 |
|---|---|
| 故障现象 | |
| 故障原因 | |
| 检修或排除故障的过程 | |

### 总 结 评 价 表

| 评价内容 | 评价标准 | 配分 | 扣分 | 得分 |
|---|---|---|---|---|
| 原理分析 | 不能正确表述钻床的工作原理，扣 10 分 | 10 分 | | |
| 通电试车 | 不能熟练地对钻床进行操作，扣 5～10 分 | 10 分 | | |
| 故障分析 | 1. 不能正确标示出故障点，每处扣 15 分<br>2. 检修思路不正确，扣 5～10 分 | 30 分 | | |
| 故障排除 | 1. 停电不验电，扣 5 分<br>2. 测量仪器和工具使用不正确，每次扣 5 分<br>3. 检修步骤不正确，每处扣 5 分<br>4. 不能查出故障，每个扣 20 分<br>5. 查出故障但不能排除，每处扣 20 分<br>6. 排障过程损坏元器件，每只扣 15 分<br>7. 排障过程产生新的故障，每处扣 15 分 | 40 分 | | |
| 安全文明生产 | 违反安全文明生产规程，扣 10 分 | 10 分 | | |

### 实 训 思 考

（1）Z535 型钻床是如何实现零压保护的？

（2）Z535 型钻床启动后发现照明灯不亮，请分析可能的故障原因。

# 任务三　X62W 型卧式万能铣床电气控制与维修

### 工 作 任 务 单

| 序号 | 任务内容 |
|---|---|
| 1 | 了解 X62W 万能铣床结构、用途及运动形式 |
| 2 | 掌握 X62W 万能铣床的工作原理 |
| 3 | 能够排除 X62W 万能铣床的常见故障 |

**知识链接一　X62W 型卧式万能铣床的主要结构及用途**

万能铣床是一种通用的多用途机床，它可以用圆柱铣刀、锯片铣刀、成形铣刀及端面铣刀等刀具加工工件各种形式的表面，如平面、成形面及各种类型的沟槽等；装上分度头之后，可以加工直齿轮或螺旋面；如果装上回转圆工作台，还可以加工凸轮和弧形槽。目前，采用的万能铣床有两种：一种是卧式万能铣床，主轴与工作台平行，型号为 X62W；另一种是立式铣床，主轴与工作台垂直，型号为 X52K。这两种机床结构大体相似，差别在于主轴与工作台的位置不同，而工作台进给方式、主轴变速等都一样，电气控制线路经过系列化以后也一样，只是容量不同。这里以 X62W 卧式万能铣床为对象进行分析。

X62W 万能铣床的外形如图 5-3-1 所示。它主要由底座、床身、主轴、刀杆、悬梁、工作台、回转盘、横溜板和升降台等组成。

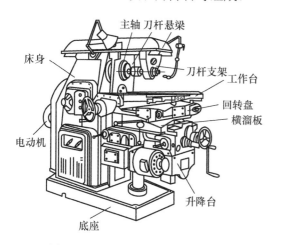

图 5-3-1　X62W 万能铣床的外形图

箱形的床身固定在底座上，其内装有主轴的传动机构和变速操纵机构，床身的顶部安装带有刀杆支架的悬梁，刀杆支架用来支撑刀杆的一端，刀杆的另一端则固定在主轴上，由主轴带动铣刀切削。悬梁可沿水平导轨移动，以调整铣刀的位置。刀杆支架可以在悬梁上水平移动，以便安装不同的刀杆。床身的前方（右侧面）装有垂直导轨，升降台可沿导轨上、下垂直移动。在升降台上面的水平导轨上，装有可在平行于主轴线方向（横向或前后）移动的溜板。溜板上面是可以转动的回转台，工作台就装在回转台的导轨上，它可以垂直于主轴线方向（纵向或左右）移动。在工作台上有固定工件的 T 形槽。这样，安装在工作台上的工件，可以沿上、下、左、右、前和后六个方向调整位置或进给。

此外，该机床还可以安装圆形工作台，溜板也可以绕垂直轴线方向左右旋转 45°，便于工作台在倾斜方向进行进给，完成螺旋槽的加工，故称万能铣床。

**知识链接二　X62W 型卧式万能铣床的运动形式**

X62W 型卧式万能铣床的三种运动形式分别如下：

**1．主运动**

铣床的主运动是指主轴带动铣刀的旋转运动。

**2．进给运动**

铣床的进给运动是指工作台带动工件在相互垂直的三个方向上的直线运动。

**3．辅助运动**

铣床的辅助运动是指工作台带动工件在相互垂直的三个方向上的快速移动。

**知识链接三 X62W 型卧式万能铣床电力拖动特点及控制要求**

X62W 型卧式万能铣床由三台电机分别进行拖动：主轴电机、工作台进给电机、冷却泵电机。

### 1. 主轴电机

主轴是由主轴电机经弹性联轴器和变速机构的齿轮传动链来拖动的。

（1）铣削加工有顺铣和逆铣两种方式，要求主轴能正、反转，但又不能在加工过程中转换铣削方式，须在加工前选好转向，故采用倒顺开关即正、反转转换开关控制主轴电机的转向。

（2）为使主轴迅速停车，采用电气反接制动。

（3）主轴转速要求调速范围广，采用变速孔盘机构选择转速。为使变速箱内齿轮易于啮合，减少齿轮端面的冲击，要求主轴电机在主轴变速时稍微转动一下，称为变速冲动。

为此，主轴电机有三种控制：正反转启动、反接制动和变速冲动。

### 2. 工作台进给电机

工作台进给分机动和手动两种方式。手动进给是通过操作手轮或手柄实现的，机动进给是由工作台进给电机配合有关手柄实现的。

（1）工作台在各个方向上能往返，要求工作台进给电机能正、反转。

（2）进给速度的转换，亦采用速度孔盘机构，要求工作台进给电机也能变速冲动。

（3）为缩短辅助工时，由工作台进给电机拖动，用牵引电磁铁使摩擦离合器合上，使工作台在六个方向上都能实现空行程的快速移动。从安全角度考虑，同一时间内只允许有一个方向的进给运动。

为此，工作台进给电机有三种控制：进给、快速移动和变速冲动。

### 3. 冷却泵电机

冷却泵电机拖动冷却泵提供冷却液，对工件、刀具进行冷却润滑，只能正向旋转。

### 4. 两地控制

为了能及时实现控制，机床设置了两套操纵系统，在机床正面及左侧面，都安装了相同的按钮、手柄和手轮，使操作方便。

### 5. 联锁

为了保证安全，防止事故，采用了联锁装置，保证机床有顺序地动作。

（1）为防止刀具和机床的损坏，要求只有主轴电机启动后（铣刀旋转），才能进行工作台的进给运动，即工作台进给电机才能启动，进行铣削加工。为了减小加工工件表面的粗糙度，只有进给运动停止后主轴才能停止或同时停止。本机床在电气上采用了主轴旋转运动和进给运动同时停止的方式，但由于主轴旋转的惯性很大，实际上就保证了进给运动先停止，主轴旋转运动后停止的要求。

（2）工作台六个方向的进给也需要联锁，即在任何时候工作台只能有一个方向的运动，是采用机械和电气的共同联锁实现的。

（3）如将圆工作台装在工作台上，其传动机构与纵向进给机构耦合，经机械和电气的联锁，在六个方向的进给和快速移动都停止的情况下，可使圆工作台由工作台进给电机拖动，只能沿一个方向回转运动。

### 6. 保护环节

（1）三台电机均设有过载保护。

（2）控制电路设有短路保护。

（3）工作台的六个方向运动，都设有终端保护。当运动到极限位置时，终端撞块碰到相应手柄使其回到中间位置，行程开关复位，工作台进给电机停转，工作台停止运动。

 **知识链接四　X62W 型卧式万能铣床的工作原理分析**

X62W 型万能铣床的电气控制线路原理如图 5-3-2 所示。它分为主电路、控制电路和照明电路三部分。

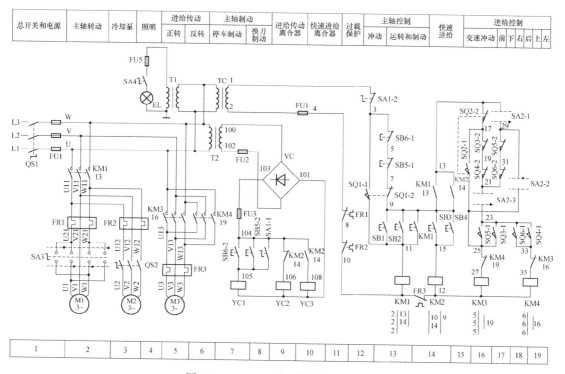

图 5-3-2　X62W 型万能铣床的原理图

### 1. 主电路分析

主电路共有三台电机，其控制和保护如表 5-3-1 所示。

表 5-3-1　主电路电机概况

| 名称及代号 | 功能 | 控制电器 | 过载保护电器 | 短路保护电器 |
|---|---|---|---|---|
| 主轴电机 M1 | 拖动主轴带动铣刀旋转 | 接触器 KM1 和组合开关 SA3 | 热继电器 FR1 | 熔断器 FU1 |
| 冷却泵电机 M2 | 供应冷却液 | 手动开关 QS2 | 热继电器 FR2 | 熔断器 FU1 |
| 进给电机 M3 | 拖动进给运动和快速移动 | 接触器 KM3 和 KM4 | 热继电器 FR3 | 熔断器 FU1 |

191

### 2．控制电路分析

控制电路的电源由控制变压器 TC 输出 110V 电压供电。

**1）主轴电机 M1 的控制**

为方便操作，主轴电机 M1 采用两地控制方式，一组启动按钮 SB1 和停止按钮 SB5 安装在工作台上，另一组启动按钮 SB2 和停止按钮 SB6 安装在床身上。主轴电机 M1 的控制包括启动控制、制动控制、换刀控制和变速冲动控制。

① **启动控制**。启动控制主要作用是启动主轴电机 M1，控制过程为选择好主轴的转速和转向，按下启动按钮 SB1 或 SB2，接触器 KM1 线圈得电并自锁，M1 启动运转，同时 KM1 的辅助常开触头（9-13）闭合，为工作台进给电路提供电源。

② **制动控制**。制动控制主要作用是停车时使主轴迅速停转，控制过程为按下停止按钮 SB5 或 SB6，其常闭触头 SB5-1 或 SB6-1 断开，接触器 KM1 线圈失电，KM1 的主触头分断，电机 M1 断电惯性运转；常开触头 SB5-2 或 SB6-2 闭合，电磁离合器 YC1 通电，M1 制动停转。

③ **换刀控制**。换刀控制主要作用是更换铣刀时将主轴制动，以方便换刀，将转换开关 SA1 扳向换刀为止，其常开触头 SA1-1 闭合，电磁离合器 YC1 得电将主轴制动；同时常闭触头 SA1-2 断开，切断控制电路，铣床不能通电运转，确保人身安全。

④ **变速冲动控制**。变速冲动控制主要作用是保证变速后齿轮能良好啮合，变速时先将变速手柄向下压并向外拉出，转动变速盘选定所需转速后，将手柄推回。此时冲动开关 SQ1 短时受压，主轴电机 M1 点动，手柄推回原位后，SQ1 复位，M1 断电，变速冲动结束。

**2）进给电机 M3 的控制**

铣床的工作台要求有前后、左右和上下六个方向上的进给运动和快速移动，并且可在工作台上安装附件圆形工作台，进行对圆弧或凸轮的铣削加工。这些运动都由进给电机 M3 拖动。

① **工作台前后、左右和上下六个方向上的运动**。工作台的前后和上下进给运动由一个手柄控制，左右进给运动由另一个手柄控制。手柄位置与工作台运动方向的关系如表 5-3-2 所示。

表 5-3-2　手柄与工作台运动方向的关系

| 控制手柄 | 手柄位置 | 行程开关动作 | 接触器动作 | 电机 M3 转向 | 传动链搭合丝杠 | 工作台运动方向 |
|---|---|---|---|---|---|---|
| 左右进给手柄 | 左 | SQ5 | KM3 | 正转 | 左右进给丝杠 | 向左 |
| | 中 | - | - | 停止 | - | 停止 |
| | 右 | SQ6 | KM4 | 反转 | 左右进给丝杠 | 向右 |
| 上下和前后进给手柄 | 上 | SQ4 | KM4 | 反转 | 上下进给丝杠 | 向上 |
| | 下 | SQ3 | KM3 | 正转 | 上下进给丝杠 | 向下 |
| | 中 | - | - | 停止 | - | 停止 |
| | 前 | SQ3 | KM3 | 正转 | 前后进给丝杠 | 向前 |
| | 后 | SQ4 | KM4 | 反转 | 前后进给丝杠 | 向后 |

下面以工作台的左右移动为例分析工作台的进给。左右进给操作手柄与行程开关 SQ5 和 SQ6 联动，有左、中、右三个位置，控制关系见表 5-3-2。当手柄扳向中间位置时，行程开关 SQ5 和 SQ6 均未被压合，进给控制电路处于断开状态；当手柄扳向左（或右）位置时，手柄压下行程开关 SQ5（或 SQ6），同时将电机的传动链和左右进给丝杠相连。

控制过程为：手柄压下行程开关 SQ5 或 SQ6，使常闭触头 SQ5-2 或 SQ6-2 分断，常开触头 SQ5-1 或 SQ6-1 闭合→接触器 KM3 或 KM4 得电动作，电机 M3 正转或反转→机械机构将电机 M3 的传动链与工作台下面的左右进给丝杠相搭合，使电机 M3 拖动工作台向左或向右运动→当工作台向左或向右进给到极限位置时，挡铁碰撞手柄连杆使手柄自动复位到中间位置，行程开关 SQ5 或 SQ6 复位，工作台停止进给。

工作台的上下和前后进给由上下和前后进给手柄控制，其控制过程与左右进给相似。

通过以上分析可知，两个操作手柄被置定于某一个方向后，只能压下四个行程开关 SQ3、SQ4、SQ5、SQ6 中的一个开关，接通电机 M3 正转或反转电路，同时通过机械机构将电机的传动链与三根丝杠（左右丝杠、上下丝杠、前后丝杠）中的一根（只能是一根）丝杠相搭合，拖动工作台沿选定的进给方向运动，而不会沿其他方向运动。

② **左右进给与上下、前后进给的联锁控制。** 在控制进给的两个手柄中，当其中的一个操作手柄被置定在某一进给方向后，另一个操作手柄必须置定于中间位置，否则将无法实现任何进给运动。这是因为在控制电路中对两者实现了联锁保护。如左右进给手柄扳向左时，若又将另一个进给手柄扳到向下进给方向，则形成开关 SQ5 和 SQ3 均被压下，常闭触头 SQ5-2 和 SQ3-2 均分断，断开了接触器 KM3 和 KM4 的通路，从而使电机 M3 停转，保证了操作安全。

③ **进给变速时的瞬时运动。** 和主轴变速时一样，进给变速时，为使齿轮进入良好的啮合状态，也要进行变速后的瞬时点动。进给变速时，必须先把进给操纵手柄放在中间位置，然后将进给变速盘（在升降台前面）向外拉出，选择好速度后，再将变速盘推进去。在推进的过程中，挡块压下行程开关 SQ2，使触头 SQ2-2 分断，SQ2-1 闭合，接触器 KM3 经 13—29—31—21—19—17—25—27 路径得电动作，电机 M3 启动；但随着变速盘复位，行程开关 SQ2 跟着复位，使 KM3 断电释放，M3 失电停转。这样使电机 M3 瞬时点动一下，齿轮系统产生一次抖动，齿轮便顺利啮合了。

④ **工作台的快速移动控制。** 快速移动是通过两个进给操作手柄和快速移动按钮 SB3 或 SB4 配合实现的。

控制过程如下：

安装好工件后，选好进给方向，按下快速移动按钮 SB3 或 SB4→接触器 KM2 得电→KM2 常闭触头分断，电磁离合器 YC2 失电，将齿轮传动链与进给丝杠分离→KM2 两对常开触头闭合，一对使 YC3 得电，将 M3 与进给丝杠直接搭合，另一对使 KM3 或 KM4 得电动作，M3 得电正转或反转，带动工作台沿选定的方向快速移动→松开 SB3 或 SB4，KM2 失电，快速移动停止。

⑤ **圆形工作台的控制。** 圆形工作台的工作由转换开关 SA2 控制。当需要圆形工作台选择时，将开关 SA2 扳到接通位置，此时

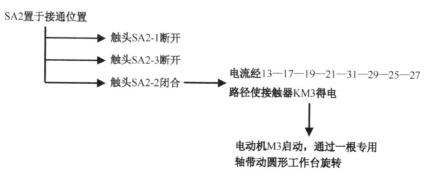

当不需要圆形工作台旋转时，转换开关 SA2 扳到断开位置，这时触头 SA2-1 和 SA2-3 闭合，触头 SA2-2 断开，工作台在六个方向上正常进给，圆形工作台不能工作。

圆形工作台转动时其余进给一律不准运动，两个进给手柄必须置于零位。若出现误操作，扳动两个进给手柄中的任意一个，则必然压合行程开关 SA3～SQ6 中的一个，使电机停止转动。圆形工作台加工不需要调速，也不要求正反转。

**3）冷却泵及照明电路的控制**

主轴电机 M1 和冷却泵电机 M2 采用的是顺序控制，即只有在主轴电机 M1 启动后，冷却泵电机 M2 才能启动。冷却泵电机 M2 由手动开关 QS2 控制。

机床照明由变压器 T1 供给 24V 的安全电压，由开关 SA4 控制。熔断器 FU5 作为照明电路的短路保护。

 **知识链接五　X62W 型卧式万能铣床常见故障分析**

### 1. 工作台各个方向都不能进给

故障可能的原因为进给电机不能启动。检修方法为：首先检查圆形工作台的控制开关 SA2 是否在"断开"位置。若没问题，接着检查 KM1 是否已吸合。如果 KM1 不能得电，则表明控制回路电源有故障，可检测控制变压器 TC 是否正常，熔断器是否熔断。待电压正常，KM1 吸合，主轴旋转后，若各个方向仍无进给运动，可扳动进给手柄至各个运动方向，观察其相关的接触器是否吸合，若吸合，则表明故障发生在主回路和进给电机上，常见的故障有接触器主触头接触不良、主触头脱落、机械卡死、电机接线脱落和电机绕组断路等。除此之外，行程开关 SQ2、SQ3、SQ4、SQ5、SQ6 出现故障，触头不能闭合接通或接触不良，也会使工作台不能进给。

### 2. 工作台能向左右进给，不能向前后、上下进给

故障可能的原因为行程开关 SQ5 或 SQ6 由于经常被压合，造成螺钉松动、开关移位、触头接触不良、开关机构卡住等问题，使线路断开或开关不能复位闭合，电路 29—31 或 21—31 断开。检修方法为：用万用表欧姆挡测量 SQ5-2 或 SQ6-2 的接触导通情况，查找故障部位，修理或更换元件，就可排除故障。注意在测量 SQ5-2 或 SQ6-2 的接通情况时，应操纵前后上下进给手柄，使 SQ3-2 或 SQ4-2 断开，否则电路通过 29—13—17—19—21—31 导通，会使检修人员误认为 SQ5-2 或 SQ6-2 接触良好。

### 3. 工作台能向前后、上下进给，不能向左右进给

故障可能的原因为行程开关 SQ3、SQ4 出现故障。检修方法可参照故障 2 检查行程开关的常闭触头 SQ3-2、SQ4-2。

### 4. 工作台不能快速移动，主轴制动失灵

故障可能的原因为电磁离合器工作不正常。检修方法为：检查接线有无松脱，整流变压器 T2、熔断器 FU2、FU3 的工作是否正常，整流器中的四个整流二极管是否损坏，电磁离合器线圈是否正常，离合器的动摩擦片和静摩擦片是否完好。

#### 5. 变速时不能冲动控制

故障可能的原因为冲动行程开关 SQ1 或 SQ2 经常受到冲击而不能正常工作。检修方法为：修理或更换行程开关，并调整好行程开关的动作距离，即可恢复冲动控制。

 **实 操 训 练**

○ *听一听　注意事项* ○

（1）检修前认真阅读电路图，熟悉掌握各个控制环节的原理及作用，并认真听取和仔细观察教师的示范检修。

（2）由于铣床的电气控制与机械结构的配合十分紧密，因此，在出现故障时，应首先判断是机械故障还是电气故障。

（3）检修所用工具及仪表应符合使用要求。

（4）排除故障时，必须修复故障点，但不得采用元件代换法。

（5）检修时，严禁扩大故障范围或产生新的故障。

（6）带电检修时，必须有指导教师监护，以确保安全。

○ *做一做　铣床检修* ○

（1）在教师的指导下对铣床进行操作，了解铣床的各种工作状态及操作方法。

（2）在教师的指导下，参照电气位置图和铣床接线图，熟悉铣床电气元件的分布位置和走线情况。

（3）在 X62W 型铣床上人为设置故障点。

（4）教师示范检修，检修程序如下：

① 用通电试验法引导学生观察故障现象。

② 根据故障现象，依据电路图用逻辑分析法确定故障范围。

③ 采取正确的检查方法确定故障点，并排除故障。

④ 检修完毕进行通电试验，并写好维修记录。

（5）教师设置故障点并告知学生，然后指导学生从故障现象进行分析，逐步引导学生采用正确的检修步骤和检修方法。

（6）教师设置故障点，学生检修。

（7）检修完毕进行通电试验，并将故障排除过程填入表 5-3-3 中。

表 5-3-3　X62W 铣床检修记录表

| 项目 | 情况记录 |
| --- | --- |
| 故障现象 | |
| 故障原因 | |
| 检修或排除故障的过程 | |

**总结评价表**

| 评价内容 | 评价标准 | 配分 | 扣分 | 得分 |
|---|---|---|---|---|
| 原理分析 | 不能正确表述铣床的工作原理，扣 10 分 | 10 分 | | |
| 通电试车 | 不能熟练地对铣床进行操作，扣 5~10 分 | 10 分 | | |
| 故障分析 | 1. 不能正确标示出故障点，每处扣 15 分<br>2. 检修思路不正确，扣 5~10 分 | 30 分 | | |
| 故障排除 | 1. 停电不验电，扣 5 分<br>2. 测量仪器和工具使用不正确，每次扣 5 分<br>3. 检修步骤不正确，每处扣 5 分<br>4. 不能查出故障，每个扣 20 分<br>5. 查出故障但不能排除，每处扣 20 分<br>6. 排障过程损坏元器件，每只扣 15 分<br>7. 排障过程产生新的故障，每处扣 15 分 | 40 分 | | |
| 安全文明生产 | 违反安全文明生产规程，扣 10 分 | 10 分 | | |

 **实训思考**

（1）X62W 型万能铣床电气控制线路中为什么要设置变速冲动？

（2）如果 X62W 型万能铣床的工作台能左右进给，但不能前后、上下进给，试分析故障原因。

# 任务四  M7130 型平面磨床电气控制与维修

 **工作任务单**

| 序号 | 任务内容 |
|---|---|
| 1 | 了解 M7130 型平面磨床结构、用途及运动形式 |
| 2 | 掌握 M7130 型平面磨床的工作原理 |
| 3 | 能够排除 M7130 型平面磨床的常见故障 |

 **知识链接一  M7130 型平面磨床的主要结构及用途**

机械加工中，当对零件的表面粗糙度要求较高时，就需要用磨床进行加工，磨床是用砂轮的周边或端面对工件的表面进行机械加工的一种精密机床。磨床的种类很多，有平面磨床、内圆磨床、外圆磨床、无心磨床及螺纹磨床、球面磨床、齿轮磨床、导轨磨床等专用磨床。

M7130 型平面磨床的外形如图 5-4-1 所示。它主要主要由床身、工作台、电磁吸盘、砂轮架（又称磨头）、滑座和立柱等部分组成。

M7130 型平面磨床是平面磨床中使用较为

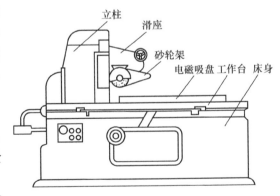

图 5-4-1  M7130 型平面磨床的外形图

普遍的一种机床，该磨床操作方便，磨削精度和光洁度都比较高，适于磨削各类精密零件，并可进行镜面磨削。

### 知识链接二　M7130型平面磨床的运动形式

M7130型平面磨床的三种运动形式分别如下。

#### 1．主运动

砂轮的快速旋转。

#### 2．进给运动

进给运动有垂直进给（滑座在立柱上的上、下运动）、横向进给（砂轮箱在滑座上的水平移动）、纵向运动（工作台沿床身的往复运动）。

工作时，砂轮旋转并沿其轴向定期地横向进给。工件固定在工作台上，工作台进行直线往返运动。矩形工作台每完成一纵向行程时，砂轮横向进给，当加工整个平面后，砂轮垂直进给，以此完成整个平面的加工。

#### 3．辅助运动

辅助运动是工作台的纵向往复运动以及砂轮架的横向和垂直进给运动。

### 知识链接三　M7130型平面磨床电力拖动特点及控制要求

（1）砂轮电机一般选用笼形电机完成磨床的主运动。由于砂轮一般不需要调速，所以对砂轮电机没有调速要求，也不需要反转，可以直接启动。

（2）平面磨床的进给运动一般采用液压传动，因此需要一台液压泵电机启动液压泵。对液压泵电机也没有调速要求，也不需要反转，可以直接启动。

（3）同车床一样，平面磨床也需要一台冷却泵电机提供冷却液，冷却泵电机与砂轮电机需要顺序控制，即要求砂轮电机启动后冷却泵电机才能启动。

（4）平面磨床采用电磁吸盘来吸持工件。电磁吸盘要有充磁和退磁电路，同时为防止磨削加工时因电磁吸盘吸力不足而造成工件飞出，还要求有弱磁保护；为保证安全，电磁吸盘与3台电机之间还要有电气联锁装置，即电磁吸盘吸合后，电机才能启动。

（5）必须具有短路、过载、失压和欠压等必要的保护装置。

（6）具有安全的局部照明装置。

### 知识链接四　M7130型平面磨床的工作原理分析

M7130型平面磨床的电气控制线路原理如图5-4-2所示。它分为主电路、控制电路、电磁吸盘电路和照明电路四部分。

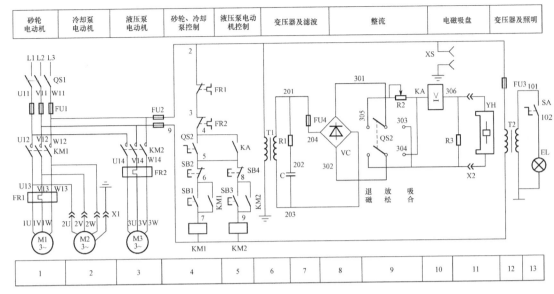

| 砂轮电动机 | 冷却泵电动机 | 液压泵电动机 | 砂轮、冷却泵控制 | 液压泵电动机控制 | 变压器及滤波 | 整流 | 电磁吸盘 | 变压器及照明 |

图 5-4-2　M7130 型平面磨床的原理图

### 1. 主电路分析

QS1 为电源开关。主电路中有三台电机，M1 为砂轮电机，M2 为冷却泵电机，M3 为液压泵电机。其控制和保护电器如表 5-4-1 所示。

表 5-4-1　主电路各电机概况

| 名称及代号 | 作用 | 控制电器 | 过载保护电器 | 短路保护电器 |
| --- | --- | --- | --- | --- |
| 砂轮电机 M1 | 拖动砂轮高速旋转 | 接触器 KM1 | 热继电器 FR1 | 熔断器 FU1 |
| 冷却泵电机 M2 | 供应冷却液 | 接触器 KM1 和接插器 X1 | 无 | 熔断器 FU1 |
| 液压泵电机 M3 | 为液压系统提供动力 | 接触器 KM2 | 热继电器 FR2 | 熔断器 FU1 |

### 2. 控制电路分析

控制电路采用交流 380V 电压供电，由熔断器 FU2 作为短路保护。

当转换开关 QS2 的常开触头闭合，或电磁吸盘得电工作，欠电流继电器 KA 线圈得电吸合，KA 常开触头闭合时，接通砂轮电机 M1 和液压泵电机 M3 的控制电路，砂轮电机 M1 和液压泵电机 M3 才能启动，进行磨削加工。

砂轮电机 M1 和液压泵电机 M3 都采用了接触器自锁正转控制线路，SB1、SB3 分别是它们的启动按钮，SB2、SB4 分别是它们的停止按钮。

### 3. 电磁吸盘电路分析

电磁吸盘是利用线圈通电时产生磁场的特性吸牢铁磁材料工件的一种工具，相对于机械夹紧装置，它具有夹紧迅速、工作效率高、在磨削中工件发热时能自由伸缩等优点。电磁吸盘的外形如图 5-4-3 所示。它的外壳由钢制箱体和盖板组成，在箱体内部均匀排列的多个芯体上绕有线圈，盖板则用非磁性材料（如铅锡合金）

图 5-4-3　电磁吸盘外形图

隔离成若干钢条。当线圈通入直流电后，突出的芯体和隔离的钢条均被磁化形成磁体，当工件放在电磁吸盘上时，就将被磁化并吸牢。

电磁吸盘电路包括整流电路、控制电路和保护电路三部分。

由整流变压器 T1 将 220V 交流电压降为 145V，然后经桥式整流器 VC 后输出 110V 直流电压供给吸盘线圈，避免了交流供电时工件振动及铁芯发热的缺点。

转换开关 QS2 是电磁吸盘 YH 的转换控制开关（又叫退磁开关），有"吸合"、"放松"和"退磁"三个位置。当 QS2 扳至"吸合"位置时，触头（301-303）和（302-304）吸合，110V 直流电压接入电磁吸盘 YH，工件被牢牢吸住。此时，欠电流继电器 KA 线圈得电吸合，KA 的常开触头闭合，接通砂轮和液压泵电机的控制电路。待工件加工完毕，先把 QS2 扳到"放松"位置，切断电磁吸盘 YH 的直流电源。此时工件具有剩磁而不能取下，因此，必须进行退磁。将 QS2 扳到"退磁"位置，触头（301-305）和（302-303）闭合，电磁吸盘通入较小的（因串入了退磁电阻 R2）反向电流进行退磁。退磁结束，将 QS2 扳回到"放松"位置，即可将工件取下。

如果有些工件不易退磁，可将附件退磁器的插头插入插座 XS，使工件在交变磁场的作用下进行退磁。

如果将工件夹在工作台上，而不需要电磁吸盘时，则应将电磁吸盘 YH 的插头 X2 从插座上拔下，同时将转换开关 QS2 扳到"退磁"位置，这时，接在控制电路中的 QS2 的常开触头闭合，接通电机的控制电路。

电磁吸盘的保护电路由放电电阻 R3 和欠电流继电器 KA 组成。电磁吸盘的电感很大，当电磁吸盘从"吸合"状态转变为"放松"状态的瞬间，线圈两端将产生很大的自感电动势，易使线圈或其他电器由于过压而损坏，因此需要用放电电阻 R3 在电磁吸盘断电瞬间给线圈提供放电电路，吸收线圈释放的磁场能量。欠电流继电器 KA 用于防止电磁吸盘断电时工件脱出发生事故。

电阻 R1 与电容器 C 的作用是防止电磁吸盘回路交流侧的过电压。熔断器 FU4 为电磁吸盘提供短路保护。

### 4．照明电路分析

照明变压器 T2 将 380V 的交流电压降为 36V 的安全电压供给照明电路。EL 为照明灯，一端接地，由开关 SA 控制，熔断器 FU3 作为照明电路的短路保护。

 **知识链接五　M7130 型平面磨床常见故障分析**

### 1．三台电机都不能启动

造成电机都不能启动的原因可能是欠电流继电器 KA 的常开触头和转换开关 QS2 的触头接触不良、接线松脱，或有油垢使电机的控制电路处于断电状态。检修故障时，应将转换开关 QS2 扳至"吸合"位置，检查欠电流继电器 KA 的常开触头的接通情况，不通则修理或更换元件，就可排除故障。否则，将转换开关 QS2 扳到"退磁"位置，拔掉电磁吸盘插头，检查 QS2 的触头（4-5）的通断情况，不通则修理或更换转换开关。若 KA 和 QS2 的触头（4-5）无故障，电机仍不能启动，可检查热继电器 FR1、FR2 的常闭触头是否动作或接触不良。

### 2．砂轮电机的热继电器 FR1 经常脱扣

砂轮电机 M1 为装入式电机，它的前轴承是铜瓦，易磨损。磨损后易发生堵转现象，使电流增大，导致热继电器脱扣。若是这种情况，应修理或更换轴瓦。另外，砂轮进刀量太大，电机超负荷运行，造成电机堵转，使电流急剧上升也会使热继电器脱扣。因此，工作中应选择合适的进刀量，防止电机超载运行。除以上原因之外，更换后的热继电器规格选得太小或整定电流没有重新调整，也会使电机还未达到额定负载时，热继电器就已脱扣。因此，应注意热继电器必须按其被保护电机的额定电流进行选择和调整。

### 3．冷却泵电机烧毁

造成这种故障的原因有以下几种：一是切削液进入电机内部，造成匝间或绕组间短路，使电流增大；二是反复修理冷却泵电机后，使电机端盖轴间隙增大，造成转子在定子内不同心，工作时电流增大，电机长时间过载运行；三是冷却泵被杂物塞住引起电机堵转，电流急剧上升。

### 4．电磁吸盘无吸力

出现这种故障时，首先用万用表测三相电源电压是否正常。若电源电压正常，再检查熔断器 FU1、FU2、FU4 有无熔断现象。常见的故障是熔断器 FU4 熔断，造成电磁吸盘电路断开，使吸盘无吸力。FU4 熔断是由于整流器 VC 短路，使整流变压器 T1 二次侧绕组流过很大的短路电流造成的。如果检查整流器输出空载电压正常，而接上吸盘后，输出电压下降不大，欠电流继电器 KA 不动作，吸盘无吸力，这时，可依次检查电磁吸盘 YH 的线圈、接插器 X2、欠电流继电器 KA 的线圈有无断路或接触不良的现象。检查故障时，可使用万用表测量各点电压，查出故障元件，进行修理或更换，即可排除故障。

### 5．电磁吸盘吸力不足

引起这种故障的原因是电磁吸盘损坏或整流器输出电压不正常造成的。M7130 型平面磨床电磁吸盘的电源电压由整流器 VC 供给。空载时，整流器直流输出电压应为 130～140V，负载时不应低于 110V。若整流器空载输出电压正常，带负载时电压远低于 110V，则表明电磁吸盘线圈已短路，一般需要更换电磁吸盘线圈。

### 6．电磁吸盘电源电压不正常

这可能是因为整流元件短路或断路。应检查整流器 VC 的交流侧电压及直流侧电压。若交流侧电压正常，直流输出电压不正常，则表明整流器发生元件短路或断路故障。如某一桥臂的整流二极管发生断路，将使整流输出电压降低到额定电压的一半；若两个相邻的二极管都断路，则输出电压为零。整流器元件损坏的原因可能是元件过热或过电压造成的，如由于整流二极管热容量过小，在整流器过载时，元件温度急剧上升，烧坏二极管；当放电电阻 R3 损坏或接线断路时，由于电磁吸盘线圈电感很大，在断开瞬间产生过电压将整流元件击穿。排除此类故障时，可用万用表测量整流器的输出及输入电压，判断出故障部位，查出故障元件，进行更换或修理即可。实践证明，在直流输出回路中加装熔断器，可避免损坏整流二极管。

## 7. 电磁吸盘退磁不好使工件取下困难

电磁吸盘退磁不好的故障原因，一是退磁电路断路，根本没有退磁，应检查转换开关 QS2 接触是否良好，退磁电阻 R2 是否损坏；二是退磁电压过高，应调整电阻 R2，使退磁电压调至 5～10V；三是退磁时间太长或太短，对于不同材质的工件，所需的退磁时间不同，注意掌握好退磁时间。

 **实 操 训 练**

### ◐ 听一听　注意事项 ◐

（1）检修前认真阅读电路图，熟悉掌握各个控制环节的原理及作用，并认真听取和仔细观察教师的示范检修。

（2）电磁吸盘的工作环境恶劣，容易发生故障，检修时应特别注意电磁吸盘及其线路。

（3）检修所用工具及仪表应符合使用要求。

（4）排除故障时，必须修复故障点，但不得采用元件代换法。

（5）检修时，严禁扩大故障范围或产生新的故障。

（6）带电检修时，必须有指导教师监护，以确保安全。

### ◐ 做一做　平面磨床检修 ◐

（1）在教师的指导下对平面磨床进行操作，了解平面磨床的各种工作状态及操作方法。

（2）在教师的指导下，参照电气位置图和平面磨床接线图，熟悉平面磨床电气元件的分布位置和走线情况。

（3）在 M7130 型平面磨床上人为设置故障点。

（4）教师示范检修，检修程序如下：

① 用通电试验法引导学生观察故障现象。

② 根据故障现象，依据电路图用逻辑分析法确定故障范围。

③ 采取正确的检查方法确定故障点，并排除故障。

④ 检修完毕进行通电试验，并写好维修记录。

（5）教师设置故障点并告知学生，然后指导学生从故障现象进行分析，逐步引导学生采用正确的检修步骤和检修方法。

（6）教师设置故障点，学生检修。

（7）检修完毕进行通电试验，并将故障排除过程填入表 5-4-2 中。

表 5-4-2　M7130 型平面磨床检修记录表

| 项目 | 情况记录 |
|---|---|
| 故障现象 | |
| 故障原因 | |
| 检修或排除故障的过程 | |

**总结评价表**

| 评价内容 | 评价标准 | 配分 | 扣分 | 得分 |
|---|---|---|---|---|
| 原理分析 | 不能正确表述磨床的工作原理，扣10分 | 10分 | | |
| 通电试车 | 不能熟练地对磨床进行操作，扣5～10分 | 10分 | | |
| 故障分析 | 1. 不能正确标示出故障点，每处扣15分<br>2. 检修思路不正确，扣5～10分 | 30分 | | |
| 故障排除 | 1. 停电不验电，扣5分<br>2. 测量仪器和工具使用不正确，每次扣5分<br>3. 检修步骤不正确，每处扣5分<br>4. 不能查出故障，每个扣20分<br>5. 查出故障但不能排除，每处扣20分<br>6. 排障过程损坏元器件，每只扣15分<br>7. 排障过程产生新的故障，每处扣15分 | 40分 | | |
| 安全文明生产 | 违反安全文明生产规程，扣10分 | 10分 | | |

 **实训思考**

（1）M7130型平面磨床电磁吸盘夹持工件有什么特点？为什么电磁吸盘要用直流电而不用交流电？

（2）M7130型平面磨床电磁吸盘吸力不足会造成什么后果？如何防止出现这种现象？

# 任务五　T68型卧式镗床电气控制与维修

 **工作任务单**

| 序号 | 任务内容 |
|---|---|
| 1 | 了解T68型卧式镗床结构、用途及运动形式 |
| 2 | 掌握T68型卧式镗床的工作原理 |
| 3 | 能够排除T68型卧式镗床的常见故障 |

 **知识链接一　T68型卧式镗床的主要结构及用途**

T68型卧式镗床的外形如图5-5-1所示。它主要由床身、前立柱、镗头架、工作台和带尾架的后立柱等部分组成。床身用于固定工作台、前立柱和后立柱。

工作台由上溜板、下溜板和工作台组成。工作台在上溜板上可回转运动，上溜板可沿下溜板上的导轨横向运动，而下溜板可沿床身上的导轨纵向运动。在前立柱的垂直导轨上装有镗头架，它可上下移动。在镗头架上集中了镗轴部件、变速箱、进给箱与操纵机构等部件。后立柱可沿床身导轨在镗轴轴线方向水平移动。后立柱上的尾架用于支撑镗杆的末端，可沿后立柱上的导轨上下移动，但必须与镗头架的移动同步。

镗床是一种孔加工机床，用来镗孔、钻孔、扩孔、铰孔等，主要用于加工精确的孔以及各孔间的距离要求较精确的工件。镗床的主要类型有卧式镗床、坐标镗床、金刚镗床和专用镗床等，其中以卧式镗床应用最为广泛。

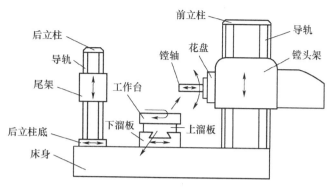

图 5-5-1　T68 型卧式镗床的外形图

 **知识链接二　T68 型卧式镗床的运动形式**

T68 型卧式镗床的三种运动形式分别如下。

### 1．主运动

镗轴的旋转运动和花盘的旋转运动。

### 2．进给运动

镗轴的轴向进给、花盘刀具溜板的径向进给、镗头架的垂直进给、工作台的横向进给和纵向进给。

### 3．辅助运动

工作台的旋转运动、后立柱的轴向运动和尾架的垂直运动。

 **知识链接三　T68 型卧式镗床电力拖动特点及控制要求**

（1）主轴电机完成镗床的主运动及进给运动。为适应各种形式和各种工件的加工需要，要求镗床的主轴有较宽的调速范围，因此多采用双速或三速异步电机拖动的滑移齿轮有级变速系统。目前，采用电力电子元器件控制的无级调速系统已在镗床上得到广泛应用。

（2）主轴电机要求能正反转，可以点动调整，有电气制动，通常采用反接制动。

（3）镗床的主运动和进给运动采用机械滑移齿轮有级变速系统，为保证变速齿轮啮合良好，要求有变速冲动。

（4）为了缩短调整工件和刀具间相对位置的时间，卧式镗床和各种进给运动部件要求能快速移动，一般由快速进给电机单独拖动。

（5）必须具有短路、过载、失压和欠压等必要的保护装置。

（6）具有安全的局部照明装置。

 **知识链接四　T68 型卧式镗床的工作原理分析**

T68 型卧式镗床的电气控制线路原理如图 5-5-2 所示。其工作原理分析如下。

### 1. 主电路

主电路有两台电机，其中 M1 是主轴（镗轴）电机，与它同轴接有一只速度继电器 KV，M2 是快速移动电机。

**1）主轴电机**

主轴电机 M1 是 4/2 极的双速电机，绕组为△/YY 接法。它可以进行点动、连续正反转控制，停车采用速度继电器控制的串联电阻反接制动，机床采用双速电机电气调速与机械调速的机电联合调速。主轴电机 M1 提供镗轴及花盘旋转和工作台常速进给的动力，同时还驱动润滑油泵。

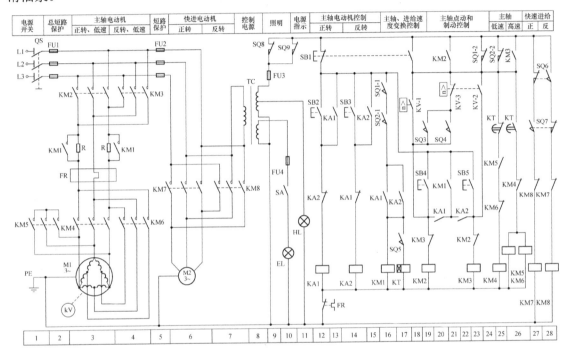

图 5-5-2　T68 型卧式镗床的原理图

熔断器 FU1 作为镗床电路总的短路保护及主轴电机 M1 的短路保护；热继电器 FR 作为主轴电机 M1 的过载保护。

**2）快速移动电机**

为了提高工作效率，主轴的轴向进给、镗头架的垂直进给、工作台的横向进给和纵向进给可以快速移动，用快速移动电机 M2 拖动。

### 2. 控制电路

**1）主轴电机 M1 的控制**

开车前，合上电源开关 QS 引入电源，电源指示灯 HL 亮；选择好所需的主轴转速和进给量，并调整好镗头架和工作台的位置。

① **主轴电机 M1 正转（或反转）控制。** 要正转时，按下主轴电机 M1 启动按钮 SB2，中间继电器 KA1 得电且自锁，由于此时进给变速行程开关 SQ1 和主轴变速行程开关 SQ2 都处于压下状态，常开触点 SQ1-1 和 SQ2-1 闭合，使接触器 KM1 得电，限流电阻 R 被短接；随后接触器 KM2

得电，KM2 的常开触点闭合。

如果主轴电机 M1 的转速选的是低速挡，则行程开关 SQ5 没有压下，接触器 KM4 得电，得电通路为：控制变压器 TC 二次侧的一端→SQ8、SQ9 的常闭触点→KM2 常开触点（已闭合）→时间继电器 KT 常闭触点→KM5 常闭联锁触点→KM4 线圈→TC 二次侧的另一端，主轴电机 M1 正向全压启动，低速运转（△接法），转速为 1460r/min；如果主轴电机 M1 转速选的是高速挡，则行程开关 SQ5 被压下，时间继电器 KT 得电，接触器 KM5、KM6 得电，主轴电机 M1 正向全压启动并高速运转（YY 接法），转速达 2880r/min。

若要反转时，只要按下反向启动按钮 SB3，工作过程与正转情况相同。在主轴电机 M1 正、反向转动时，与 M1 联动的速度继电器 KV 都有对应的触点闭合，为正、反转的停车制动做准备。

从镗床的电气控制原理图 5-5-2 中可以看出，无论主轴电机 M1 是在停车时，还是在低速运转时，若将主轴变速手柄置于高速挡位置，由于时间继电器 KT 的延时作用，M1 总是先低速启动（或低速运转），然后再自动过渡到高速运转。

② **主轴电机 M1 的停车制动。**

如果主轴电机 M1 原先为低速挡正转时，由于速度继电器 KV-2 闭合，此时若按下停止按钮 SB1，将产生如下的反接制动过程。

首先按钮 SB1 的常闭触点断开，使 KA1、KM1 和 KM2 的线圈同时失电，随后 KM4 线圈失电。KM2 失电后，其主触点断开，主轴电机 M1 失去电源，依惯性转动；同时 KM2 的常闭联锁触点复位，为 KM3 线圈得电做准备；KM1 失电后，其主触点断开，使 M1 反接制动时接入限流电阻 R。

当按钮 SB1 被按到底时，SB1 的常开触点闭合，KM3、KM4 同时得电。KM3 的得电通路为 TC 二次侧→SQ8、SQ9 常闭触点→SB1 常开触点（已闭合）→速度继电器 KV-2 常开触点（已闭合）→KM2 常闭触点→KM3 线圈→TC 二次侧的另一端；KM4 的得电通路为 TC 二次侧→SQ8、SQ9 常闭触点→SB1 常开触点（已闭合）→时间继电器 KT 常闭触点→KM5、KM6 常闭触点→KM4 线圈→TC 二次侧的另一端。KM3、KM4 的主触点闭合，主轴电机 M1 串联电阻反接制动。松开停止按钮 SB1，由于 KM3 自锁触点的闭合，KM3、KM4 维持得电，使制动进行下去，当 M1 的转速降至约 100r/min 时，速度继电器 KV 复位，KV-2 断开，KM3、KM4 先后失电，电机 M1 停止转动，反接制动结束。主轴电机 M1 反转时的停车制动以及高速挡的停车制动与上述过程相似。

③ **主轴电机 M1 的点动控制。**

如果要进行主轴电机 M1 的正、反转点动控制可按下点动控制按钮 SB4（或 SB5），此时 KM2（或 KM3）得电吸合，使 KM4 也吸合，由于 KM1 没有通电，M1 在△接法下串联电阻低速启动并运转；松开按钮 SB4（或 SB5）后，由于电路没有自锁作用，KM2（或 KM3）、KM4 先后失电，M1 断电停车。由于此时 KM3（或 KM2）没有得电通路，所以 M1 点动停车时，为无反接制动的自然停车。如果点动控制需要迅速停车，可在松开点动按钮 SB3、SB4 后，再按停止按钮 SB1 并直接按到底，便可实现点动停车的反接制动。

④ **主轴变速与进给变速。**

主轴需要变速时，先将主轴变速手柄拉出，与其联动的行程开关 SQ2 复位，常开触点 SQ2-1 断开，导致接触器 KM1、KM2（或 KM3）相继失电。如果主轴原来是静止的，则保持静止状态，如果主轴原来是转动的，则此时失去电源靠惯性转动，同时，SQ2 复位后，它的常闭触点 SQ2-2 闭合，由于此时电机的转速仍然较高，速度继电器 KV 仍处于动作状态下，KV-2 或

KV-3 中必有一对触点是闭合的，因而接触器 KM4、KM3（或 KM2）线圈通电，接通了主轴反接制动的控制电路，主轴电机 M1 迅速停车；然后转动变速操纵盘，选择所需的转速，再将变速操纵手柄推回原位，行程开关 SQ2 又被压下，如果主轴原来是转动的，常开触点 SQ2-1 的闭合使继电器 KM1、KM2（或 KM3）相继得电，主轴电机 M1 自行启动，主轴便在新的转速下按原转动方向启动运转。

如果主轴变速后，变速手柄不能推回原位，则行程开关 SQ2 维持复位状态，而主轴变速冲动行程开关 SQ4 被压下，其常开触点闭合，使接触器 KM2 得电，其得电通路如下：控制变压器 TC 二次侧→SQ8（SQ9）常闭触点→SQ2-2 常闭触点→速度继电器 KV-3 常闭触点→SQ4 常开触点（已闭合）→KM3 常闭触点→KM2 线圈→TC 二次侧的另一端；同时，接触器 KM4 得电，得电通路如下：TC 二次侧→SQ8（SQ9）常闭触点→SQ2-2 常闭触点→时间继电器 KT 常闭触点→KM5、KM6 常闭触点→KM4 线圈→TC 二次侧的另一端，所以主轴电机 M1 串联电阻正向低速启动。

当转速达到 100r/min 以上时，速度继电器 KV 动作，KV-3 常闭触点断开，KM2 失电，而 KV-2 常开触点闭合，接触器 KM3 线圈得电，主轴电机 M1 反接制动；当主轴转速降至 100r/min 以下时，速度继电器 KV 释放，KV-2 断开，反接制动结束；与此同时，KV-3 常闭触点再次闭合，主轴电机 M1 又通电正向低速启动，……，重复上述过程，使 M1 的转速维持在 100r/min 上下波动，形成了主轴的变速冲动，以利于变速后齿轮的啮合。这个过程一直维持到变速操纵手柄完全推回复位为止。当主轴变速手柄复位后，压下行程开关 SQ2，而 SQ4 不再受压，SQ4 的常开触点断开切断变速冲动控制电路；主轴电机 M1 自行启动，拖动主轴在新转速下按原转动方向旋转。

**2）快速移动电机 M2 的控制**

为了缩短镗头架与工作台的移动时间，提高生产效率，可由快速移动电机 M2 拖动镗头架、工作台快速移动。操作时，通过改变快速移动操作手柄的位置，压下与之联动的行程开关 SQ7（正向移动）或 SQ6（反向移动），使接触器 KM7 或 KM8 得电，快速移动电机 M2 通电启动，通过传动机构实现进给部件的快进或快退。

当快速移动操作手柄复位后，行程开关 SQ6 或 SQ7 也随之复位，接触器 KM7 或 KM8 失电，快速移动电机 M2 停转，镗头架与工作台的快速移动过程结束。

**3．照明电路及联锁保护**

为避免工作台（或镗头架）与主轴（或花盘刀架）同时进给发生事故，设置了两个行程开关 SQ8 和 SQ9 并联后串联在主轴电机 M1 和快速移动电机 M2 的控制电路中。在进给操作时，相应的行程开关被压下。其中，SQ8 与工作台（或镗头架）进给操作手柄联动，SQ9 与主轴（或花盘刀架）进给操作手柄联动。从电路图中可以看出，行程开关 SQ8 与 SQ9 中至少要有一个不被压下，处于闭合的状态下，M1 或 M2 才能通电工作。如果两个手柄都处在进给位置，则 SQ8 和 SQ9 都被压下，其常闭触点同时断开，M1 或 M2 都不能通电，机床停止工作，实现了两种进给方式的联锁保护，提高了机床工作的安全性。

 **知识链接五　T68 型卧式镗床常见故障分析**

**1．主轴的转速与转速指示牌指示值不一致**

这类故障可能有两种情况：一种是主轴的实际转速比标牌指示数增加或减少一倍，这多数是由于与主轴变速操作手柄联动的推动行程开关 SQ5 动作实现高速与低速间转换的撞针安装不当造成的。其解决方法是重新调整其位置，使撞针动作与变速盘的指示值相对应；而另一种情况是低速与高速间不能相互转换，从电气原理图可以看出，产生这种故障应是时间继电器 KT 不动作或行程开关 SQ5 始终处于接通或断开状态造成的。如果是时间继电器 KT 不能动作或 SQ5 始终处于断开状态，主轴电机 M1 只能低速转动不能变速为高速，如果 SQ5 始终处于接通状态，则 M1 只能高速运转而不变为低速。解决这种故障的方法是检查时间继电器 KT 的性能，线圈是否断路、触点是否损坏或机械卡住；调整行程开关 SQ5 的位置，使主轴选低速时不被压下，而在高速挡时被压下。

**2. 主轴变速无变速冲动或运行中变速完成后 M1 不能自行启动**

前种故障多数是由于行程开关 SQ2 或 SQ4 的位置移动、触点接触不良等，使行程开关 SQ2-2、SQ4 不能闭合，或是速度继电器 KV 常闭触点 KV-3 不能闭合导致的；后种故障则是主轴变速手柄推回后，行程开关 SQ2 不能被压下，或是 SQ2 损坏，常开触点 SQ2-1 不能闭合所致。如果行程开关 SQ2 绝缘被击穿，使触点 SQ2-1 形成短路，主轴变速手柄此时拉出也不能断开电路，则主轴电机 M1 不能变速，仍以原转动方向和转动速度旋转。

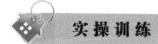

**实 操 训 练**

○ **听一听　注意事项** ○

（1）检修前认真阅读电路图，熟悉掌握各个控制环节的原理及作用，并认真听取和仔细观察教师的示范检修。

（2）检修所用工具及仪表应符合使用要求。

（3）排除故障时，必须修复故障点，但不得采用元件代换法。

（4）检修时，严禁扩大故障范围或产生新的故障。

（5）带电检修时，必须有指导教师监护，以确保安全。

○ **做一做　镗床检修** ○

（1）在教师的指导下对镗床进行操作，了解镗床的各种工作状态及操作方法。

（2）在教师的指导下，参照电气位置图和接线图，熟悉镗床电气元件的分布位置和走线情况。

（3）在镗床上人为设置故障点。

（4）教师示范检修，检修程序如下：

① 用通电试验法引导学生观察故障现象。

② 根据故障现象，依据电路图用逻辑分析法确定故障范围。

③ 采取正确的检查方法确定故障点，并排除故障。

④ 检修完毕进行通电试验，并做好维修记录。

（5）教师设置故障点并告知学生，然后指导学生从故障现象进行分析，逐步引导学生采用正确的检修步骤和检修方法。

（6）教师设置故障点，学生检修。

（7）检修完毕进行通电试验，并将故障排除过程填入表 5-5-1 中。

表 5-5-1　T68 型卧式镗床检修记录表

| 项目 | 情况记录 |
|---|---|
| 故障现象 | |
| 故障原因 | |
| 检修或排除故障的过程 | |

 **总 结 评 价 表**

| 评价内容 | 评价标准 | 配分 | 扣分 | 得分 |
|---|---|---|---|---|
| 原理分析 | 不能正确表述镗床的工作原理，扣 10 分 | 10 分 | | |
| 通电试车 | 不能熟练地对镗床进行操作，扣 5～10 分 | 10 分 | | |
| 故障分析 | 1. 不能正确标示出故障点，每处扣 15 分<br>2. 检修思路不正确，扣 5～10 分 | 30 分 | | |
| 故障排除 | 1. 停电不验电，扣 5 分<br>2. 测量仪器和工具使用不正确，每次扣 5 分<br>3. 检修步骤不正确，每处扣 5 分<br>4. 不能查出故障，每个扣 20 分<br>5. 查出故障但不能排除，每处扣 20 分<br>6. 排障过程损坏元器件，每只扣 15 分<br>7. 排障过程产生新的故障，每处扣 15 分 | 40 分 | | |
| 安全文明生产 | 违反安全文明生产规程，扣 10 分 | 10 分 | | |

 **实 训 思 考**

（1）T68 型卧式镗床的电气控制要求有哪些？
（2）试分析 T68 型卧式镗床主轴电机低速挡能启动，高速挡不能启动的故障原因。

# 任务六　电气设备的维护与检修

 **工 作 任 务 单**

| 序号 | 任务内容 |
|---|---|
| 1 | 了解电气设备日常维护的内容 |
| 2 | 掌握电气设备常见故障的分析与检修 |

 **知识链接一　电气设备的日常维护**

为了保证各种电气设备的安全运行，必须坚持经常性的维护保养，电气设备的维护一般包括：正确选用熔断器的熔丝；注意连接导线有无断裂、脱落，绝缘是否老化；检查接触器的触头接触是否良好，热继电器的选择是否恰当；经常清理电气元件上的油污和灰尘。特别要清除铁粉之类有导电性的灰尘，并定期对电机进行中修和大修等。

电气设备日常维护的对象一般包括电机、控制柜（包括接触器、继电器及保护装置）和电气线路。维护时应注意：

（1）机床加工时，金属屑和油污易进入电机、控制柜和电气线路中，造成电气绝缘性能下降、触头接触不良、散热条件恶化，甚至造成接地或短路，因此，要经常清扫控制柜内部的灰尘和油污，特别要注意清除铁粉之类有导电性的灰尘。

（2）维护检查时，应注意控制柜内的接触器、继电器等所有电器的接线端子是否松动、损坏，接线是否脱落等。

（3）检查控制柜内的各种电气元件和导线是否有浸油或绝缘破损的现象，并进行必要的处理。

（4）为保证电气设备各保护装置的正常运行，在维护时，不得随意改变热继电器、自动空气开关的整定值；熔体的更换必须按要求选配，不得过大或过小。

（5）加强在高温、雨季、严寒等季节对电气设备的维护检查。

（6）定期对电机进行小修和中修检查。

 **知识链接二 常见故障分析和检修**

各种电气设备在运行中可能会发生各种各样的故障，主要可分为两大类：一类是具有明显的外表特征并容易被发现的故障，例如，电机的绕组过热、冒烟，甚至有焦臭味或火花等；另一类是没有明显外表特征的故障，例如控制电路中由于元件调整不当、动作失灵等原因引起的故障。因此，找出故障点是机床电气设备检修工作中的一个重要步骤。

电气设备发生故障后，一般的检修和分析方法如下。

**1. 修理前的调查研究**

① **看**。熔断器内熔丝是否熔断，其他电气元件有无烧毁、发热、断线，导线连接螺钉是否松动，有无异常的气味等。

② **问**。故障发生后，向操作者了解故障发生的前后情况，有利于根据电气设备的工作原理来判断发生故障的部位，分析故障的原因。

③ **听**。电机、变压器和有些电气元件在正常运行时的声音和发生故障时的声音有明显差异，听声音是否正常，有助于寻找故障部位。

④ **摸**。电机、变压器和电磁线圈等发生故障时，温度显著上升，可切断电源用手摸一摸。

看、问、听、摸是寻找故障的第一步，有些故障还应进一步检查。

**2. 根据电气控制线路分析检查故障部位**

机床的电气线路是根据机床的用途和工艺要求而定的，因此了解机床的基本工作原理、加工范围和操作程序对掌握机床电气控制线路的原理和各环节的作用具有一定意义。

### 3. 确定故障发生的范围

从故障现象出发，按线路工作原理进行分析，便可判断故障发生的可能范围，以便进一步分析，找出故障发生的确切部位。

### 4. 进行外表检查

在判断了解故障可能发生的范围后，在此范围内对有关电气设备进行外表检查，常能发现故障的确切部位。

### 5. 实验控制电路的动作顺序

经外表检查未发现故障点时，可进一步检查电气元件动作情况，如操作开关或按钮，查看线路中各继电器、接触器相关触头是否按规定顺序动作；若有不符规定者，则说明与此相关电路存在问题。

### 6. 利用仪表器材来检查

利用万用表的电阻挡检测电气元件是否断路或开路（测量时必须切断电源），用万用表的电压、电流挡来检测线路的电压、电流值是否正常，三相是否平衡，能有效找出故障原因。

### 7. 检查是否存在机械故障

在许多电气设备中，电气元件的动作是由机械来推动的，或与机械构件有着密切的联动关系，所以，在检修电气故障的同时，应检查、调整和排除机械部分的故障。

总之，检查分析电气设备故障的一般顺序和方法，应按不同的故障情况灵活掌握，力求迅速有效地找出故障点，判明故障原因，及时排除故障。在实际工作中，每次排除故障后，应及时总结经验，并写好维修记录，作为档案以便日后维修时参考，并通过对历次故障的分析和排除，采用有效措施，防止类似事故的再次发生。

 **实操训练**

第一题　CA6140 型车床电气控制线路故障检查及排除
第二题　Z535 型钻床电气控制线路故障检查及排除
第三题　X62W 型万能铣床电气控制线路故障检查及排除
第四题　M7130 型平面磨床电气控制线路故障检查及排除
第五题　T68 型卧式镗床电气控制线路故障检查及排除

### 1. 考核内容及操作要求

（1）根据电气线路图，在每台设备的主电路或控制电路中人为设置隐蔽故障 2 处。

（2）用通电试验方法发现故障现象，进行故障分析，并在电气原理图上用虚线标出最小故障范围的线段。

（3）根据给定的设备和仪器仪表，在规定时间内完成故障排除工作，达到考核规定的要求。

### 2. 准备工作

模拟实训台、连接导线、电工常用工具、万用表、钳形电流表、兆欧表、绝缘胶布等。

**3．考核时间**

45min。

**4．考核内容**

（1）故障一

故障现象_____

可能的故障原因　_____

写出实际故障点_____

（2）故障二

故障现象_____

可能的故障原因　_____

写出实际故障点_____

**5．考核要求**

（1）从五套考题中自抽一套。

（2）根据考题中的故障，将简要分析填入表中。

（3）用万用表等工具进行检查，寻找故障点，将实际故障点填入表中。

（4）安全生产、文明操作。

**6．评分原则**

按照完成的工作是否达到了全部或部分要求，由考评员按评分标准进行评分，在规定时间内考核不得延时。

## 总结评价表

| 评价内容 | 评价标准 | 配分 | 扣分 | 得分 |
|---|---|---|---|---|
| 故障分析 | 1．实际排障过程思路不清楚，每个故障点扣15分<br>2．不能正确标出故障范围或错标故障范围，每个故障点扣5～10分<br>3．不能标出最小故障范围，每个故障点扣5分 | 30分 | | |
| 故障排除 | 1．停电不验电，扣5分<br>2．测量仪器和工具使用不正确，每次扣5分<br>3．检修步骤不正确，扣5～10分<br>4．不能查出故障，每个扣35分<br>5．查出故障但不能排除，每个故障扣25分<br>6．排障过程损坏元器件，每只扣5～20分<br>7．排障过程产生新的故障，或扩大故障范围，不能排除，每个扣35分；能排除，每个扣15分 | 70分 | | |
| 安全文明生产 | 违反安全文明生产规程，扣10～70分 | | | |

## 实训思考

（1）对电气设备应进行的维护保养有哪些？

（2）在检查电气控制设备以前，应怎样调查故障发生的情况？

（3）检修电气设备控制电路时，可用哪些方法分析查找故障范围？

# 项目六　电子线路的安装与调试

（1）知道电子元器件组装的一般步骤、印制电路板插装和引线成形的基本要求。

（2）熟悉常用电子线路的工作原理。

（1）会正确测试常用电子元件的质量。

（2）会正确安装和调试常用电子线路。

## 任务一　常用电子元件的识别与检测

| 序号 | 任务内容 |
| --- | --- |
| 1 | 会正确识别常用电子元件 |
| 2 | 会正确测试常用电子元件的参数及质量 |

 **知识链接一　电阻器（又称电阻）**

### 1. 电阻的基本知识

1）外形及符号（图6-1-1）

图 6-1-1　电阻

2）作用

电阻器是电路元器件中应用最广泛的一种，在电子设备中约占元器件总数的 30%以上，其质量的好坏对电路的稳定性有极大影响。电阻器主要用途是稳定和调节电路中的电流和电压，另外它还可作为分流器、分压器和消耗电能的负载等。电阻器在所有的电子设备中是必不可少的，在电路中常用来进行电压、电流的控制和传送。

　　3）标注方法

　　① **直标法**：在电阻表面用阿拉伯数字和单位符号直接标出。

　　例如：—|220Ω±5%|—阻值：200Ω±5%

　　② **文字符号法**：用阿拉伯数字和文字按一定规则组合标出，符号前面的数字表示整数值，后面的数字依次表示第一位小数值和第二位小数值。

　　例如：3R3　　阻值：3.3Ω

　　　　　4K7　　阻值：4.7kΩ

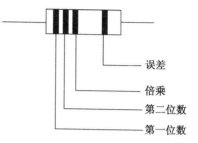

　　③ **数码法**：数码由三位阿拉伯数字组成，前两位数字表示阻值的有效数，第三位数字表示有效数后零的个数。

　　例如：100　　阻值：10Ω

　　　　　102　　阻值：1000Ω（1kΩ）

　　④ **色标法**：用不同颜色的色环表示电阻器的阻值误差（图 6-1-2、表 6-1-1）。

图 6-1-2　色标法

表 6-1-1　色标法具体含义

| 色环颜色 | 第一色环 | 第二色环 | 第三色环（倍乘） | 第四色环（误差） |
|---|---|---|---|---|
| 黑 | 0 | 0 | $\times 10^0$ | ±1% |
| 棕 | 1 | 1 | $\times 10^1$ | ±2% |
| 红 | 2 | 2 | $\times 10^2$ | ±3% |
| 橙 | 3 | 3 | $\times 10^3$ | ±4% |
| 黄 | 4 | 4 | $\times 10^4$ | |
| 绿 | 5 | 5 | $\times 10^5$ | |
| 蓝 | 6 | 6 | $\times 10^6$ | |
| 紫 | 7 | 7 | $\times 10^7$ | |
| 灰 | 8 | 8 | $\times 10^8$ | |
| 白 | 9 | 9 | $\times 10^9$ | |
| 金 | | | $\times 10^{-1}$ | ±5% |
| 银 | | | $\times 10^{-2}$ | ±10% |
| 无色 | | | | ±20% |

　　例如：红黑红金　　　阻值：$20 \times 10^2 \pm 5\%$（2000Ω±5%）

 **提　示**

　　五环电阻的第 1、2、3 道色环表示有效数字，第 4 道色环表示倍乘，第 5 道色环表示误差。

　　例如：棕蓝黑黑棕　　阻值：$160 \times 10^0 \pm 2\%$（160Ω±2%）

　　4）阻值误差

　　电阻器的实际阻值并不完全与标称阻值相同，存在着误差。普通电阻器的误差一般分为：±5%、±10%、±20%，或用Ⅰ、Ⅱ、Ⅲ表示。误差越小，表明电阻器的精度越高。

5）电阻器的额定功率

电阻器在交流或直流电路中能连续工作所消耗的最大功率如图 6-1-3 所示。

图 6-1-3　电阻器的额定功率

一般表示　0.25W　0.5W　大于1W用数字表示

## 2. 电阻的检测（图 6-1-4、图 6-1-5）

（1）正确选择电阻倍率挡，使指针尽可能接近标度尺的几何中心，可提高测量数据的准确性。

（2）严禁在被测电路带电的情况下测量电阻。

（3）测量时，直接将表笔跨接在被测电阻或电路的两端，注意不能用手同时触及电阻两端，以避免人体电阻对读数的影响。

2．指针指向"0"Ω

1．欧姆调零旋钮

图 6-1-4　校零

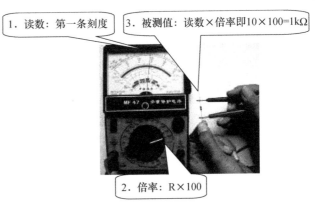

1．读数：第一条刻度

3．被测值：读数×倍率即10×100=1kΩ

2．倍率：R×100

图 6-1-5　测量、读数

 **知识链接二　电位器**

### 1. 电位器的基本知识

电位器是通过旋转轴或滑动臂来调节阻值的可变电阻器，按结构可分为单圈、多圈、单联、双联、带开关电位器；按调节方式分为旋转式、直滑式电位器。其外形和符号分别如图 6-1-6 和图 6-1-7 所示。

图 6-1-6　电位器

RP ──▭

图 6-1-7　电位器符号

### 2. 电位器的检测（图 6-1-8）

（1）根据标称阻值的大小，选择合适的挡位，测两固定端的阻值是否与标称阻值相等。

（2）将万用表表笔一个接任一固定端，另一个接动端，并慢慢旋转转轴，观察表头指针是否有跌落或跳动现象。

（3）如果电位器带有开关，还必须判断开关是否良好。

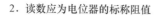

图 6-1-8　电位器的检测

 **知识链接三　电容器**

### 1. 电容器的基本知识

**1）定义**

电容器简称电容，是一种储存电能的元件，由两个金属电极中间夹有绝缘材料（介质）构成，具有通交流、阻直流的特性，可应用于级间耦合、滤波、去耦、旁路和信号调谐。其外形和符号分别如图 6-1-9 和图 6-1-10 所示。

图 6-1-9　电容

图 6-1-10　电容符号

**2）电容器的种类（分类）**

① **按结构：** 固定电容、可变电容、半可变电容。

② **按介质材料：** 气体介质电容、液体介质电容、无机固体介质电容、陶瓷电容、电解电容。

③ **按阳极材料：** 铝电解电容、钽电解电容。

④ **按极性：** 有极性和无极性电容。

**3）电容的主要参数**

① **标称容量：** 标在电容外壳上的电容量数值。

② **电容的单位：** 法（F）。

③ **容量误差：** 一般分为三级，即±5%、±10%、±20%，或写成Ⅰ级、Ⅱ级、Ⅲ级。

④ **额定直流工作电压（耐压值）：** 电容的耐压值指电容接入电路后，能长期连续可靠地工作，不被击穿时所能承受的最高直流电压。使用时绝对不允许超过这个耐压值，如有超过，

 215

电容就要损坏或被击穿。

⑤ 绝缘电阻（漏电电阻）：电容两极之间的电阻。其大小取决于电容介质性能的好坏。

电容的常用单位还有微法（μF）、纳法（nF）、皮法（pF）。

$1F=10^{6}μF=10^{9}nF=10^{12}pF$

4）标注方法

① **直标法**：将标称容量及偏差直接标在电容体上。

例如：0.22μF±10%

（如果是零点零几，常把整数位的零省去；例如：.01μF 表示 0.01μF）有些电容用 R 表示小数点。

例如：R47μF 表示 0.47μF

② **数字表示法**：只标数字不标单位的直接表示法，采用此法仅限使用 pF 和μF 两种单位时。

例如：　3　　　表示　3pF

　　　6800　　表示　6800 pF

　　　0.01　　表示　0.01μF

对电解电容，一般单位为μF。

例如：　1　　　表示　1μF

　　　47　　　表示　47μF

　　　220　　　表示　220μF

③ **数字字母法**：容量的整数部分写在容量单位标志字母的前面，容量的小数部分写在容量单位标志字母的后面。

例如：　1p5　　表示 1.5 pF

　　　6n8　　表示 6.8 nF（6800 pF）

　　　4u7　　表示 4.7μF

④ **数码法**：一般用三位数字表示电容的大小，其单位为 pF。其中第一、第二位为有效数字，第三位表示倍数，即表示有效值后"零"的个数。

例如：　103　　　表示 $10×10^{3}$ pF（0.01μF）

　　　224　　　表示 $22×10^{4}$ pF（0.22μF）

如第三位数字为 9，表示倍乘为 $10^{-1}$

例如：　109　　　表示 $10×10^{-1}$ pF（1pF）

⑤ **色标法**：一般使用 3 环标注，第 1、2 位色环表示电容量的有效数字，第 3 位色环表示倍乘数，其容量单位为 pF，见表 6-1-2。

表 6-1-2　电容色标法

| 颜色 | 黑 | 棕 | 红 | 橙 | 黄 | 绿 | 蓝 | 紫 | 灰 | 白 |
|---|---|---|---|---|---|---|---|---|---|---|
| 有效数字 | 0 | 1 | 2 | 3 | 4 | 5 | 6 | 7 | 8 | 9 |
| 倍乘数 | $10^{0}$ | $10^{1}$ | $10^{2}$ | $10^{3}$ | $10^{4}$ | $10^{5}$ | $10^{6}$ | $10^{7}$ | $10^{8}$ | $10^{9}$ |

例如：黄紫橙　表示 $47×10^3$ pF（47000 pF）

## 2．电容的检测（图6-1-11）

（1）根据电容器上标注的容量来选择合适的电阻挡位，小电容用大电阻挡；大电容用小电阻挡去测量。

（2）万用表接上电容器，观察指针的偏转情况，指针应先向右偏转然后向左回位，注意在测

图 6-1-11　电容的检测

量中应让指针不动后再读出电阻的数值，电阻值越大说明电容器性能越好。

（3）对于小于 5000pF 电容，在测量时看不到电容器的充电现象，如果在测量时指针向右偏转的话说明电容器短路损坏不能使用。

（4）对于略大于 5000pF 电容器，在测量时表头指针只会在原位抖动一下，现象也不是很明显，因此测量时要注意观察表头指针。

（5）在测量中指针偏向右面后最好能回到"∞"处，如果读出的电阻数值过小，说明该电容器严重漏电，不能使用。

（6）从外观上判断电解电容器的正负极性，对于新电容器两个引脚中长的一只为正极，另一只为负极。在电容器的标签上标有"–"为负极。

 **知识链接四　二极管**

### 1．二极管的基本知识

二极管又叫半导体二极管，是用半导体单晶材料（主要是锗和硅）制成的，是最基本的一种半导体器件，具有单向导电的特性。二极管按材料分有锗二极管、硅二极管、砷二极管；按结构不同可分为点接触型二极管和面接触型二极管；按用途分有整流二极管、检波二极管、变容二极管、发光二极管等。其外形和符号分别如图 6-1-12 和图 6-1-13 所示。

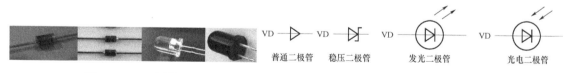

图 6-1-12　二极管　　　　　　　图 6-1-13　二极管的符号

二极管的主要参数如下：

① 最大整流电流。

② 最高反向工作电压（二极管正常工作时所能承受的最高反向电压值）。

③ 最大反向电流（在最高反向工作电压下允许流过的反向电流）。

④ 最高工作频率（二极管在正常工作时的最高频率）。

### 2．二极管的检测（图 6-1-14）

1）质量的测试

最简单的方法是用万用表测其正、反向电阻，中、大功率的二极管一般选用 R×1 或 R×10 挡，小功率二极管一般用 R×100 或 R×1k 挡。用万用表的黑表笔接二极管的正极，红表笔接二极管的负极，测得的是正向电阻，将红、黑笔对调，测得反向电阻。

> 1.正向电阻较小
> 反向电阻较大

> 2.红表笔接二极管的负极，黑表笔接二极管的正极，然后对调表笔

图 6-1-14　二极管的检测

如果测得的正向电阻为无穷大，即表针不动时，说明二极管内部断路。

如果反向电阻值近似 0Ω 时，说明管子内部击穿。如果二极管的正、反向电阻值相差太小，说明其性能变坏或失效。以上三种情况的二极管都不能使用。

2）极性的判别

用万用表的电阻挡，R×1k 或 R×100 挡测二极管的电阻值。如果阻值较小，表明为正向电阻值，此时黑表笔所接触的一端为二极管的正极，红表笔所接触的一端为负极；如所测的阻值很大，则表明为反向电阻值，此时红表笔所接触的一端为二极管的正极，另一端为负极。

 **知识链接五　三极管**

### 1．三极管的基本知识

三极管是由两个背靠背的 PN 结加上相应的电极引线封装组成的，它有集电极 c、基极 b 和发射极 e 三个电极。由于三极管具有电压、电流和功率的放大作用，因此它是各种电路中十分重要的器件之一。用它可以组成放大、振荡及各种功能的电子线路，它同时也是制作各种集成电路的基本单元。三极管种类繁多，按导电极性不同可分为 NPN 型和 PNP 型两大类，按结构分有点接触型、面接触型；按工作效率分有高频、低频三极管、开关管；按功率分有大功率、中功率、小功率三极管；从封装形式分有金属封装、塑料封装等。其外形和符号分别如图 6-1-15 和图 6-1-16 所示。

 **提　示**

　　NPN 型管工作时，集电极 c 和基极 b 加正向电压，电流由集电极 c 和基极 b 流向发射极 e。PNP 管工作时，集电极 c 和基极 b 加反向电压，电流由发射极 e 流向集电极 c 和基极 b。

图 6-1-15　三极管

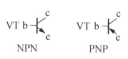

图 6-1-16　三极管符号

### 2．三极管的检测（图 6-1-17）

**1）基极的判别**

用欧姆挡拨至 R×1k 挡的位置，用黑表笔接三极管的某一个极，再用红表笔分别接触另外两个电极，直到出现测得的两个电阻值都很大（测量的过程中出现一个阻值大，另一个阻值小时，就需要将黑表笔换接一个电极再测），这时，黑表笔所接电极就为三极管的基极而且三极管是 PNP 型；当测得的两个阻值都很小时，黑表笔所接的为基极而且三极管是 NPN 型，如图 6-1-17（a）所示。

**2）集电极、发射极的判别**

如待测的三极管为 PNP 型锗管，先将万用表拨至 R×1k 挡，测除基极以外的另两个电极，得到一个阻值，再将红、黑表笔对调测一次，又得到一个阻值，在阻值较小的那一次中，红表笔接的那个电极就为集电极，黑表笔所接的就为发射极，如图 6-1-17（b）所示。对于 NPN 型锗管，红表笔接的那个为发射极，黑表笔所接的为集电极。

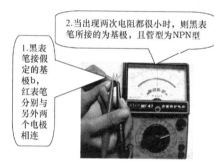

（a）三极管的基极检测　　　　　（b）三极管发射极和集电极检测

图 6-1-17　三极管的检测

 **知识链接六　晶闸管**

### 1．晶闸管的基本知识

晶闸管也称可控硅，它是由 PNPN 四层半导体构成的元件。晶闸管在电路中能够实现交流电的无触点控制，以小电流控制大电流，具有动作快、寿命长、可靠性好的工作特点。在调速、调光、调压以及其他各种控制电路中应用广泛。其外形和符号分别如图 6-1-18 和图 6-1-19 所示。

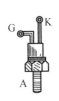    

图 6-1-18 晶闸管　　　　　　　　　　　　　　　图 6-1-19 晶闸管符号

### 2. 晶闸管的检测

1）质量的测试

通过测量 PN 结的正反向电阻的大小，可判别它的质量好坏。

① 控制极 G 与阴极 K 之间的电阻。G 极与 K 极之间是一个 PN 结，正常情况下，其正向电阻小，反向电阻大。为了防止损坏单向晶闸管，控制极反向电压一般不超过 10V。因此，用万用表的 R×10 挡或 R×100 挡来测量，其正向电阻为 $100\Omega \sim 2k\Omega$，反向电阻大于 $50k\Omega$。如果正反向电阻均为 0 或 ∞，则表明控制极与阴极间的 PN 结短路或开路。

② 控制极 G 与阳极 A 之间的电阻。G 极与 A 极之间有 2 个反向串联的 PN 结，因此正常情况下，G 极与 A 极之间的正向和反向电阻在几百千欧以上，否则说明其中有一个 PN 结击穿短路。

2）极性的判别

对于小功率管，若因标志不清等原因无法从外形上直接识别，则可以用万用表的 R×100 挡或 R×1k 挡来判别。任意测量单向晶闸管的两个电极之间的正反向电阻，若有一对电极的电阻为几百欧姆，则此时万用表黑表笔接的是控制极 G，红表笔接的是阴极 K，剩下的一个就是阳极 A。

 实 操 训 练

○ 列一列　元器件清单 ○

请根据学校实际情况，将安装直流稳压电源电路所需的元器件的型号、规格和数量填入表 6-1-3 中，并检查元器件的质量。

表 6-1-3　元器件清单

| 序号 | 名称 | 符号 | 规格型号 | 数量 | 备注 |
|---|---|---|---|---|---|
| 1 | 二极管 | | | | |
| 2 | 三极管 | | | | |
| 3 | 电源变压器 | | | | |
| 4 | 电解电容器 | | | | |
| 5 | 电位器 | | | | |
| 6 | 电阻 | | | | |
| 7 | 稳压管 | | | | |

○ 测一测　元器件检测 ○

（1）快速识读教师所给的电阻阻值，并用万用表测量验证。

（2）正确识读二极管并用万用表检测质量及极性。

（3）正确识读三极管并用万用表检测质量及极性。

（4）正确识读电容并用万用表检测质量及极性。

（5）正确识读电位器并用万用表检测质量。

◯　查一查　故障原因　◯

某同学在检测二极管时发现阻值始终为 0，请你帮他查出故障原因。

 **总结评价表**

| 评价内容 | 评价标准 | 配分 | 扣分 | 得分 |
|---|---|---|---|---|
| 元器件的识别 | 不能正确识别常用元器件，每个扣 5 分 | 30 分 | | |
| 元器件的检测 | 不能利用万用表正确检测元器件，每个扣 5 分 | 40 分 | | |
| 安全与文明规范 | 1．违反安全操作规则，每次扣 10 分<br>2．不遵守实习纪律，扣 10 分 | 30 分 | | |

 **实训思考**

（1）采用不同量程测量二极管的正向电阻时，为什么测得的结果不同？

（2）如何用万用表判别电容的好坏？

（3）你有哪些操作错误？从中你应该汲取哪些经验教训？

# 任务二　可调直流稳压电源的安装与调试

 **工作任务单**

| 序号 | 任务内容 |
|---|---|
| 1 | 学会元器件引脚的成形及插装 |
| 2 | 掌握常用焊接方法 |
| 3 | 会正确安装并调试可调直流稳压电源 |

 **知识链接一　焊接的基本知识**

焊接是通过加热或加压将两种金属连接起来的方法，其实质是两金属间原子的相互渗透、扩散。

### 1．焊料

焊接过程中，在两种金属母材之间熔入第三种金属，熔入的第三种金属称为钎料。焊料按其组成成分可以分为锡铅焊料、银焊料、铜焊料；锡铅焊料中，熔点在 450℃以上的称硬焊料，熔点在 450℃以下的称软焊料。

焊料必须具备的条件：

（1）熔点低，180℃左右（熔化方便）。

（2）具有一定的机械强度（保证焊点连接强度）。

（3）具有良好的导电性。

（4）抗腐蚀性能好。

（5）对元器件引线和其他导线的附着力强，不易脱落。

### 2. 助焊剂

助焊剂具有清洁母材、隔绝母材和空气、降低焊料表面张力、增强焊料流动性的作用，分为有机系列、无机系列、树脂活性系列，通常用得最多的是松香酒精助焊剂。

助焊剂的选用条件：

（1）助焊剂的熔点应低于焊料的熔点。

（2）助焊剂的表面张力、黏度和比重应小于焊料。

（3）使用后焊点上的残余助焊剂容易被清除。

（4）助焊剂不能腐蚀金属母材。

### 3. 焊接工具

电烙铁，可分为外热式和内热式两种（图6-2-1）。

（a）内热式电烙铁　　　　　　　（b）外热式电烙铁

图 6-2-1　电烙铁

### 4. 焊接

1）电烙铁的握法（图6-2-2）

（a）反握法　　　　　（b）正握法　　　　　（c）笔握法

图 6-2-2　电烙铁的握法

2）五步焊接法（图 6-2-3）

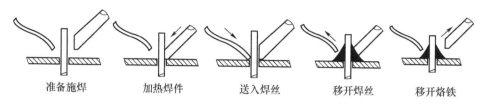

| 准备施焊 | 加热焊件 | 送入焊丝 | 移开焊丝 | 移开烙铁 |

图 6-2-3　五步焊接法

> **提示**
>
> 　　送入焊丝后焊接时间一般不超过 2～3s，良好的焊点应有足够的连接面积和稳定的结合层，不应出现缺焊、虚焊等；焊料用量恰到好处，外表有金属光泽，平滑，没有裂纹、针孔、夹渣、拉尖等现象。

3）烙铁放置方法（图 6-2-4）

### 5. 拆焊

在焊接、维修过程中可能会把焊接上去的元件取下来更换，这就需要掌握拆焊的方法和技巧。普通元器件的拆焊方法通常有以下几种。

图 6-2-4　烙铁放置

（1）医用空心针管：将医用针头挫平，在拆焊的时候医用的针管能恰好套住元件引脚。如图 6-2-5（a）所示，先用烙铁把焊点熔化，将针头插入印制电路板上的焊点内，使元件的引脚和印制电路板的焊盘脱离。

（2）气囊吸焊器：气囊吸焊器如图 6-2-5（b）所示，它可以把熔化的焊锡吸走，使用时只要把气囊嘴对准焊点即可。

（3）专业拆焊电烙铁：这种专用电烙铁用来拆卸集成电路、中频变压器等多引脚元件，不易损坏元件及电路板，如图 6-2-5（c）所示。

（4）铜编织线：把在熔化的松香中浸过的铜编织线放在要拆的焊点上，然后将烙铁头放在铜编织线的上方，待焊点上的焊锡熔化后即可把铜编织线提起，重复几次即可把焊锡吸完。如图 6-2-5（d）所示。

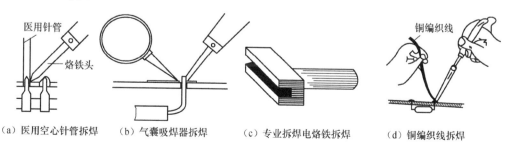

| （a）医用空心针管拆焊 | （b）气囊吸焊器拆焊 | （c）专业拆焊电烙铁拆焊 | （d）铜编织线拆焊 |

图 6-2-5　拆焊方法

**知识链接二　印制电路板元器件插装和引线成形基本要求**

### 1. 插装元件引线成形的基本要求（图 6-2-6）

① 引线不应在根部弯曲，至少要离根部 1.5mm 以上。

② 弯曲处的圆角半径 $R$ 要大于两倍的引线直径。

③ 弯曲后的两根引线要与元件本体垂直，且与元件中心位于同一平面内。

④ 元件的标志符号应方向一致，以便于观察。

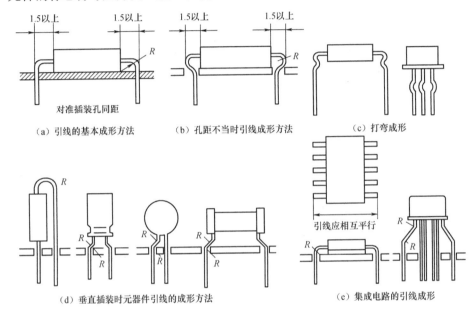

（a）引线的基本成形方法　　（b）孔距不当时引线成形方法　　（c）打弯成形

（d）垂直插装时元器件引线的成形方法　　（e）集成电路的引线成形

图 6-2-6　元器件成形

### 2. 印制电路板上元器件插装的基本要求（图 6-2-7）

① 元件的插装应使其标记和色码朝上，以易于辨认。

② 有极性的元件由其极性标记方向决定插装方向。

③ 插装顺序应该先轻后重、先里后外、先低后高。

④ 注意元器件间的间距。印制板上元件的距离不能小于 1mm，引线间的间隔要大于 2mm，当有可能接触到时，引线要套绝缘套管。

 **知识链接三　可调直流稳压电源基本知识**

○ **原理图** ○

由分立元件组成的可调直流稳压电源如图 6-2-8 所示，它包括变压器、滤波电路、稳压电路等基本环节。

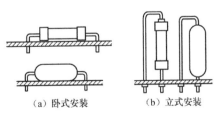

（a）卧式安装　　（b）立式安装

图 6-2-7　元器件安装方式

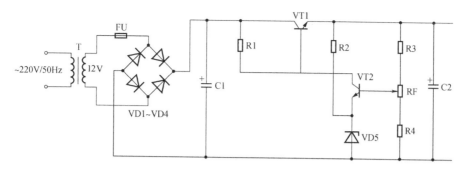

图 6-2-8 可调直流稳压电源原理图

○ *列一列* *元器件清单* ○

安装直流稳压电源电路所需的元器件及导线的型号、规格和数量如表 6-2-1 所示，清点并检查元器件的质量。

表 6-2-1 元器件清单

| 序号 | 名称 | 符号 | 规格型号 | 数量 | 备注 |
|---|---|---|---|---|---|
| 1 | 电源变压器 | T | 220V/12V | 1 | |
| 2 | 二极管 | VD1～VD4 | IN4001 | 4 | |
| 3 | 稳压二极管 | VD5 | 2V | 1 | |
| 4 | 三极管 | VT1 | SC2328A | 1 | |
| 5 | 三极管 | VT2 | 9013 | 1 | |
| 6 | 电解电容 | C1 | 1000μF/16V | 1 | |
| 7 | 电解电容 | C2 | 470μF/16V | 1 | |
| 8 | 电位器 | RF | 681 | 1 | |
| 9 | 电阻 | R1 | 2kΩ | 1 | |
| 10 | 电阻 | R2 | 1kΩ | 1 | |
| 11 | 电阻 | R3 | 300Ω | 1 | |
| 12 | 电阻 | R4 | 510Ω | 1 | |

○ *做一做* *线路安装* ○

（1）根据原理图，设计绘制多功能板安装接线图。

（2）按照工艺要求对元器件的引脚进行成形加工。

（3）按焊接工艺要求对元器件进行焊接，直到所有元器件焊完为止。

（4）按连线要求进行连线。

○ *测一测* *线路检测* ○

（1）电路接线检查。按电路图从电源端开始，逐断核对接线有无漏接、错接、冗接之处，检查焊接点是否符合要求。

（2）用万用表电阻挡检查电路接线情况。检查时，应选用倍率适当的电阻挡，并欧姆调零。注意考虑在线元器件的相互影响。

## ○ 试一试 通电调试 ○

### 1. 接通电源，用万用表进行调试

在输入端送入12V交流电，若电路工作正常，调节电位器，输出电压在8V～11V之间变化。若电路工作不正常，可能出现的故障有以下几种：

① 无直流输出电压。此时可首先测量滤波电容器C1两端电压值，如无两端电压，则故障原因可能是电源整流二极管损坏；如两端电压正常，则故障可能在稳压电路，可测量VT1、VT2的工作电压值，找出什么原因使调整管截止，引起无直流电压输出。在实际应用电路中，通常在稳压电源的输入端加有熔断器。整流、滤波输出电压为零，首先应检查电路是否安装了熔丝，熔丝是否烧断。

② 输出电压偏低，调不上去。故障原因可能是：负载重，电流过大；整流管、滤波电容性能变差，它们带负载能力差；稳压二极管、比较放大管、调整管性能不良。

③ 输出电压偏高，调不下来。如果滤波电容两端电压正常时，输出电压偏高是由于 $U_{CE}$ 压降减小引起，此时测比较放大管集电极电压是否偏高，然后检查比较放大管和稳压二极管是否有断路等现象。另外取样电路中元器件断开，也会造成这种故障。

### 2. 调试正常后的检测

① 测量C1两端的电压。用万用表测量C1两端的电压，并记录下来。
② 测量输出电压 $U_0$ 的调节范围。
调节RF为最大或最小，用万用表分别测出 $U_{0max}$ 和 $U_{0min}$ 的值，并记录下来。
③ 测量输出电压 $U_0=6V$。
调节RF阻值，使输出电压 $U_0=6V\pm0.4V$。

## ○ 查一查 故障原因 ○

某同学安装好直流稳压电源后，发现没有输出电压，请你分析可能的故障原因。

 **总结评价表**

| 评价内容 | 评价标准 | 配分 | 扣分 | 得分 |
|---|---|---|---|---|
| 元件检测 | 1. 电阻等检测错误，每只扣2分<br>2. 三极管检测错误，每只扣3分 | 20分 | | |
| 元件安装 | 1. 元件安装错误每只扣5分<br>2. 元件成形、排列不符合要求，每只扣2分 | 20分 | | |
| 元件焊接 | 1. 元件焊点不圆整、不光滑，每个扣2分<br>2. 虚焊、假焊、脱焊每个扣5分 | 20分 | | |
| 通电调试 | 1. 通电调试一次不成功扣20分，两次不成功扣30分<br>2. 调试过程中损坏元件，每只扣5分<br>3. 电压测量错误每个扣5分<br>4. 波形测量错误每个扣5分 | 30分 | | |
| 安全与文明规范 | 1. 违反安全操作规则，每次扣5分<br>2. 不遵守实习纪律，扣5分 | 10分 | | |

**实训思考**

若稳压管的极性接反了，能否起到稳压作用？输出电压为多少？观察输出波形。

# 任务三 晶闸管调光电路的安装与调试

**工作任务单**

| 序号 | 任务内容 |
|------|----------|
| 1 | 掌握单相桥式可控整流电路 |
| 2 | 会正确安装并调试晶闸管调光电路 |

**知识链接一 单相桥式可控整流电路**

单相桥式可控整流电路分为全控和半控两种，两种电路工作情况相似，不同的是桥式全控整流电路用 4 只晶闸管组成，桥式半控整流电路用 2 只晶闸管和 2 只二极管组成。常用的桥式半控整流电路如图 6-3-1 所示。

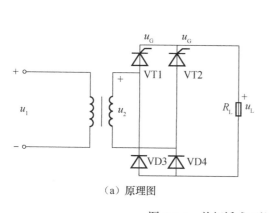

（a）原理图

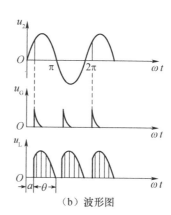

（b）波形图

图 6-3-1 单相桥式可控整流电路

单相桥式可控整流电路的工作原理为：

（1）当 $u_2$ 为正半周时，晶闸管 VT1 和二极管 VD4 承受正向电压。如晶闸管不加触发电压，晶闸管 VT1 不导通，负载电压 $u_L = 0$；只要给晶闸管 VT1 控制极加触发电压 $u_G$，晶闸管 VT1 导通，电流通过 VT1、$R_L$、VD4 形成回路，在负载上得到极性为上正下负的电压。

（2）当 $u_2$ 经过零值时，晶闸管 VT1 自行关断。

（3）当 $u_2$ 为负半周时，晶闸管 VT2 和二极管 VD3 承受正向电压。如晶闸管不加触发电压，晶闸管 VT2 不导通，负载电压 $u_L = 0$；只要给晶闸管 VT2 控制极加触发电压 $u_G$，晶闸管 VT2 导通，电流通过 VT2、$R_L$、VD3 形成回路，在负载上也得到极性为上正下负的电压。

**知识链接二 单结晶体管**

为实现可控整流的目的，需要在晶体管的控制极加入一个相位可调的触发信号，使之能对输出电压进行调节。提供触发信号的电路称为触发电路。常用的触发电路是单结晶体管触发电路。

单结晶体管是由一个 PN 结和三个电极构成的半导体器件，与普通三极管不同的是，它只有一个发射极 E 和两个基极 B1、B2，E 与 B1、B2之间只形成一个 PN 结，故称为单结晶体管，又称为双基极二极管。其符号如图 6-3-2 所示。

单结晶体管的引脚多数按 E、B1、B2 的顺序顺时针排列（电极引脚向上，从有凸耳的一端起）。在单结晶体管的三个电极中，用万用表检测单结晶体管的方法类同二极管的单向导电性检测方法。B1 与 E、B2 与 E间是一个 PN 结，B1、B2 之间呈纯阻性，B2 与 E 间的正向电阻比 B1 与 E 间的正向电阻要小些，阻值在几千欧至几十千欧之间。

图 6-3-2 单结晶体管

 **知识链接三 晶闸管调光电路基本知识**

○ **原理图** ○

晶闸管调光电路原理图如图 6-3-3 所示，调节电位器 RP 的阻值可改变灯泡的亮度。

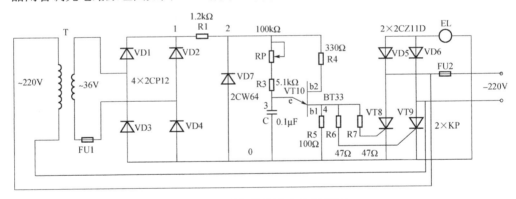

图 6-3-3 晶闸管调光电路原理图

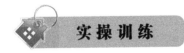 **实操训练**

○ **列一列 元器件清单** ○

安装直流稳压电源电路所需的元器件及导线的型号、规格和数量如表 6-3-1 所示，清点并检查元器件的质量。

 228

表 6-3-1　元器件清单

| 序号 | 名称 | 符号 | 规格型号 | 数量 | 备注 |
|------|------|------|----------|------|------|
| 1 | 电源变压器 | T | 220V/36V | 1 | |
| 2 | 二极管 | VD1～VD4 | 2CP12 | 4 | |
| 3 | 稳压二极管 | VD5、VD6 | 2CZ11D | 1 | |
| 4 | 稳压管 | VD7 | 2CW64、18-21V | 1 | |
| 5 | 晶闸管 | VT8、VT9 | KP1-4 系列 | 1 | |
| 6 | 单结晶体管 | VT10 | BT33 | 1 | |
| 7 | 电容器 | C | 0.1 F/160V | 1 | |
| 8 | 电位器 | RP | 100kΩ 1W | 1 | |
| 9 | 电阻 | R1 | 1.2kΩ 1W | 1 | |
| 10 | 电阻 | R3、R4、R5 | 5.1kΩ 330Ω 100Ω 1/4W | 1 | |
| 11 | 电阻 | R6、R7 | 47Ω　1/4W | 1 | |
| 12 | 熔断器 | FU1、FU2 | B×0.2A、B×0.5A | 各 1 个 | |
| 13 | 灯泡 | EL | 220V/60W | 1 | |

### ◎ 做一做　线路安装 ◎

（1）根据原理图，设计绘制多功能板安装接线图。

（2）按照工艺要求对元器件的引脚进行成形加工。

（3）按焊接工艺要求对元器件进行焊接，直到所有元器件焊完为止。

（4）按连线要求进行连线。

### ◎ 测一测　线路检测 ◎

（1）电路接线检查。按电路图从电源端开始，逐段核对接线有无漏接、错接、冗接之处，检查焊接点是否符合要求。

（2）用万用表电阻挡检查电路接线情况。检查时，应选用倍率适当的电阻挡，并欧姆调零。应考虑在线元器件的相互影响。

### ◎ 试一试　通电调试 ◎

为了保证人身安全，在通电时，要认真执行安全操作规程的有关规定，经教师检查并现场监护。

### ◎ 查一查　故障原因 ◎

某同学安装好晶闸管调光电路后，发现灯泡的亮度不能调节，请你分析可能的故障原因。

## 总结评价表

| 评价内容 | 评价标准 | 配分 | 扣分 | 得分 |
|----------|----------|------|------|------|
| 元件检测 | 1. 电阻等检测错误，每只扣 2 分<br>2. 晶闸管、单结晶体管检测错误，每只扣 3 分 | 20 分 | | |
| 元件安装 | 1. 元器件安装错误每只扣 5 分<br>2. 元器件成形、排列不符合要求每只扣 2 分 | 20 分 | | |

| 评价内容 | 评价标准 | 配分 | 扣分 | 得分 |
|---|---|---|---|---|
| 元件焊接 | 1. 元器件焊点不圆整、不光滑每个扣 2 分<br>2. 虚焊、假焊、脱焊每个扣 5 分 | 20 分 | | |
| 通电调试 | 1. 通电调试一次不成功扣 20 分，两次不成功扣 30 分<br>2. 调试过程中损坏元器件，每只扣 5 分<br>3. 电压测量错误每个扣 5 分<br>4. 波形测量错误每个扣 5 分 | 30 分 | | |
| 安全与文明规范 | 1. 违反安全操作规则，每次扣 5 分<br>2. 不遵守实习纪律，扣 5 分 | 10 分 | | |

 实 训 思 考

（1）如何检测晶闸管的质量？

（2）试述晶闸管调光电路的工作原理。

# 任务四　电调谐微型 FM 收音机的安装与调试

 工 作 任 务 单

| 序号 | 任务内容 |
|---|---|
| 1 | 能正确识别不同类型的表面贴装元器件 |
| 2 | 掌握手工焊接 SMT 表面贴装元器件方法 |
| 3 | 会正确安装并调试用 SMT 元件组装的 FM 收音机 |
| 4 | 掌握常用电子仪器的使用方法 |

 知识链接一　SMT 简介

SMT 是表面组装技术（表面贴装技术）（Surface Mounted Technology 的缩写），于 20 世纪 70 年代问世，80 年代成熟起来并被广泛采用，是目前电子组装行业里最流行的一种技术和工艺，从元器件到安装方式，从 PCB 设计到连接方法都以全新面貌出现，它使得电子产品的体积缩小，重量变轻，功能增强，提高了可靠性，推动了信息产业的飞速发展。目前，在很多领域 SMT 已经取代了传统的通孔安装技术 THT（Through Hole Mounting Technology 的缩写），且这种发展趋势仍在进行，预计未来 90%以上的产品将会使用 SMT。

## 1. THT 与 SMT 的区别

THT 与 SMT 的区别如表 6-4-1 所示，THT 与 SMT 的安装尺寸如图 6-4-1 所示。

表 6-4-1　THT 与 SMT 的区别

| | 年代 | 技术缩写 | 代表元器件 | 安装基板 | 安装方法 | 焊接技术 |
|---|---|---|---|---|---|---|
| 通孔安装 | 20 世纪 60～70 年代 | THT | 晶体管，轴向引线元件 | 单、双面 PCB | 手工/半自动插装 | 手工焊，浸焊 |

续表

|  | 年代 | 技术缩写 | 代表元器件 | 安装基板 | 安装方法 | 焊接技术 |
|---|---|---|---|---|---|---|
| 通孔安装 | 70~80年代 |  | 单、双列直插IC，轴向引线元器件编带 | 单面及多层PCB | 自动插装 | 波峰焊，浸焊，手工焊 |
| 表面安装 | 20世纪80年代开始 | SMT | SMC、SMD片式封装VSI、VLSI | 高质量SMB | 自动贴片机 | 波峰焊，再流焊 |

### 2．SMT主要特点

（**1**）**高密集**。SMC、SMD的体积只有传统元器件的 1/3～1/10 左右，可以装在PCB的两面，有效利用了印制电路板的面积，减轻了印制电路板的重量。一般采用了SMT后可使电子产品的体积缩小 40%~60%，重量减轻 60%～80%。

图 6-4-1　THT与SMT的安装尺寸比较

（**2**）**高可靠**。SMC和SMD无引线或引线很短，重量轻，因而抗振能力强，焊点失效率可比THT至少降低一个数量级，大大提高产品可靠性。

（**3**）**高性能**。SMT密集安装减小了电磁干扰和射频干扰，尤其高频电路中减小了分布参数的影响，提高了信号传输速度，改善了高频特性，使整个产品性能提高。

（**4**）**高效率**。SMT更适合自动化大规模生产。采用计算机集成制造系统（CIMS）可使整个生产过程高度自动化，将生产效率提高到新的水平。

（**5**）**低成本**。SMT使PCB面积减小，成本降低；无引线和短引线使SMD、SMC成本降低，安装中省去引线成形、打弯、剪线的工序；频率特性提高，减少调试费用；焊点可靠性提高，减小调试和维修成本。一般情况下采用SMT后可使产品总成本下降30%以上。

 **知识链接二　表面贴装元器件 SMD**

SMD（Surface Mounted Devices 的缩写），称为贴片元器件，又称表面贴装元器件，是一种无引线或引线很短的片式微（小）型电子元器件。目前，贴片元器件已在计算机、移动通信设备、医疗电子产品等高科技产品和数码相机等家用电器中广泛应用。

### 1．片状阻容元件

片状电阻/电容的类型、尺寸、温度特性、电阻/电容值、允差等，目前还没有统一标准，各生产厂商表示的方法也不同。目前我国市场上片状电阻/电容以公制代码表示外形尺寸。

#### 1）片状电阻

片状电阻器是金属玻璃釉电阻器中的一种，是把金属粉和玻璃釉粉两者混合，采用丝网印刷法印在基板上制成的电阻器。片状电阻的实物如图6-4-2所示。

片状电阻的标称阻值一般直接标注在电阻上，标注

图 6-4-2　片状电阻

231

方法有数码法和色标法。数码法标志分为 3 位和 4 位两种。一般当片状电阻器的阻值精度为 ±5%时，采用三位数码法表示，当片状电阻器的阻值精度为±1%时，采用四位数码法表示。跨接电阻（相当于导线）记为 000，阻值在 10Ω 以上的片状电阻，最后一个数值表示增加的零的个数，电阻值采用数码法直接标在元件上。对于阻值小于 10Ω 的片状电阻，在两个数字之间补加"R"，例如 5R6 表示 5.6Ω，0R 为跨接片，电流容量不超过 2A。

> 贴片电阻外观单一且无极性，一般表面为黑色，底面及两边为白色，外表面有丝印标识电阻值，体积小。贴片电阻的封装以该元件的长宽尺寸命名，如 0603、0805、1206 等。

表 6-4-2 是常用片状电阻的主要参数。表中的*为英制代号，片状电阻厚度一般为 0.4～0.6mm。

表 6-4-2　常用片状电阻主要参数

| 参数＼代码 | 1608 *0603 | 2012 *0805 | 3216 *1206 | 3225 *1210 | 5025 *2010 | 6432 *2512 |
|---|---|---|---|---|---|---|
| 外型 长×宽(mm) | 1.6×0.8 | 2.0×1.25 | 3.2×1.6 | 3.2×2.5 | 5.0×2.5 | 6.4×3.2 |
| 功率(W) | 1/10 | 1/8 | 1/4 | 1/3 | 3/4 | 1 |
| 电压(V) | 50 | 150 | 200 | 200 | 200 | 200 |

### 2）片状电容

片状电容外形代码与片状电阻含义相同，主要有：1005/*0402，1608 / *0603，2012 / *0805，3216 / *1206，3225 / *1210，4532 / *1812，5664 / *2225 等。片状电容元件厚度为 0.9～4.0mm。

片状电容可分为无极性电容和有极性电容。常见片状电容的外形如图 6-4-3 所示。

### 2. 表面贴装器件

表面贴装器件包括表面贴装分立器件（二极管、三极管、场效应管等）和集成电路两大类。

图 6-4-3　常见片状电容

### 1）表面贴装分立器件

常见的贴片二极管如图 6-4-4 所示，一般有两个极，标有色带或色点的一端为负极，另一端为正极，也有些贴片二极管有三个极，其中一个极为空极。

常见的贴片三极管也有 NPN 型和 PNP 型之分，有普通管、超高频管、高反压管、达林顿管等，如图 6-4-5 所示。对于单列贴片三极管，如图（a）所示，标有型号面朝上，从左到右依次为基极 b、集电极 c、发射极 e。对于双列贴片三极管，如图（b）所示，正面朝上，单极为集电极 c，双极左边为基极 b，右边为发射极 e。

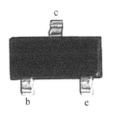

（a）单列贴片三极管　　　　（b）双列贴片三极管

图 6-4-4　常见的贴片二极管　　　　　图 6-4-5　贴片三极管

## 2）表面贴装集成电路

表面贴装集成电路主要分为两种封装：SOP 封装和 QFP 四列扁平封装（Quad Flat Package），均属于有引线封装，如图 6-4-6 所示。

（a）SOP封装　　　　　　　　（b）QFP封装

图 6-4-6　表面贴装集成电路常用封装

SMD 集成电路中一种称为 BGA 的封装应用日益广泛，主要用于引线多、要求微型化的电路。

 **知识链接三　贴片印制板 SMB**

### 1．SMB 的特殊要求

（1）外观要求光滑平整，不能有翘曲或高低不平。

（2）热胀系数小，导热系数高，耐热性好。

（3）铜箔粘合牢固，抗弯强度大。

（4）基板介电常数小，绝缘电阻高。

### 2．焊盘设计

片状元器件焊盘形状对焊点强度和可靠性影响重大，以片状阻容元件为例，焊盘设计如图 6-4-7 所示。

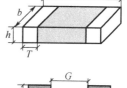

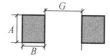

$A=b$ 或 $b$-0.3

$B=h+T$+0.3（电阻）

$B=h+T$-0.3（电容）

$G=L-2T$

图 6-4-7　片状电容的焊盘设计

大部分 SMC 和 SMD 在 CAD 软件中都有对应焊盘图形，只要正确选择，可满足一般设计要求。

**知识链接四　SMT 手工焊接**

SMT 元件很小，工业上常用波峰焊、回流焊等焊接方法，但手工焊接仍在许多场合应用广泛，例如电路板的调试、维修等，焊接质量的好坏也直接影响到维修效果，因此在电路板生产制造过程中的地位是非常重要的。

### 1．SMT 手工焊接操作步骤

SMT 手工焊接常用工具有电烙铁、尖头不锈钢镊子、细焊锡丝、助焊剂、海绵等。电烙铁一般选用 25W 或 35W 内热式电烙铁，有条件的情况下，可选用热风焊枪来代替电烙铁。

SMT 手工焊接具体操作步骤如下：

**1）清洁焊盘**

在焊接前应对要焊的 PCB 进行检查，确保其干净。对其上面的油性印记以及氧化物等要进行清除，从而不影响上锡。

**2）焊盘上锡**

先在板上贴片元器件对应的一个焊盘进行上锡操作，一般用直径为 0.5mm 的焊锡丝进行镀锡。焊锡用量要合适，过多或过少都会影响焊点的质量。

**3）固定贴片元件的一个引脚**

对于管脚数目少（一般为 2～5 个）的贴片元件，一般用左手拿镊子夹持元件放到安装位置并轻抵住电路板，右手拿烙铁靠近已镀锡焊盘，熔化焊锡将该引脚焊好。焊好一个焊盘后元件已不会移动，此时镊子可以松开。对于管脚多而且多面分布的贴片芯片，一般可以采用对脚（对角线的两个引脚）固定的方法，即焊接固定一个管脚后又对该管脚对角的管脚进行焊接固定，从而达到整个芯片被固定好的目的。

**4）焊接剩下的管脚**

元件固定好之后对剩下的管脚进行焊接。对于管脚少的元件，可左手拿焊锡，右手拿烙铁，依次点焊即可。对于管脚多而且密集的芯片，除了点焊之外还可以采取拖焊，即在一侧的管脚上足锡，然后利用烙铁将焊锡熔化，往该侧剩余的管脚上抹去，熔化的焊锡可以流动，因此有时也可以将板子合适地倾斜，从而将多余的焊锡弄掉。操作步骤如图 6-4-8 所示。

（a）清洁焊盘　　　　（b）焊盘上锡　　　　（c）固定元件　　　（d）焊接剩下的引脚

图 6-4-8　SMT 的焊接

焊接完所有引脚后，用助焊剂浸润所有引脚以便清洗焊锡。最后检查是否有漏焊、虚焊、搭锡等现象，并对应地进行补焊处理。

### 2．SMT 典型焊点

SMT 合格焊点外观要求：

（1）焊点成半弓形凹面。

（2）焊料与焊件交界处平滑，接触角尽可能小，无裂纹、针孔、夹渣。

（3）表面有光泽、圆润且平滑，焊接牢固。

典型的焊点如图 6-4-9 所示。

### 3. SMT 常见焊接缺陷

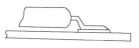

（a）矩形贴片典型焊点　　　　（b）IC 贴片典型焊点

图 6-4-9　SMT 典型焊点

由于 SMT 元器件尺寸小，安装精确度和密度高，焊接质量要求更高，在实际焊接过程中常出现以下几种焊接缺陷，如图 6-4-10 所示。

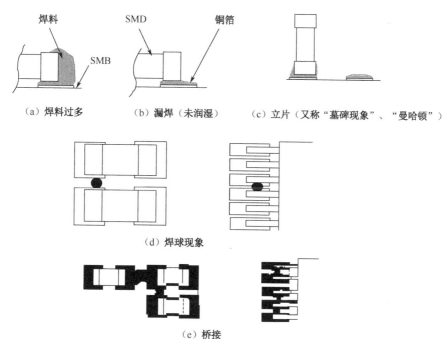

（a）焊料过多　　（b）漏焊（未润湿）　　（c）立片（又称"墓碑现象"、"曼哈顿"）

（d）焊球现象

（e）桥接

图 6-4-10　常见 SMT 焊点缺陷

### 4. SMT 拆焊

**（1）管脚少的贴片元件拆焊**

用电烙铁对每个焊盘加热，同时用镊子夹住贴片元件向上轻提，或者用细针或刀片将元件管脚快速挑起，从而使管脚与焊盘脱落。

**（2）IC 贴片的拆焊**

一般 IC 贴片引脚与电路板之间都会有缝隙，先用一段细钢丝从这个缝隙中穿过 IC，然后把铜丝的一端固定，另一端用手拽住，一边用电烙铁在 IC 一侧的引脚上来回烫锡，一边提起钢丝，这样一侧引脚就与电路板脱离，再用同样的方法拆下另一侧的引脚即可。对于高引脚密度的 IC 贴片元件的拆卸，主要使用热风枪来实现拆焊，一只手用适当工具（如镊子）夹住元件，另一只手用热风枪来回对所有的引脚吹风，等焊锡都熔化时将元件提起。如果拆下的元件还要，那么吹的时候就尽量不要对着元件的中心，时间也要尽量短。

**知识链接五　电调谐微型 FM 收音机的基本知识**

电调谐微型 FM 收音机的电路原理图如图 6-4-11 所示，该电路的核心是单片收音机集成电路 SC1088。它是一块适用于单声道便携式或手掌式超小型调频收音机的专用电路芯片，采用先进的双极型工艺制造，运用特殊的低中频（70kHz）技术，外围电路省去了中频变压器和陶瓷滤波器，电路具有简单可靠、调试方便等特点。SC1088 采用 SOT16 脚封装，各引脚功能见表 6-4-3。

○ *原理图* ○

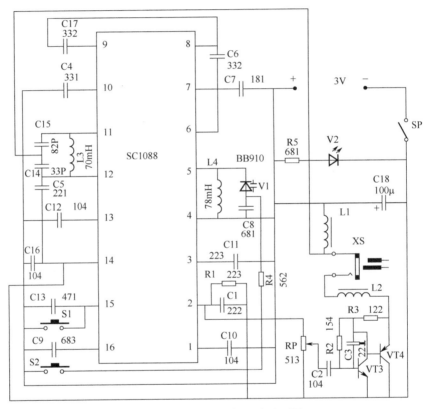

图 6-4-11　FM 收音机电路原理图

**表 6-4-3　FM 收音机集成电路 SC1088 引脚功能**

| 引脚 | 功能 | 引脚 | 功能 |
|---|---|---|---|
| 1 | 静噪输出 | 9 | IF 输入 |
| 2 | 音频输出 | 10 | IF 限幅放大器的低通电容器 |
| 3 | AF 环路滤波 | 11 | 射频信号输入 |
| 4 | $V_{cc}$ | 12 | 射频信号输入 |
| 5 | 本振调谐回路 | 13 | 限幅器失调电压电容 |
| 6 | IF 反馈 | 14 | 接地 |
| 7 | 1dB 放大器的低通电容器 | 15 | 全通滤波电容搜索调谐输入 |
| 8 | IF 输出 | 16 | 电调谐 AFC 输出 |

本电路主要包括四个部分：FM 信号输入、本振调谐电路、中频放大、限幅与鉴频、耳机放大电路，各部分电路的工作过程如下。

### 1．FM 信号输入

如图 6-4-11 所示，调频信号由耳机线馈入，经 C14、C13、C15 和 L1 的输入电路进入 IC 的 11、12 脚混频电路。此处的 FM 信号为没有调谐的调频信号，即所有调频电台信号均可进入。

### 2．本振调谐电路

本振电路中关键元器件是变容二极管，它是利用 PN 结的结电容与偏压有关的特性制成的"可变电容"。

如图 6-4-12（a）所示，变容二极管加反向电压 $U_d$，其结电容 $C_d$ 与 $U_d$ 的特性如图 6-4-12（b）所示，是非线性关系。这种电压控制的可变电容广泛用于电调谐、扫频等电路。

本电路中，控制变容二极管 V1 的电压由 IC 第 16 脚给出。当按下扫描开关 S1 时，IC 内部的 RS 触发器打开恒流源，由 16 脚向电容 C9 充电，C9 两端电压不断上升，V1 电容量不断变化，由

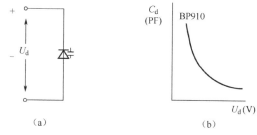

图 6-4-12　变容二极管

V1、C8、L4 构成的本振电路的频率不断变化而进行调谐。当收到电台信号后，信号检测电路使 IC 内的 RS 触发器翻转，恒流源停止对 C9 充电，同时在 AFC（Automatic Frequency Control）电路作用下，锁住所接收的广播节目频率，从而可以稳定接收电台广播，直到再次按下 S1 开始新的搜索。当按下 Reset 开关 S2 时，电容 C9 放电，本振频率回到最低端。

### 3．中频放大、限幅与鉴频

电路的中频放大、限幅及鉴频电路的有源器件及电阻均在 IC 内。FM 广播信号和本振电路信号在 IC 内混频器中混频产生 70kHz 的中频信号，经内部 1dB 放大器、中频限幅器送到鉴频器检出音频信号，经内部环路滤波后由 2 脚输出音频信号。电路中 1 脚的 C10 为静噪电容，3 脚的 C11 为 AF（音频）环路滤波电容，6 脚的 C6 为中频反馈电容，7 脚的 C7 为低通电容，8 脚与 9 脚之间的电容 C17 为中频耦合电容，10 脚的 C4 为限幅器的低通电容，13 脚的 C12 为中限幅器失调电压电容，C13 为滤波电容。

### 4．耳机放大电路

由于用耳机收听，所需功率很小，本机采用了简单的晶体管放大电路，2 脚输出的音频信号经电位器 RP 调节电量后，由 V3、V4 组成复合管甲类放大。R1 和 C1 组成音频输出负载，线圈 L1 和 L2 为射频与音频隔离线圈。这种电路耗电大小与有无广播信号以及音量大小关系不大，不收听时要关断电源。

**实 操 训 练**

◎ *列一列  元器件清单与 PCB* ◎

### 1. 元器件清单

安装 FM 收音机所需的元器件及导线的型号、规格和数量如表 6-4-4 所示，清点并检查元器件。

表 6-4-4  FM 收音机元器件清单

| 类别 | 代号 | 规格 | 型号/封装 | 数量 | 备注 | 类别 | 代号 | 规格 | 型号/封装 | 数量 | 备注 |
|---|---|---|---|---|---|---|---|---|---|---|---|
| 电阻 | R1 | 222 | 2012（2125）RJ 1/8 W | 1 | | 电感 | L1 | | | 1 | 磁环 |
| | R2 | 154 | | 1 | | | L2 | | | 1 | 红色 |
| | R3 | 122 | | 1 | | | L3 | 70nH | | 1 | 8 匝 |
| | R4 | 562 | | 1 | | | L4 | 78nH | | 1 | 5 匝 |
| | R5 | 681 | | 1 | | 晶体管 | V1 | | BB910 | 1 | |
| 电容 | C1 | 222 | 2012（2125） | 1 | | | V2 | | LED | 1 | |
| | C2 | 104 | | 1 | | | V3 | 9014 | SOT-23 | 1 | |
| | C3 | 221 | | 1 | | | V4 | 9012 | SOT-23 | 1 | |
| | C4 | 331 | | 1 | | IC | A | | SC1088 | 1 | |
| | C5 | 221 | | 1 | | 塑料件 | | | 前盖 | 1 | |
| | C6 | 332 | | 1 | | | | | 后盖 | 1 | |
| | C7 | 181 | | 1 | | | | | 电位器钮（内、外） | 各 1 | |
| | C8 | 681 | | 1 | | | | | 开关钮（有缺口） | 1 | Scan 键 |
| | C9 | 683 | | 1 | | | | | 开关钮（无缺口） | 1 | Reset 键 |
| | C10 | 104 | | 1 | | | | | 卡子 | 1 | |
| | C11 | 223 | | 1 | | 金属件 | | | 电池片（正，负，连接片） | 各 1 片 | |
| | C12 | 104 | | 1 | | | | | 自攻螺钉 | 3 | |
| | C13 | 471 | | 1 | | | | | 电位器螺钉 | 1 | |
| | C14 | 330 | | 1 | | 其他 | | | 印制板 | 1 | |
| | C15 | 820 | | 1 | | | | | 耳机 32Ω×2 | 1 | |
| | C16 | 104 | | 1 | | | | | RP（带开关电位器 51kΩ） | 1 | |
| | C17 | 332 | | 1 | | | | | S1、S2（轻触开关） | 各 1 | |
| | C18 | 100 μ | CD | 1 | | | | | XS （耳机插座） | 1 | |
| | C19 | 104 | CT | 1 | 223-104 | | | | | | |

### 2. PCB

电路的 PCB 图如图 6-4-13 所示，依据 PCB 图对相应的图形、焊点、表面涂覆等相关项目进行检查。

◎ *做一做  电路安装* ◎

### 1. 焊接贴片元件

根据工序流程，先焊接电路中的贴片元件，焊接的顺序可参考：C1/R1，C2/R2，C3/V3，C4/V4，C5/R3，C6/SC1088，C7，C8/R4，C9，C10，C11，C12，C13，C14，C15，C16。

## 2. 安装 THT 元器件

按照工艺要求对电路中 THT 元器件的引脚进行成形加工，然后进行焊接，直到所有元器件焊完为止。安装相关要求如下：

（1）安装并焊接电位器 RP，注意电位器与印制板平齐。

（2）耳机插座 XS。

（3）轻触开关 S1、S2 跨接线 J1、J2（可用剪下的元件引线）。

（4）变容二极管 V1（注意，极性方向标记），R5，C17，C19。

（5）电感线圈 L1～L4（磁环 L1，红色 L2，8 匝线圈 L3，5 匝线圈 L4）。

（6）电解电容 C18（100μF）贴板装。

（7）发光二极管 V2，注意安装高度和极性。

（8）焊接电源连接线 J3、J4，注意正负连线颜色。

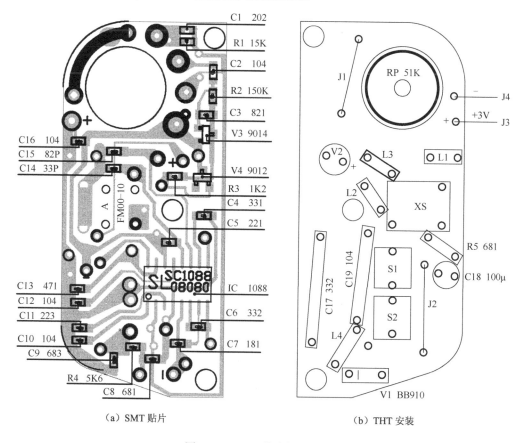

（a）SMT 贴片　　　　　　（b）THT 安装

图 6-4-13　FM 收音机 PCB 图

○ *测一测　电路检测* ○

## 1. 所有元器件检查

所有元器件焊接完成后须目视检查，应重点检查型号、规格、数量及安装位置，以及方向是否与图纸符合。另外须检查电路板上的焊点有无虚焊、漏焊、桥接、飞溅等缺陷。

### 2．电路接线情况检测

用万用表电阻挡检查电路接线情况。检测时，应选用倍率适当的电阻挡，并欧姆调零，检测时应考虑在线元器件的相互影响。

### 3．装入电池

检查无误后将电源线焊到电池片上，在电位器开关断开的状态下装入电池，插入耳机。

○ **试一试  通电调试** ○

### 1．测量总电流

用万用表 200mA（数字表）或 50mA 挡（指针表）跨接在开关两端测电流，用指针表时注意表笔极性。正常电流应为 7～30mA（与电源电压有关）并且 LED 正常点亮。表 6-4-5 是样机测试结果，可供参考。

表 6-4-5　FM 收音机样机电流测试

| 工作电压(V) | 1.8 | 2 | 2.5 | 3 | 3.2 |
|---|---|---|---|---|---|
| 工作电流(mA) | 8 | 11 | 17 | 24 | 28 |

### 2．搜索电台广播

（1）如果电流在正常范围，可按 S1 搜索电台广播。只要元器件质量完好，安装正确，焊接可靠，不用调任何部分即可收到电台广播。

（2）如果收不到广播应仔细检查电路，特别要检查有无错装、虚焊、漏焊等缺陷。

### 3．调接收频段（俗称调覆盖）

我国调频广播的频率范围为 87～108MHz，调试时可找一个当地频率最低的 FM 电台（例如在北京，北京文艺台为 87.6MHz），适当改变 L4 的匝间距，使按过 Reset 键后第一次按 Scan 键可收到这个电台。由于 SC1088 集成度高，如果元器件一致性较好，一般收到低端电台后均可覆盖 FM 频段，故可不调高端而仅做检查（可用一个成品 FM 收音机对照检查）。

### 4．调灵敏度

本机灵敏度由电路及元器件决定，一般不用调整，调好覆盖后即可正常收听。无线电爱好者可在收听频段中间电台（例为 97.4MHz 音乐台）时适当调整 L4 匝距，使灵敏度最高（耳机监听音量最大）。不过实际效果不明显。

### 5．总装调试

**1）蜡封线圈**

调试完成后将适量泡沫塑料填入线圈 L4（注意不要改变线圈形状及匝距），滴入适量蜡使线圈固定。

**2）固定 SMB/装外壳**

① 将外壳面板平放到桌面上（注意不要划伤面板）。

② 将 2 个按键帽放入孔内（注意：Scan 键帽上有缺口，放键帽时要对准机壳上的凸起，Reset 键帽上无缺口）。

③ 将 SMB 对准位置放入壳内（注意对准 LED 位置，若有偏差可轻轻掰动，偏差过大必须重焊，另外注意电源线，应不妨碍机壳装配）。

④ 装上中间螺钉，注意螺钉旋入手法。

⑤ 装电位器旋钮，注意旋钮上凹点位置。

⑥ 装后盖，上两边的两个螺钉。

⑦ 装卡子。

**3）总装检查与调试**

总装完毕，装入电池，插入耳机进行总体检查。总装检查与调试的具体要求：电源开关手感良好、音量正常可调、收听正常、表面无损伤。

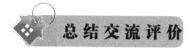

　○　查一查　故障原因　○

某同学安装好 FM 收音机后，发现收音机不能调节音量，请你分析可能的故障原因。

 **总结交流评价**

表 6-4-6　评价表

| 评价内容 | 评价标准 | 配分 | 扣分 | 得分 |
|---|---|---|---|---|
| 元件检测 | 1. 电阻等检测错误，每只扣 2 分<br>2. 三极管检测错误，每只扣 3 分 | 20 分 | | |
| 元件安装 | 1. 元件安装错误每只扣 5 分<br>2. 元件成形、排列不符合要求每只扣 2 分 | 20 分 | | |
| 元件焊接 | 1. 元件焊点不圆整、不光滑每个扣 2 分<br>2. 虚焊、假焊、脱焊每个扣 5 分 | 20 分 | | |
| 通电调试 | 1. 通电调试一次不成功扣 20 分，两次不成功扣 30 分<br>2. 调试过程中损坏元件，每只扣 5 分<br>3. 电压测量错误每个扣 5 分<br>4. 波形测量错误每个扣 5 分 | 30 分 | | |
| 安全与文明规范 | 1. 违反安全操作规则，每次扣 5 分<br>2. 不遵守实习纪律，扣 5 分 | 10 分 | | |

**实训思考**

如果误将线圈 L3 安装在线圈 L4 的位置，将线圈 L4 安装在线圈 L3 的位置，会出现什么现象？

# 项目七　PLC技术及应用

**知识目标**

（1）了解 PLC 的分类。

（2）掌握 PLC 基本指令、I/O 分配及外部接线方法。

（3）了解 FX 系列 PLC 的结构及应用领域。

（4）掌握 GX-Developer 软件的使用。

**技能目标**

（1）能识别 PLC 的类型。

（2）掌握 PLC 输入、输出端子的外部接线操作及注意事项。

（3）能使用 GX-Developer 完成程序的编写、下载、运行、监测等操作。

## 任务一　认识 PLC

**工作任务单**

| 序号 | 任务内容 |
| --- | --- |
| 1 | 了解 PLC 的分类 |
| 2 | 掌握 FX 系列 PLC 外部接线的方法 |

**知识链接一　PLC 的性能指标及分类**

### 1. 性能指标

1）硬件指标

主要包括环境温度、环境湿度、抗振、抗冲击力、抗噪声干扰、耐压、接地要求和使用环境等。

2）软件指标

编程语言、用户存储器容量和类型、I/O 总数、指令数、软件的种类和点数、扫描速度、其他指标等。

### 2. PLC 的分类

1）按结构形式分

① 整体式 PLC。将电源、CPU、I/O 接口等部件都集中装在一个机箱内，具有结构紧凑、体积小、价格低等特点，如图 7-1-1 所示。

② 模块式 PLC。将 PLC 各组成部分分别做成若干个单独的模块，如 CPU 模块、I/O 模块、电源模块（有的含在 CPU 模块中）以及各种功能模块，如图 7-1-2 所示。

③ 紧凑式 PLC。还有一些 PLC 将整体式和模块式的特点结合起来。

图 7-1-1　整体式 PLC

图 7-1-2　模块式 PLC

2）按 I/O 点数分

① 小型 PLC。I/O 点数在 256 点以下的为小型 PLC（其中 I/O 点数小于 64 点的为超小型或微型 PLC）。

② 中型 PLC。I/O 点数在 256 点以上、2048 点以下的为中型 PLC。

③ 大型 PLC。I/O 点数在 2048 以上的为大型 PLC（其中 I/O 点数超过 8192 点的为超大型 PLC）。

 **知识链接二　认识三菱 FX 系列 PLC**

### 1. 三菱 FX 系列 PLC（图 7-1-3）的型号意义

（1）系列序号 0、0S、0N、2、2C、1S、2N、2NC、3U。

（2）I/O 总点数输入/输出合计点数，10～256 点。

（3）单元类型：

① M：基本单元。

② E：输入/输出混合扩展单元及扩展模块。

③ EX：输入专用扩展模块。

④ EY：输出专用扩展模块。

（4）输出形式：

① R：继电器输出（有触点，交直流负载两用）。

② T：晶体管输出（无触点，直流负载用）。

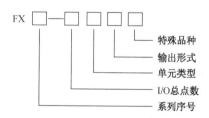

③ S：晶闸管输出（无触点，交流负载用）。

（5）特殊品种区别：

① 无符号：交流 100/220V 电源，直流 24V 输入（内部供电）。

② D：直流电源，直流输入。

③ UA1：交流电源，交流输入。

例如：

型号"FX$_{2N}$-64MR"表示该 PLC 为 FX$_{2N}$ 系列、AC 电源、DC 输入的基本单元、I/O 总点数为 64 点、继电器输出方式。

型号"FX$_{2N}$-48MRD"表示该 PLC 为 FX$_{2N}$ 系列、I/O 总点数为 48 点、DC 电源、DC 输入的基本单元、继电器输出方式。

型号"FX-4EYSH"表示该 PLC 为 FX 系列、输入点数为 0、输出点数为 4 点、晶闸管输出的大电流输出扩展模块。

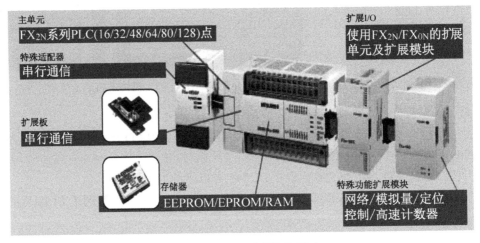

图 7-1-3　FX$_{2N}$ 系列的外观图

## 2. FX$_{2N}$ 系列 PLC 简介

FX$_{2N}$ 系列 PLC 的外部结构如图 7-1-4 所示。它主要由三部分组成，即外部接线（输入/输出接线端子）部分、指示部分和接口部分。

FX$_{1N}$ 系列

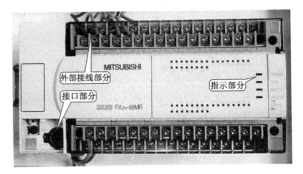

FX$_{2N}$ 系列

图 7-1-4　PLC 外部结构图

**（1）外部接线部分。**外部接线部分包括 PLC 电源（L、N）端子、输入用直流电源（＋24、COM）端子、输入端子（X）、输出端子（Y）、运行控制（RUN/STOP）和接地端子等。该部分主要完成电源、输入信号和输出信号的连接，如图 7-1-5 所示。

图 7-1-5　PLC 外部接线部分

**（2）指示部分。**指示部分包括各输入/输出端子的状态指示、机器电源指示（POWER）、机器运行状态指示（RUN）、用户程序存储器后备电池指示（BATT.V）、程序错误指示（PROG-E）以及 CPU 出错指示（CPU-E）等，用于反映 I/O 端子和机器状态，如图 7-1-6 所示。

**（3）接口部分。**FX$_{2N}$ 系列 PLC 有多个接口，主要包括编程器接口、存储器接口、扩展接口、特殊功能模块接口等。另外还设置了一个 PLC 运行模式转换开关。它有 RUN 和 STOP 两个位置：RUN 使 PLC 处于运行状态（RUN 指示灯亮）；STOP 使 PLC 处于停止状态。在 PLC 处于停止状态时，可进行用户程序的录入、编辑和修改。如图 7-1-7 所示。

图 7-1-6　PLC 的指示部分　　　图 7-1-7　PLC 编程器接口及运行模式转换开关

### 3. FX 系列 PLC 的内部元器件及编号

**（1）输入继电器（X）。**输入继电器是 PLC 接收外部输入设备开关信号的端口，即通过输入继电器将外部输入信号状态读入输入映像寄存器中。它只能由外部信号驱动，不能由程序内部指令来驱动。输入继电器的触点数在编程时没有限制，即可有无数对动合和动断触点供编程使用。

**（2）输出继电器（Y）。**输出继电器是把 PLC 内部信号输出传送给外部负载。输出继电器线圈只能由 PLC 内部程序的指令驱动，其线圈状态传送给输出端口，再由输出端口对应的硬触点来驱动外部负载动作。它有线圈和触点，与输入继电器一样，有无数对动合和动断触点供编程使用，但在一个程序中，每个输出继电器的线圈只能使用一次。

**（3）辅助继电器（M）。** 辅助继电器也称中间继电器，它没有向外的任何联系，不能直接驱动外部负载，只供内部编程使用。它的动合与动断触点同样在 PLC 内部编程时可无限次使用，但其线圈在一个程序中只能使用一次。

**（4）定时器（T）。** PLC 中的定时器（T）相当于继电—接触器控制系统中的通电型时间继电器，主要用于定时控制。它可以提供无限对动合和动断延时触点。FX$_{2N}$ 系列 PLC 中定时器可分为通用定时器、积算定时器两种。定时器是通过对一定周期的时钟脉冲进行累计而实现定时的，时钟脉冲周期有 1ms、10ms、100ms 三种，当所计数达到设定值时触点动作。设定值可用常数 K 或数据寄存器 D 的内容来设置。

**（5）计数器（C）。** PLC 的计数器主要用于计数控制。FX$_{2N}$ 系列 PLC 的计数器分为内部计数器和高速计数器两类。

**（6）状态寄存器（S）。** 状态寄存器用来记录系统运行中的状态，可与步进顺控指令 STL 配合使用，是编制顺序控制程序的重要编程元件。

**（7）数据寄存器（D）。** 数据寄存器是 PLC 必不可少的器件，用于存放各种数据。PLC 在进行输入/输出处理、模拟量控制、位置控制时，需要许多数据寄存器来存储数据和参数。数据寄存器有以下几种类型：

① 通用数据寄存器（D0～D199）。

② 断电保持数据寄存器（D200～D7999）。

③ 特殊数据寄存器（D8000～D8255）。

④ 变址寄存器（V/Z）。

 **知识链接三　FX$_{2N}$ 系列 PLC 的接线**

PLC 在工作前必须正确接入控制系统，与 PLC 连接的主要有 PLC 的电源接线、输入/输出器件的接线、通信线和接地线等，如图 7-1-8 所示。

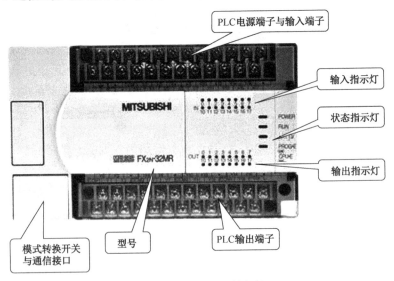

图 7-1-8　FX$_{2N}$-32MR 外部接口

## 1．电源接入及端子排列

PLC 基本单元的供电通常有两种情况：一是直接使用工频交流电，通过交流输入端子连接，对电压的要求比较宽松，100～250V 均可使用。二是采用外部直流开关电源供电，一般配有直流 24V 输入端子；采用交流供电的 PLC，机内自带直流 24V 内部电源，为输入器件及扩展模块供电。如图 7-1-9 所示。

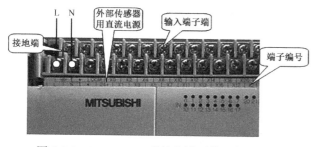

图 7-1-9　FX_{2N}-48MR 的输入端子排及电源接线

## 2．输入口器件的接入

PLC 的输入口连接输入信号，器件主要有开关、按钮及各种传感器，这些都是触点类型的器件。在接入 PLC 时，每个触点的两个接头分别连接一个输入点及输入公共端。如图 7-1-10 所示。

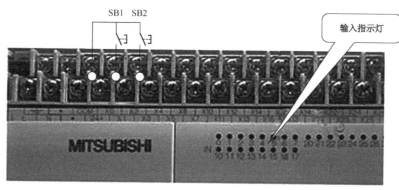

图 7-1-10　实物接线图

## 3．输出口器件的接入

PLC 输出口上连接的器件主要是继电器、接触器、电磁阀等线圈。这些器件均采用 PLC 机外的专用电源供电，PLC 内部不过是提供一组开关接点。接入时线圈的一端接输出点螺钉，一端经电源接输出公共端。如图 7-1-11 所示。

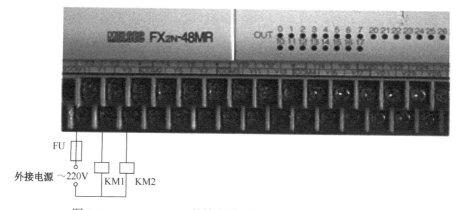

图 7-1-11　FX_{2N}-48MR 的输出端子排及电源和继电器线圈接线

247

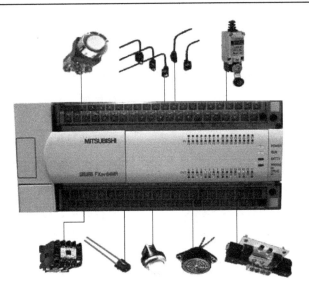

图 7-1-12　实物接线图

 实操训练

○ 列一列　设备和元器件清单 ○

请根据学校实际情况，进行 PLC 硬件的接线练习，将所需设备的型号、规格和数量填入表 7-1-1 中。

表 7-1-1　元器件清单

| 序号 | 名称 | 符号 | 规格型号 | 数量 | 备注 |
| --- | --- | --- | --- | --- | --- |
| 1 | | | | | |
| 2 | | | | | |
| 3 | | | | | |
| 4 | | | | | |
| 5 | | | | | |

○ 做一做  PLC 硬件的接线 ○

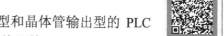

（1）教师将事先编好的程序分别下载到继电器输出型和晶体管输出型的 PLC 中，指导学生进行不同类型 PLC 的输入端和输出端的接线训练。

（2）根据接线的实际情况，写出相关输入/输出端子接线分配表。

○ 查一查  故障原因 ○

某同学在接线时 PLC 指示灯都不亮，请你帮他查出故障原因。

 **总结评价表**

| 序号 | 主要内容 | 考核要求 | 评分标准 | 配分 | 扣分 | 得分 |
|---|---|---|---|---|---|---|
| 1 | 绘制 PLC 接线图 | 能正确绘制 PLC 的 I/O 接线图 | 1. 接线图绘制正确，否则每错一项扣 10 分<br>2. 图形符号和文字符号表述正确，否则每错一项扣 1 分 | 40 | | |
| 2 | 根据接线图进行线路安装 | 熟练正确地进行 PLC 输入、输出端的接线；并进行模拟调试 | 1. 不会接线的扣 40 分<br>2. 接线正确，每接错一根线扣 5 分<br>3. 仿真调试不成功扣 30 分 | 40 | | |
| 3 | 安全文明生产 | 劳动保护用品穿戴整齐；电工工具佩带齐全；遵守操作规程；讲文明礼貌；操作结束要清理现场 | 1. 操作中，违反安全文明生产考核要求的任何一项扣 5 分，扣完为止<br>2. 当发现学生有重大事故隐患时，要立即予以制止，并每次扣安全文明生产总分 5 分 | 20 | | |
| | | 合计 | | | | |
| 开始时间： | | | 结束时间： | | | |

 **实训思考**

（1）查阅资料，说说常用的 PLC 有哪些。

（2）你有哪些操作错误？从中你应该汲取哪些经验教训？

# 任务二  FX₂N 系列 PLC 的基本指令系统

 **工作任务单**

| 序号 | 任务内容 |
|---|---|
| 1 | 初步掌握 GX Developer 编程软件的基本操作，熟悉软件的主要功能 |
| 2 | 掌握 FX₂N 系列 PLC 的基本指令系统 |

**知识链接一　认识三菱 PLC 编程软件（GX Developer 软件）**

### 1．GX Developer 的编程环境

双击桌面图标即可进入编程环境，出现初始启动画面，单击初始启动界面菜单栏中"工程"菜单并在下拉菜单条中选取"创建新工程"命令，如图 7-2-1 所示，即出现如图 7-2-2 所示的 PLC 型号选择对话框。

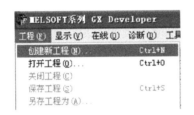

图 7-2-1　创建新工程　　　　　　　　图 7-2-2　PLC 型号选择对话框

根据所需机型的型号，选择好机型，鼠标单击"确认"按钮后，则出现如图 7-2-3 所示主界面。

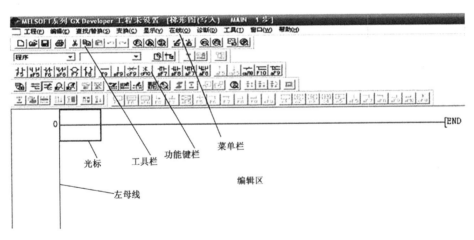

图 7-2-3　软件的主界面

### 2．主界面分区简介

主界面含以下几个分区：菜单栏（包括 10 个主菜单项），工具栏（快捷操作窗口），用户编辑区。编辑区下边是功能键栏。

**（1）菜单栏。** 菜单栏是以下拉菜单形式进行操作的，菜单栏中包含"工程"、"编辑"、"工具"、"查找/替换"、"变换"、"显示"、"在线"、"诊断"等菜单项。用鼠标单击某项菜单项，

弹出该项菜单，如"PLC"菜单项主要进行程序的下载、上传传送，"监控及调试"菜单项的功能为程序的调试及监控等操作。

**（2）工具栏。**工具栏提供简便的鼠标操作，将最常用的编程操作以按钮形式设定到工具栏上。

**（3）编辑区。**编辑区用来对操作的工作对象进行编程。可以使用梯形图、指令表等方式进行程序的编辑工作。

**（4）状态栏、功能栏及功能图栏。**编辑区下部是状态栏，用于表示编辑 PLC 类型、软件的应用状态及所处的程序步数等。

### 3. 编辑操作 PLC 编程程序

采用梯形图编程是在编辑区绘制梯形图，打开"工程"菜单项目中的新文件，主窗口左边可以见到一根竖直的线，这就是梯形图中左母线。蓝色的方框为光标，梯形图的绘制过程是取用图形符号库中的符号（见图 7-2-4），"拼绘"梯形图的过程。例如要输入一个动合触点，可单击功能图栏中的动合触点，也可以在"工具"菜单中选"触点"，并在下拉菜单中单击"动合触点"的符号，这时出现如图 7-2-5 所示的对话框，在对话框中输入触点的地址及其他有关参数后单击"确认"按钮，要输入的动合触点及其地址就出现在蓝色光标所在的位置，如图 7-2-6 所示。

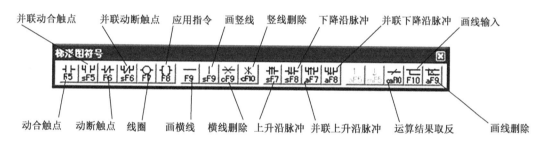

图 7-2-4　梯形图图形符号库及说明

图 7-2-5　输入"X0"

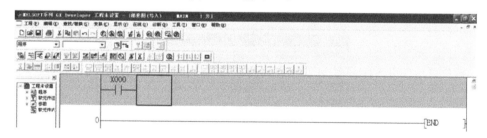

图 7-2-6　完成 X0 动合触点输入

此时单击梯形图图形符号库"线圈"，出现如图 7-2-7 所示的对话框，输入"Y1"，单击"确定"按钮或回车键后，完成 Y1 线圈的输入，如图 7-2-8 所示。

图 7-2-7　输入"Y1"

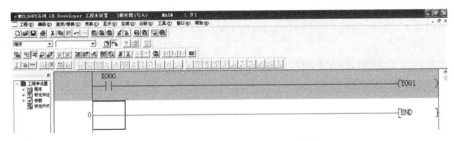

图 7-2-8　完成输出点"Y1"线圈的输入

此时完成点动控制程序梯形图的输入，由于梯形图不能被 PLC 直接识别和运行，只能转换为 PLC 能直接运行的语句指令。转换方法是单击下拉菜单"变换"后单击"变换"（见图 7-2-9）或直接按快捷键"F4"完成两者转换，变换完成后如图 7-2-10 所示，原有灰色梯形图编辑区域变白。

图 7-2-9　梯形图与语句指令转换

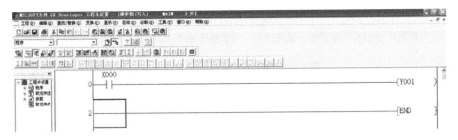

图 7-2-10　程序转换

单击工具栏中的"保存"按钮，弹出如图 7-2-11 所示的对话框，选定路径并取名保存程序。

图 7-2-11　保存程序

知识链接二　学习 PLC 的三种编程语言

PLC 的用户程序是设计人员根据控制系统的工艺控制要求，通过 PLC 编程语言的编制设计的。PLC 的编程语言包括 5 种：梯形图（LD）、指令表（IL）、功能模块图（FBD）、顺序功能流程图（SFC）及结构化文本（ST）。下面介绍三种常用的编程语言。

### 1. 梯形图

梯形图是 PLC 程序设计中最常用的编程语言。梯形图是从继电—接触器控制系统原理图的基础上演变而来的，只是在使用符号和表达方式上有一定区别。如图 7-2-12 所示是采用 PLC 控制的梯形图。梯形图程序设计语言的特点是：

（1）与电气操作原理图相对应，具有直观性和对应性；与原有继电—接触器逻辑控制技术相一致，对电气技术人员来说，易于掌握和学习。

（2）梯形图按自上而下、从左到右的顺序排列。

（3）梯形图中的各种继电器不是实际中的物理继电器，它们实质上是存储器中的一个二进制位。

（4）梯形图中，一般情况下，某个编号的输出继电器线圈只能出现一次，而输出继电器触点则可无限次引用，既可以是常开触点，也可以是常闭触点。

（5）当 PLC 运行时就开始按照梯形图各元件符号排列的先后顺序从上到下、从左到右逐一处理。

### 2. 指令表(IL)

指令表类似于计算机中的助记符汇编语言，它是可编程序控制器最基础的编程语言，如图 7-2-13 所示是指令语句表。指令表是由若干条指令组成的程序，指令是程序的最小独立单元，每个操作功能通常由一条或几条指令组成。它是由操作码和操作数两部分组成的，左侧的数字为步序号。指令表特点如下。

（1）采用助记符来表示操作功能，具有容易记忆、便于掌握的特点。

（2）在编程器的键盘上采用助记符表示，具有便于操作的特点，可在无计算机的场合进行编程设计。

（3）与梯形图有一一对应关系，其特点与梯形图语言基本一致。

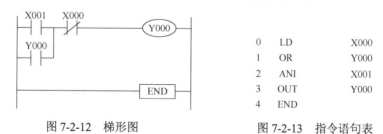

图 7-2-12　梯形图　　　　　　图 7-2-13　指令语句表

### 3. 顺序功能图（SFC）

顺序功能图亦称流程图或状态转移图，是为了满足顺序逻辑控制而设计的编程语言。编程时将顺序流程动作的过程分成步和转换条件，根据转移条件对控制系统的功能流程顺序进行分配，一步一步地按照顺序动作。每一步代表一个控制功能任务，用方框表示。在方框内含有用于完成相应控制功能任务的梯形图逻辑。这种编程语言使程序结构清晰、易于阅读及维护，能大大减轻编程的工作量、缩短编程和调试时间，多用于系统的规模较大、程序关系较复杂的场合。如图7-2-14所示是一个简单的顺序功能流程示意图，顺序功能图程序设计语言有如下特点：

（1）以功能为主线，条理清楚，便于对程序操作的理解和沟通。

（2）对大型的程序，可分工设计，采用较为灵活的程序结构，从而节省程序设计时间和调试时间。

（3）常用于系统规模较大、程序关系较复杂的场合。

（4）只有在活动步的命令和操作被执行、活动步后的转换时进行扫描，因此，整个程序的扫描时间较其他方式编制的程序扫描时间要大大缩短。

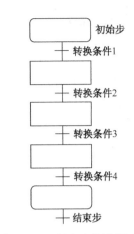

图 7-2-14　顺序功能流程示意图

 **知识链接三　学习 PLC 基本逻辑指令**

基本逻辑指令是 PLC 中最基础的编程语言，掌握了基本逻辑指令也就掌握了 PLC 的使用方法。三菱 FX$_{2N}$ 系列 PLC 基本逻辑指令共有 27 条，下面分别结合具体的项目要求说明相关指令的含义和梯形图编制的基本方法。

### 1. 逻辑取（LD、LDI）与线圈驱动（OUT）指令

LD：逻辑取动合触点指令，用于动合触头与左母线的连接，即逻辑运算起始于动合触点。

LDI：逻辑取动断触点指令，用于动断触头与左母线的连接，即逻辑运算起始于动断触点。

OUT：输出指令，用于线圈驱动，用逻辑运算结果驱动一个指定线圈。

逻辑取指令 LD、LDI 与线圈驱动指令 OUT 应用如图 7-2-15 所示。

| 步号 | 指令 | 操作元件 | 注释 |
|---|---|---|---|
| 0 | LD | X001 | 取X1动合触点 |
| 1 | OUT | Y001 | 驱动Y1线圈输出 |
| 2 | LDI | X002 | 取X2动断触点 |
| 3 | OUT | Y002 | 驱动Y2线圈输出 |

（a）梯形图　　　　　　　　　　　　　　（b）指令语句

图 7-2-15　LD、LDI 及 OUT 指令应用

说明：

（1）LD、LDI 的操作元件为输入继电器 X、输出继电器 Y、辅助继电器 M、状态继电器 S、定时器 T、计数器 C 的触点。

（2）LD、LDI 除用于触点与左母线的连接外，还可与后面介绍的 ANB、ORB 指令配合使用于各分支的起始位置。

（3）OUT 指令的操作元件为 Y、M、S、T、C 的线圈，但 OUT 指令不能驱动输入继电器 X。

## 2. 触头串联(AND、ANI)指令

AND：“与”操作指令，用于单个动合触点的串联。

ANI：“与非”操作指令，用于单个动断触点的串联。

触头串联指令 AND、ANI 应用如图 7-2-16 所示。

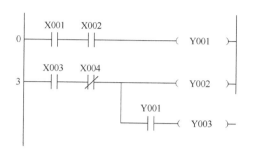

| 步号 | 指令 | 操作元件 | 注释 |
|---|---|---|---|
| 0 | LD | X001 | 取X1动合触点 |
| 1 | AND | X002 | 串联X2动合触点 |
| 2 | OUT | Y001 | 驱动Y1线圈输出 |
| 3 | LD | X003 | 取X3动合触点 |
| 4 | ANI | X004 | 串联X4动断触点 |
| 5 | OUT | Y002 | 驱动Y2线圈输出 |
| 6 | AND | Y001 | 串联Y1动合触点 |
| 7 | OUT | Y003 | 驱动Y3线圈输出 |

（a）梯形图　　　　　　　　　　　　　　（b）指令语句

图 7-2-16　AND、ANI 指令应用

说明：

（1）AND、ANI 指令操作元件为 X、Y、M、S、T、C 的触点。

（2）AND、ANI 指令可连续重复使用，用于单个触点的连续串联，使用次数不限。

## 3. 触头并联(OR、ORI)指令

OR：“或”操作指令，用于单个动合触点的并联。

ORI：“或非”操作指令，用于单个动断触点的并联。

触头并联指令 OR、ORI 应用如图 7-2-17 所示。

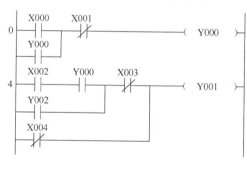

| 步号 | 指令 | 操作元件 | 注释 |
|---|---|---|---|
| 0 | LD | X000 | 取X0动合触点 |
| 1 | OR | Y000 | 并联Y0动合触点 |
| 2 | ANI | X001 | 串联X1动断触点 |
| 3 | OUT | Y000 | 驱动Y0线圈输出 |
| 4 | LD | X002 | 取X2动合触点 |
| 5 | AND | Y000 | 串联Y0动合触点 |
| 6 | OR | Y002 | 并联Y2动合触点 |
| 7 | ANI | X003 | 串联X3动断触点 |
| 8 | ORI | X004 | 并联X4动断触点 |
| 9 | OUT | Y001 | 驱动Y1线圈输出 |

（a）梯形图　　　　　　　　　　　　　　（b）指令语句

图 7-2-17　OR、ORI 指令应用

说明：

（1）OR、ORI 指令的操作元件为 X、Y、M、S、T、C 的触点。

（2）OR、ORI 指令可将触点并联于以 LD、LDI 为起始的电路块。

（3）OR、ORI 指令可连续重复使用，用于单个触点的连续并联，使用次数不限。

### 4．串联电路块的并联（ORB）指令

ORB：串联电路块的并联指令，用于两个或两个以上串联电路块的并联。

两个或两个以上触点串联连接的支路称为串联电路块。在串联电路块并联时，每个串联电路块都以 LD、LDI 指令起始，用 ORB 指令将两个串联电路块并联连接。串联电路块并联指令 ORB 应用如图 7-2-18 所示。

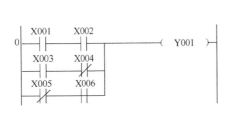

| 步号 | 指令 | 操作元件 | 注释 |
|---|---|---|---|
| 0 | LD | X001 | 电路块1 |
| 1 | AND | X002 | |
| 2 | LD | X003 | 电路块2 |
| 3 | ANI | X004 | |
| 4 | ORB | | 并联电路块1和2为电路块3 |
| 5 | LDI | X005 | 电路块4 |
| 6 | AND | X006 | |
| 7 | ORB | | 并联电路块3和4 |
| 8 | OUT | Y001 | 驱动Y1线圈输出 |

（a）梯形图　　　　　　　　　　　　　　　　（b）指令语句

图 7-2-18　ORB 指令应用

### 5．并联电路块的串联（ANB）指令

ANB：并联电路块的串联指令，用于并联电路块的串联。

两个或两个以上触点并联电路称为并联电路块。在并联电路块串联时，每个并联电路块都以 LD、LDI 指令起始，用 ANB 指令将两个并联电路块串联。并联电路块串联指令 ANB 应用如图 7-2-19 所示。

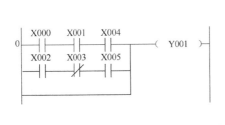

| 步号 | 指令 | 操作元件 | 注释 |
|---|---|---|---|
| 0 | LD | X000 | 电路块1 |
| 1 | AND | X001 | |
| 2 | LD | X002 | 电路块2 |
| 3 | ANI | X003 | |
| 4 | ORB | | 并联电路块1和2为电路块3 |
| 5 | LD | X004 | 电路块4 |
| 6 | OR | X005 | |
| 7 | ANB | | 串联电路块3和4 |
| 8 | OUT | Y001 | 驱动Y1线圈输出 |

（a）梯形图　　　　　　　　　　　　　　　　（b）指令语句

图 7-2-19　ANB 指令应用

说明：

（1）ANB 指令无操作元件。

（2）多个并联电路块串联时，若每串联一个电路块均使用一次 ANB 指令，则串联的电路块数没有限制。

（3）多个并联电路块串联时，也可集中连续使用 ORB 指令，但使用的次数应限制在 8 次以内。

## 6．置位与复位指令 SET、RST

SET：置位指令，在触发信号接通时，使操作元件接通并保持（置 1）。

RST：复位指令，在触发信号接通时，使操作元件断开复位（置 0）。

置位与复位指令 SET、RST 应用及时序图如图 7-2-20 所示。

| 步号 | 指令 | 操作元件 | 注释 |
|------|------|----------|------|
| 0 | LD | X000 | |
| 1 | SET | Y000 | 置位 Y0 |
| 2 | LD | X001 | |
| 3 | RST | Y000 | 复位 Y0 |

（a）梯形图　　　　　　　　　　　　　　　　（b）指令语句

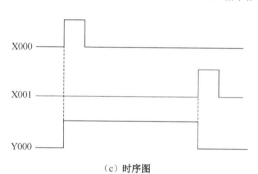

（c）时序图

图 7-2-20　置位/复位指令应用及时序图

说明：

（1）SET 指令的操作元件为 Y、M 和 S；RST 指令的操作元件为 Y、M、S、T、C、D、V 和 Z。

（2）对于同一操作元件，SET、RST 指令可多次使用，顺序可任意，SET 与 RST 之间可以插入别的程序。但对于外部输出，则只有最后一条指令有效。

（3）当控制触点闭合，执行 SET 和 RST 指令后，不管控制触点如何变化，输出状态都保持不变，且一直保持到有相反的操作到来。

（4）在任何情况下，RST 指令都优先执行。计数器处于复位状态时，输入的计数脉冲不起作用。

## 7．多重输出电路指令（MPS、MRD、MPP）

MPS：进栈指令，用于存储当前运算结果，原来栈中内容下移。

MRD：读栈指令，用于读出栈顶的内容。

MPP：出栈指令，用于读出并清除栈顶的内容，栈中内容上移。

这三条指令可将当前节点的运算结果保存起来，当需要该节点处的运算结果时再读出，以保证多重输出正确连接。

多重输出指令 MPS、MRD、MPP 的应用如图 7-2-21 所示。

说明：

（1）MPS、MRD、MPP 指令无操作元件。

（2）多重输出指令为组合指令，不能单独使用。MPS、MPP 指令必须成对使用，但使用次数应少于 11 次。

（3）MRD 指令可以多次出现，但应保证多重输出电路不超过 24 行。

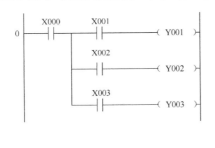

| 步号 | 指令 | 操作元件 | 注释 |
|---|---|---|---|
| 0 | LD | X000 | |
| 1 | MPS | | 进栈 |
| 2 | AND | X001 | |
| 3 | OUT | Y001 | |
| 4 | MRD | | 读栈 |
| 5 | AND | X002 | |
| 6 | OUT | Y002 | |
| 7 | MPP | | 出栈 |
| 8 | AND | X003 | |
| 9 | OUT | Y003 | |

（a）梯形图 　　　　　　　　　　（b）指令语句

图 7-2-21　MPS、MRD、MPP 指令的应用

### 8．主控(MC、MCR)指令

MC：主控指令，用于公共串联触点的连接，将左母线移至主控触点之后。

MCR：主控复位指令，使左母线回到使用主控指令前的位置。

主控指令 MC、MCR 的应用如图 7-2-22 所示。当图中输入电路 X001 的动合触点接通时，执行从 MC 到 MCR 之间的指令；当 X001 的动合触点断开时，不执行上述区间的指令。

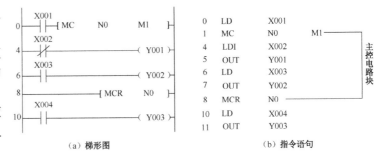

（a）梯形图 　　　　　　　　　　（b）指令语句

图 7-2-22　MC、MCR 指令的应用

### 9．辅助继电器与定时器

#### 1）辅助继电器

辅助继电器相当于继电—接触器控制电路的中间继电器，经常用于状态暂存、移位运算。每个辅助继电器都有无数个常开、常闭触点可供 PLC 内部编程时使用，但不能直接驱动外部负载，外部负载的驱动必须由输出继电器进行。

（1）**通用辅助继电器**。通用辅助继电器应用如图 7-2-23 所示。

（2）**停电保持辅助继电器**。停电保持辅助继电器的应用如图 7-2-24 所示。X000 接通后，M600 动作，其后即使 X000 再断开，M600 的状态也能保持。

（3）**特殊辅助继电器**。只利用触点的特殊辅助继电器的应用如图 7-2-25 所示。PLC 运行时，M8002 接通一个扫描周期，Y000 接通自锁并输出，直到 X001 断开。M8000 在 PLC 运行时接通，驱动 Y001 输出。

可驱动线圈型特殊辅助继电器应用如图 7-2-26 所示。X001 闭合时，特殊辅助继电器 M8034 线圈接通，无论 Y000 原来是何种状态，都禁止输出。

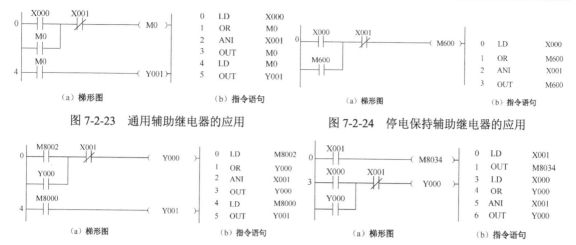

图 7-2-23　通用辅助继电器的应用　　图 7-2-24　停电保持辅助继电器的应用

图 7-2-25　只利用触点的特殊辅助继电器的应用　图 7-2-26　可驱动线圈型特殊辅助继电器的应用

### 2）定时器

定时器作为计时元件主要用于定时控制，每个定时器也有线圈和无数个触点可供用户编程使用。编程时其线圈仍由 OUT 指令驱动，但用户必须设定其定时值。三菱 $FX_{2N}$ 系列 PLC 的定时器为增定时器，当其线圈接通时，定时器当前值由 0 开始递增，直到当前值达到设定值时，定时器触点动作。定时器以十进制数编号，可分为通用定时器和积算定时器两类。

**（1）通用定时器。** 通用定时器的编号为 T0～T245 共 246 点。可分为 100ms 定时器和 10ms 定时器。

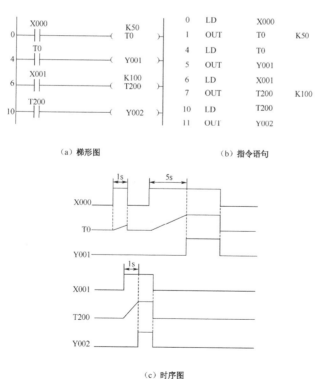

（a）梯形图　　　　　　　　　（b）指令语句

（c）时序图

图 7-2-27　通电延时定时器应用及其动作时序图

如图 7-2-28 所示为断电延时定时器应用及其动作时序图。X000 动合触点闭合，驱动 Y000 接通输出，Y000 动合触点闭合自锁；X000 动断触点断开，定时器 T1 线圈未能接通计时，并驱动输出 Y000 输出。

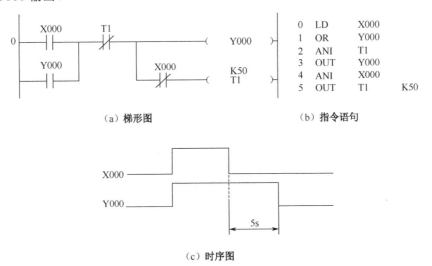

（a）梯形图　　　　　　　　　　　（b）指令语句

（c）时序图

图 7-2-28　断电延时定时器应用及其动作时序图

**（2）积算定时器。** 积算定时器所计时间为线圈接通的累计时间，可分为 1ms 积算定时器和 100ms 积算定时器。

如图 7-2-29 所示，输入 X000 接通时间累计达到 25s 后，T250 动作。

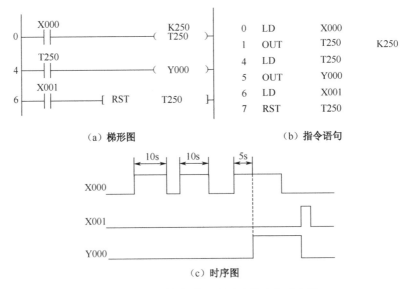

（a）梯形图　　　　　　　　　　　（b）指令语句

（c）时序图

图 7-2-29　积算定时器应用及其动作时序图

## 10．脉冲边沿检测触点指令（LDP、LDF、ANDP、ANDF、ORP、ORF）

LDP：取上升沿脉冲，用于上升沿脉冲逻辑运算开始。

LDF：取下降沿脉冲，用于下降沿脉冲逻辑运算开始。

ANDP：与上升沿脉冲，用于上升沿脉冲串联。

ANDF：与下降沿脉冲，用于下降沿脉冲串联。

ORP：或上升沿脉冲，用于上升沿脉冲并联。

ORF：或下降沿脉冲，用于下降沿脉冲并联。

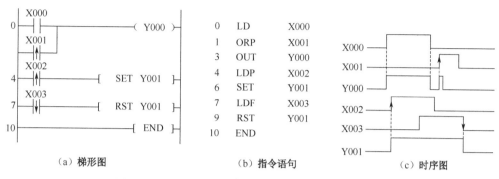

（a）梯形图　　　　　　（b）指令语句　　　　　　（c）时序图

图 7-2-30　脉冲边沿检测触点指令应用及动作时序图

图 7-2-30 中，X0 接通时间内，驱动 Y0 输出，而 X1 的上升沿出现时，Y0 仅在一个扫描周期内驱动 Y0 输出。X2 的上升沿出现时，置位驱动 Y1 输出，X3 的下降沿出现时，复位 Y1。

说明：

（1）LDP、ANDP、ORP 上升沿检测触点指令。被检测触点的中间有一个电平向上的变化趋势，对应的输出触点仅在指定位元件的上升沿（即由"0"变"1"）时接通一个扫描周期。

（2）LDF、ANDF、ORF 下降沿检测触点指令。被检测触点的中间有一个电平向下的变化趋势，对应的输出触点仅在指定位元件的下降沿（即由"1"变"0"）时接通一个扫描周期。

### 11. 逻辑运算结果取反指令（INV）

INV 为逻辑运算结果取反指令。INV 应用及动作时序图如图 7-2-31 所示。

（a）梯形图　　　　　　（b）指令语句　　　　　　（c）时序图

图 7-2-31　逻辑运算结果取反指令应用及动作时序图

**提　示**

INV 指令在梯形图中用一条 45° 的短斜线来表示，它将使该指令前的运算结果取反，即运算结果如果为逻辑 0 则将它变为逻辑 1，运算结果为逻辑 1 则将其变为逻辑 0。

### 12. 计数器

PLC 的计数器主要用于计数控制。计数器的工作过程和定时器基本相似。

三菱 FX$_{2N}$ 系列计数器分为内部信号计数器和外部信号计数器（见表 7-2-1）。

表 7-2-1　FX$_{2N}$ 系列 PLC 的计数器

| 计数器 | | 点数 |
|---|---|---|
| 内部计数器 | 通用型 16 位增计数器 | 100 点（C0～C99） |
| | 断电保持型 16 位增计数器 | 100 点（C100～C199） |
| | 通用型 32 位双向计数器 | 20 点（C200～C219） |
| | 断电保持型 32 位双向计数器 | 15 点（C220～C234） |
| 外部计数器 | 32 位高速双向计数器 | 21 点（C235～C255） |

**（1）16 位增计数器。** 16 位增计数器可分为通用型增计数器（C0～C99，共 100 个点）和断电保持型增计数器（C100～C199，共 100 个点），设定值范围为 K1～K32767。通用型 16 位增计数器的应用如图 7-2-32 所示。

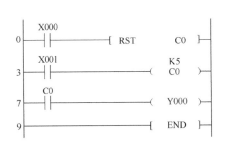

| 步号 | 指令 | 操作元件 | 注释 |
|---|---|---|---|
| 0 | LD | X000 | 计数器复位信号 |
| 1 | RST | C0 | 计数器复位 |
| 3 | LD | X001 | 计数器计数输入信号 |
| 4 | OUT | C0 K5 | 计数器线圈，设定值为5 |
| 7 | LD | C0 | |
| 8 | OUT | Y000 | |
| 9 | END | | |

（a）梯形图　　　　　　　　　　（b）指令语句

图 7-2-32　通用型 16 位增计数器的应用

**（2）32 位双向计数器。** 32 位双向计数器既可以进行增计数，还可以进行减计数。同样分为通用型 32 位双向计数器（C200～C219，共 20 个点）和断电保持型 32 位双向计数器（C220～C234，共 15 个点）两种。设定值范围为 K-2147483648～K2147483647。

**（3）高速计数器。** 高速计数器全部为断电保持型，都是 32 位，当前值及触点状态都会记忆断电之前的状态。按照高速计数器的编号不同，只具有单一功能，不能重复使用；不作为高速计数器配套使用的 X 输入端可作为一般输入使用。

 **知识链接四　学习 PLC 功能指令**

### 1. 传送指令 MOV

该指令将源操作数[S]中的数据传送到目标操作数[D]中去，源操作数内的数据不变。若源操作数是一个变数，则需要脉冲型传送指令，即在 MOV 后加 P 表示。32 位数据要用 DMOV 传送。如图 7-2-33 所示。

图 7-2-33　指令使用说明

操作数：

[S]：K、H、KnX、KnY、KnM、KnS、T、C、D、V、Z。

[D]：KnY、KnM、KnS、T、C、D、V、Z。

## 2. 组件比较指令 CMP

组件比较指令 CMP（FNC10）是两数比较指令，其使用格式如图 7-2-34 所示。组件比较指令 CMP（FNC10）比较源操作数[S1]和[S2]的内容，比较的结果送到目标操作数[D]中去。

（1）组件比较指令 CMP 比较源操作数[S1]和[S2]的内容，并把比较的结果送到目标操作数[D]～[D+2]中去。

（2）两个源操作数[S1]和[S2]的形式可以为：K、H、KnX、KnY、KnM、KnS、T、C、D、V、Z；而目标操作数的形式可以为：Y、M、S。

（3）两个源操作数[S1]和[S2]都被看成二进制数，其最高位为符号位，如果该位为"0"，则该数为正；如果该位为"1"，则表示该数为负。

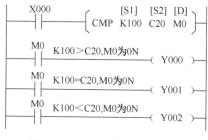

图 7-2-34  CMP 指令使用说明

（4）目标操作数[D]由 3 个位元件组成，指令中标明的是第一个软元件，另外两个位元件紧随其后。

（5）当执行条件满足时，比较指令执行，每扫描一次该梯形图，就对两个源操作数[S1]和[S2]进行比较，比较结果分 3 种情况：当[S1]>[S2]时，[D]=ON；当[S1]=[S2]时，[D+1]=ON；当[S1]<[S2]时，[D+2]=ON。

（6）在指令前加"D"，表示操作数为 32 位；在指令后加"P"，表示指令为脉冲执行型。

## 3. PLC 算术运算指令

PLC 算术运算指令包括 ADD、SUB、MUL、DIV（二进制加、减、乘、除）以及 INC 和 DEC 指令，这些指令的名称、助记符、功能号、操作数见表 7-2-2。

表 7-2-2  算术运算功能指令格式

| 指令名称 | 助记符 | 功能号 | 操作数 | |
|---|---|---|---|---|
| | | | [S1] [S2] | [D] |
| 加法 | ADD（P） | FNC20 | K、H、KnX、KnY、KnM、KnS、T、C、D、V、Z | KnY、KnM、KnS、T、C、D、V、Z |
| 减法 | SUB（P） | FNC21 | | |
| 乘法 | MUL（P） | FNC22 | K、H、KnX、KnY、KnM、KnS、T、C、D、V、Z | KnY、KnM、KnS、T、C、D |
| 除法 | DIV（P） | FNC23 | | |

**（1）加法指令 ADD。** 当指令的执行条件满足时，加法指令 ADD 将指定的源操作数[S1]、[S2]中的二进制数相加，结果送到目标操作数[D]中，每个数据的最高位为符号位。

**（2）减法指令 SUB。** 当指令的执行条件满足时，减法指令 SUB 将指定的源操作数[S1]和[S2]中的二进制数相减，结果送到目标操作数[D]中，每个数据的最高位为符号位。各种标志位的动作与加法指令相同。

**（3）乘法指令 MUL。** 当指令执行条件满足时，乘法指令 MUL 将指定的源操作数[S1]和[S2]中的二进制数相乘，结果送到目标操作数[D]中，每个数据的最高位为符号位。

**（4）除法指令 DIV。** 当指令的执行条件满足时，除法指令 DIV 将指定的源操作数[S1]、[S2]中的二进制数相除，[S1]为被除数，[S2]为除数，商送到目标操作数[D]中，余数送到目标操作数的下一个操作数[D+1]中，每个数据的最高位为符号位。

 **实 操 训 练**

○ *列 一 列　元器件清单* ○

请根据学校实际，进行 FX 系列 PLC 指令系统与编程语言操作练习，将所需设备的型号、规格和数量填入表 7-2-3 中。

表 7-2-3　元器件清单表

| 序号 | 名称 | 符号 | 规格型号 | 数量 | 备注 |
|---|---|---|---|---|---|
| 1 | | | | | |
| 2 | | | | | |
| 3 | | | | | |
| 4 | | | | | |
| 5 | | | | | |

○ *做 一 做　编程、输入与运行调试* ○

（1）根据彩灯点亮 I/O 接线图设计梯形图并写出指令表。

① 输出线圈：每一个梯形图逻辑行都必须针对输出线圈，这里的输出线圈是 Y001 和 Y002。

② 线圈得电的条件：梯形图逻辑行中除了线圈外，还有触点的组合，即线圈得电的条件，是启动按钮 SB2 和 SB3 为 ON。

③ 线圈保持输出的条件：即触点组合中使线圈得以保持的条件，是 Y001 和 Y002 自锁触点闭合。

④ 线圈失电的条件：即触点组合中使线圈由 ON 变为 OFF 的条件，是 X000 常闭触点断开。

（2）GX Developer 软件的使用步骤如下：

① 根据彩灯点亮控制梯形图输入程序。

② PLC 写入。

③ PLC 运行。

④ 监视。

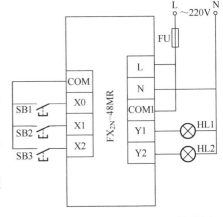

图 7-2-35　彩灯点亮控制 PLC 接线图

○ *试 一 试　通电调试* ○

为保证人身安全，通电时，要认真执行安全操作规程的有关规定，经教师检查并现场监护。

○ *查 一 查　故障原因* ○

某同学用计算机正确输入程序并进行转换后，始终不能将程序正常写入 PLC 中，请你帮他查出故障原因。

**总结评价表**

| 序号 | 主要内容 | 考核要求 | 评分标准 | 配分 | 扣分 | 得分 |
|------|---------|---------|---------|------|------|------|
| 1 | 控制程序的编写 | 能绘制梯形图 | 根据 I/O 分配，会绘制编写梯形图，否则每错一项扣 3 分 | 30 | | |
| 2 | 相关指令的输入 | 程序输入熟练 | 1. 不会输入指令的扣 35 分<br>2. 输入正确，指令输入错误一次扣 5 分 | 35 | | |
| 3 | 运行与监视 | 操作正确 | 1. 将程序下载到 PLC，否则扣 5 分<br>2. 选择 PLC 运行模式，否则扣 5 分<br>3. 在监视模式中监控，否则扣 5 分 | 15 | | |
| 4 | 安全文明生产 | 劳动保护用品穿戴整齐；电工工具佩带齐全；遵守操作规程；讲文明礼貌；操作结束要清理现场 | 1. 操作中，违反安全文明生产考核要求的任何一项扣 5 分，扣完为止<br>2. 当发现学生有重大事故隐患时，要立即予以制止，并每次扣安全文明生产总分 5 分 | 20 | | |
| | | | 合计 | | | |
| 开始时间： | | | 结束时间： | | | |

**实训思考**

（1）如果 PLC 的型号 $FX_{2N}$-48MR，请写出输入、输出端子的编号。

（2）在 PLC 控制电路中，停止按钮和热继电器在外部使用常闭触点或常开触点时，PLC 程序相同吗？实际使用时采用哪一种？为什么？

# 任务三 FX 系列 PLC 的基本应用

## 课题一 实现电机点动与连续运行的 PLC 控制应用

**工作任务单**

| 序号 | 任务内容 |
|------|---------|
| 1 | 用 PLC 分别实现电机的点动与连续运行控制 |
| 2 | 完成程序的编写、下载、监测等操作 |

采用 PLC 控制电机启停时，必须将按钮的控制指令送到 PLC 的输入端，经过程序运算，再用 PLC 的输出去驱动接触器 KM 线圈得电，电机才能运行。

**知识链接一　输入继电器 X 和输出继电器 Y**

### 1. 输入继电器 X

输入继电器 X 与 PLC 输入端相连，它是专门用来接收 PLC 外部开关信号的元件。PLC 通过输入接口将外部信号状态（接通时为"1"，断开时为"0"）读入，并存储在输入映像寄存器中。

输入继电器必须由外部信号驱动，不能用程序驱动，所以在程序中不可能出现其线圈。由于输入继电器反映输入映像寄存器中的状态，所以其触点的使用次数不限。

FX 系列 PLC 的输入继电器采用 X 和八进制数共同组成编号，地址范围是 X000～X007，X010～X017，X020～X027…最多 128 点。注意：基本单元输入继电器的编号是固定的，拓展单元和拓展模块是从最靠近的基本单元开始，按顺序进行编号。例如，基本单元 $FX_{2N}-64M$ 的输入继电器编号为 X000～X037（32 点），如果接有拓展单元或拓展模块，则拓展的输入继电器从 X040 开始编号。

### 2. 输出继电器 Y

输出继电器 Y 用来将 PLC 内部信号输出传送给外部负载（用户输出设备）。输出继电器线圈由 PLC 内部程序的指令驱动，其线圈状态传送给输出单元，再由输出单元对应的硬触点来驱动外部负载。

每个输出继电器在输出单元中都对应唯一一个常开硬触点，但在程序中供编程的输出继电器，不管是常开还是常闭触点，都是软触点，所以可以使用无数次。

FX 系列 PLC 的输出继电器采用 Y 和八进制数共同组成编号，地址范围是 Y000～007，Y010～017，Y020～027…最多 128 点。与输入继电器一样，基本单元的输出继电器编号是固定的，拓展单元和拓展模块的编号也是从最靠近的基本单元开始，按顺序进行编号。

在实际使用中，输入/输出继电器的数量要视具体系统的配置情况而定。其梯形图如图 7-3-1 所示。

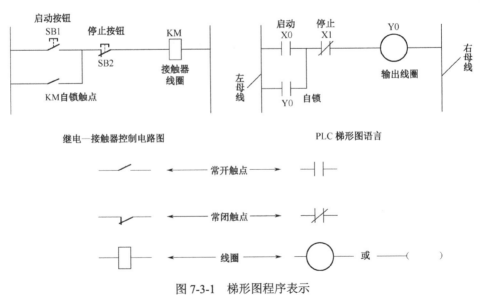

图 7-3-1　梯形图程序表示

**知识链接二 电机点动与连续运行的控制线路**

### 1. 点动控制（图7-3-2）

按下按钮SB1，KM线圈得电，主触点闭合，电机启动；松开按钮SB1，KM线圈失电，电机停止。

### 2. 连续运行控制（图7-3-3）

按下启动按钮SB2，线圈KM得电，触点闭合并自锁，电机得电启动，按下停止按钮SB1，KM线圈失电，触点释放，电机停止。

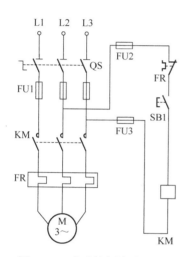

图7-3-2 点动控制线路原理图

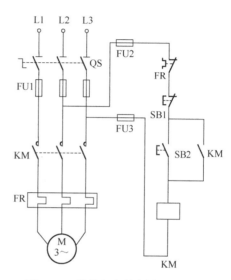

图7-3-3 连续运行控制线路原理图

 **实操训练**

○ **列一列 元器件清单** ○

请根据学校实际情况，进行FX系列PLC基本应用操作练习，将所需设备的型号、规格和数量填入表7-3-1中。

表7-3-1 元器件清单表

| 序号 | 名称 | 符号 | 规格、型号 | 数量 | 备注 |
|------|------|------|-----------|------|------|
| 1 | | | | | |
| 2 | | | | | |
| 3 | | | | | |
| 4 | | | | | |
| 5 | | | | | |
| 6 | | | | | |
| 7 | | | | | |

## ○ 做一做 I/O 分配、编程 与接线 ○

### 1．点动运行（表 7-3-2、图 7-3-4 及图 7-3-5）

表 7-3-2 I/O 分配表

| 输入 | | | 输出 | | |
|---|---|---|---|---|---|
| 输入继电器 | 输入元件 | 作用 | 输出继电器 | 输出元件 | 作用 |
| X000 | SB1 | 启动按钮 | Y000 | KM | 运行用交流接触器 |

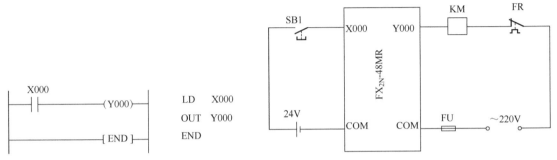

图 7-3-4 梯形图和指令表　　　　　图 7-3-5 硬件接线图

### 2．连续运行（表 7-3-3、图 7-3-6 及图 7-3-7）

表 7-3-3 I/O 分配表

| 输入 | | | 输出 | | |
|---|---|---|---|---|---|
| 输入继电器 | 输入元件 | 作用 | 输出继电器 | 输出元件 | 作用 |
| X000 | SB1 | 停止按钮 | Y000 | KM | 运行用交流接触器 |
| X001 | SB2 | 启动按钮 | | | |

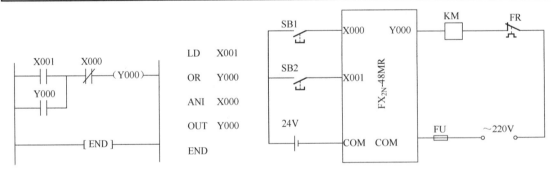

图 7-3-6 梯形图和指令表　　　　　图 7-3-7 硬件接线图

① 打开 PLC-2 型试验台电源，编程器与 PLC 连接。

② 根据具体情况编制输入程序，并检查是否正确。

③ 根据硬件接线图接线，检查接线是否正确。

## ○ 试一试 通电观察 ○

为保证人身安全，通电时，要认真执行安全操作规程的有关规定，经教师检查并现场监护。按下 SB1、SB2，观察能否实现正常功能。

○　查一查　故障原因　○

某同学用 PLC 写入时，计算机提示"通信错误"，请你帮他查出故障原因。

**总结评价表**

| 序号 | 主要内容 | 考核要求 | 评分标准 | 配分 | 扣分 | 得分 |
|---|---|---|---|---|---|---|
| 1 | 程序编写、转换、写入 | 能正确编写、写入程序 | 1. 会合理分配 I/O，接线图绘制正确，否则每错一项扣 10 分 2. 图形符号和文字符号表述正确，否则每错一项扣 1 分 3. 熟悉程序输入、转换、写入工艺流程，否则每错一项扣 2 分 | 40 | | |
| 2 | 根据接线图进行线路安装 | 熟练、正确地进行 PLC 输入、输出端的接线，并进行调试 | 1. 不会接线的扣 40 分 2. 接线正确，每接错一根线扣 10 分 3. 试车不成功扣 30 分 | 40 | | |
| 3 | 安全文明生产 | 劳动保护用品穿戴整齐；电工工具佩带齐全；遵守操作规程；讲文明礼貌；操作结束要清理现场 | 1. 操作中，违反安全文明生产考核要求的任何一项扣 5 分，扣完为止 2. 当发现学生有重大事故隐患时，要立即予以制止，并每次扣安全文明生产总分 5 分 | 20 | | |
| 合计 | | | | | | |
| 开始时间： | | | 结束时间： | | | |

**实训思考**

（1）楼上、楼下各有一只开关（SB1、SB2）共同控制一盏照明灯。要求两只开关均可对灯的状态进行控制，试用所学知识实现上述控制要求。

（2）触点可以任意串联或并联，使用输出线圈能不能串联？

# 课题二　艺术彩灯造型的 PLC 控制应用

**工作任务单**

| 序号 | 任务内容 |
|---|---|
| 1 | 用 PLC 实现彩灯轮流点亮控制 |
| 2 | 完成程序的编写、下载、监测等操作 |

某灯光招牌有 L1～L8 共 8 个灯接于以 Y000 开始的输出端，要求当 X000 为 ON 时，灯先以正序每隔 1s 轮流点亮，当 Y007 亮后，停 2s；然后以反序每隔 1s 轮流点亮，当 Y000 再亮后，停 2s，重复上述过程。当 X001 为 ON 时，停止工作。

**知识链接一** 循环移位指令 ROR、ROL、RCR 和 RCL

循环移位指令包括 ROR、ROL、RCR 和 RCL 指令。这些指令的名称、助记符、功能号、操作数如表 7-3-4 所示。

表 7-3-4　移位指令格式

| 指令名称 | 助记符 | 功能号 | 操作数 | |
|---|---|---|---|---|
| | | | [D] | n |
| 循环右移 | ROR（P） | FNC30 | KnY、KnM、KnS、T、C、D、V、Z | K、H<br>16 位操作：n≤16<br>32 位操作：n≤32 |
| 循环左移 | ROL（P） | FNC31 | | |
| 带进位右移 | RCR（P） | FNC32 | | |
| 带进位左移 | RCL（P） | FNC33 | | |

### 1. 右、左循环移位指令 ROR、ROL

（1）如表 7-3-4 所示，在 X0 由 OFF 变为 ON 时，循环移位指令 ROR 或 ROL 执行，将目标操作数 D0 中的各位二进制数向右或向左循环移动 4 位，最后一次从目标元件中移出的状态存于进位标志 M8022 中。

（2）循环移位是周而复始的移位，D 为要移位的目标操作数，n 为移动的位数。ROR 和 ROL 指令的功能是将 D 中的二进制数向右或向左移动 n 位。移出的最后一位状态存在进位标志位 M8022 中。

（3）若在目标元件中指定位元件组的组数时，只能用 K4（16 位指令）或 K8（32 位指令）表示，如 K4M0 或 K8M0。

（4）在指令的连续执行方式中，每一个扫描周期都会移位一次。在实际控制中，常采用脉冲执行方式。

**右移指令 ROR**：设（D0）循环前为 H1302，则执行"RORP　D0　K4"指令后，（D0）为 H2130，进位标志位（M8022）为 0。如图 7-3-8 所示。

**左移指令 ROL**：设（D0）循环前为 H1302，则执行"ROLP　D0　K4"指令后，（D0）为 H3021，进位标志位（M8022）为 1。如图 7-3-9 所示。

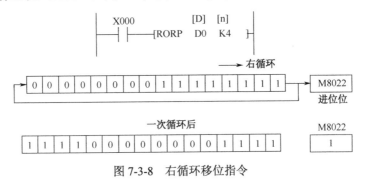

图 7-3-8　右循环移位指令

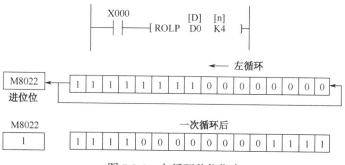

图 7-3-9　左循环移位指令

### 2．带进位的循环移位指令

如图 7-3-10 所示，带进位循环移位指令 RCR 或 RCL 执行时，将目标操作数 D0 中的各位二进制数和进位标志 M8022 一起向右或向左移动 4 位。若在目标元件中指定位元件的组数时，只能用 K4（16 位）或 K8（32 位指令）表示。

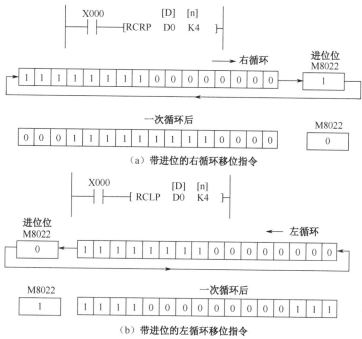

（a）带进位的右循环移位指令

（b）带进位的左循环移位指令

图 7-3-10　带进位的右、左循环移位指令

 **知识链接二　移位指令 SFTR、SFTL、WSFR 和 WSFL**

移位指令包括 SFTR、SFTL、WSFR 和 WSFL。这些指令的名称、助记符、功能号、操作数等如表 7-3-5 所示。

表 7-3-5　移位指令格式

| 指令名称 | 助记符 | 功能号 | 操作数 | | |
|---|---|---|---|---|---|
| | | | [S] | [D] | n1　n2 |
| 位右移 | SFTR（P） | FNC34 | X、Y、M、S | Y、M、S | K、H |
| 位左移 | SFTL（P） | FNC35 | | | n2≤n1≤1024 |
| 字右移 | WSFR（P） | FNC36 | KnX、KnY、KnM、 | KnY、KnM、KnS、 | K、H |
| 字左移 | WSFL（P） | FNC37 | KnS、T、C、D | T、C、D | n2≤n1≤512 |

### 1. 位左移指令 SFTL

位左移指令 SFTL 执行时，将源操作数[S]中的位元件的状态送入目标操作元件[D]中的低 n2 位中，并依次将目标操作数向左移位，如图 7-3-11 所示。

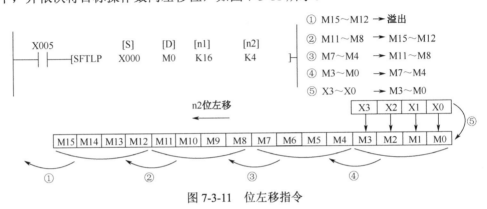

图 7-3-11　位左移指令

（1）S 为移位的源操作数的最低位，D 为被移位的目标操作数的最低位。n1 为目标操作数个数，n2 为源操作数个数。

（2）位左移就是源操作数从目标操作数的低位移入 n2 位，目标操作数各位向高位方向移 n2 位，目标操作数中的高 n2 位溢出。源操作数各位状态不变。

（3）在指令的连续执行方式中，每一个扫描周期都会移位一次。在实际控制中，常采用脉冲执行方式。

### 2. 位右移指令 SFTR

位右移指令 SFTR 执行时，将源操作数[S]中的位元件的状态送入目标操作元件[D]中的低 n2 位中，并依次将目标操作数向右移位，如图 7-3-12 所示。

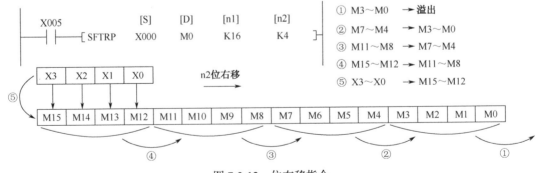

图 7-3-12　位右移指令

（1）S 为移位的源操作数的最低位，D 为被移位的目标操作数的最低位。n1 为目标操作数个数，n2 为源操作数个数。

（2）位右移就是源操作数从目标操作数的高位移入 n2 位，目标操作数各位向低位方向移 n2 位，目标操作数中的低 n2 位溢出。源操作数各位状态不变。

（3）在指令的连续执行方式中，每一个扫描周期都会移位一次。在实际控制中，常采用脉冲执行方式。

 **实 操 训 练**

### ○ 列一列 元器件清单 ○

请根据学校实际情况，进行 FX 系列艺术彩灯造型的 PLC 控制应用操作练习，将所需设备的型号、规格和数量填入表 7-3-6 中。

表 7-3-6 元器件清单表

| 序号 | 名称 | 符号 | 规格型号 | 数量 | 备注 |
|---|---|---|---|---|---|
| 1 | | | | | |
| 2 | | | | | |
| 3 | | | | | |
| 4 | | | | | |
| 5 | | | | | |
| 6 | | | | | |
| 7 | | | | | |

### ○ 做一做 I/O 分配、编程 与接线 ○

#### 1. I/O 分配

通过分析任务要求可知，该控制系统有 2 个输入按钮，8 个输出灯，因此，具体 I/O 分配如表 7-3-7 所示。

表 7-3-7 I/O 分配表

| 输入 | | | 输出 | | |
|---|---|---|---|---|---|
| 输入继电器 | 输入元件 | 作用 | 输出继电器 | 输出元件 | 作用 |
| X000 | 按钮 SB0 | 启动按钮 | Y000～Y007 | L1～L8 | 流水灯 |
| X001 | 按钮 SB1 | 停止按钮 | | | |

#### 2. 梯形图（图 7-3-13）

#### 3. 硬件接线图（图 7-3-14）

按下启动按钮 X0，Y000=1，因 X0 是瞬动信号，因此 X0 有效时，置位 M0，将启动信号保存下来，在 M0 有效的情况下，每隔 1s，从 Y000 开始，循环向左移位，轮流点亮流水灯；当 L8 灯点亮时，即 Y007=1，置位 M1，延时 2s 后，从 Y007 开始，循环向右移位，逆序点亮流水灯，当 Y000=1 时，置位 M2，M2=1 时，使向右循环移位停止，延时 5s，时间到，复位 M1，置位 M0，程序重复运行。

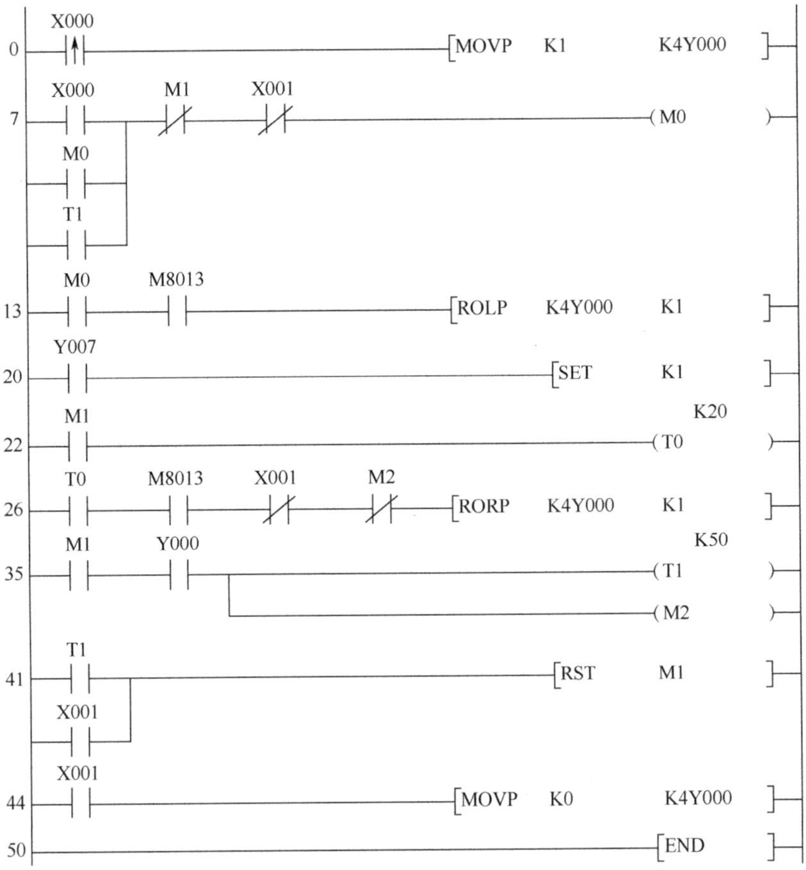

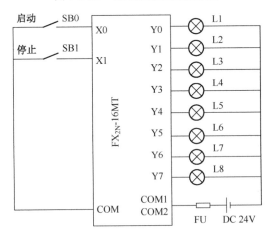

図 7-3-13　艺术彩灯造型梯形图

図 7-3-14　硬件接线图

① 打开 PLC-2 型试验台电源，编程器与 PLC 连接。
② 根据具体情况编制输入程序，并检查是否正确。
③ 根据硬件接线图接线，检查接线是否正确。

○ **试一试　通电观察** ○

为保证人身安全，通电时，要认真执行安全操作规程的有关规定，经教师检查并现场监护。按下 SB0、SB1，观察能否实现正常功能。

○ **查一查　故障原因** ○

某同学运行程序时，观察到最后一个灯泡始终不亮，请你帮他查出故障原因。

 **总结评价表**

| 序号 | 主要内容 | 考核要求 | 评分标准 | 配分 | 扣分 | 得分 |
|---|---|---|---|---|---|---|
| 1 | 程序编写、转换、写入 | 能正确编写、写入程序 | 1. 会合理分配 I/O，接线图绘制正确，否则每错一项扣 10 分<br>2. 图形符号和文字符号表述正确，否则每错一项扣 1 分<br>3. 熟悉程序输入、转换、写入工艺流程，否则每错一项扣 2 分 | 40 | | |
| 2 | 根据接线图进行线路安装 | 熟练、正确地进行 PLC 输入、输出端的接线，并进行调试 | 1. 不会接线的扣 40 分<br>2. 接线正确，每接错一根线扣 10 分<br>3. 试车不成功扣 30 分 | 40 | | |
| 3 | 安全文明生产 | 劳动保护用品穿戴整齐；电工工具佩带齐全；遵守操作规程；讲文明礼貌；操作结束要清理现场 | 1. 操作中，违反安全文明生产考核要求的任何一项扣 5 分，扣完为止<br>2. 当发现学生有重大事故隐患时，要立即予以制止，并每次扣安全文明生产总分 5 分 | 20 | | |
| | | 合计 | | | | |
| 开始时间： | | | 结束时间： | | | |

 **实训思考**

（1）设 D0 循环前为 H1A2B，则执行一次"ROLP D0 K4"指令后，D0 数据为多少？进位标志位 M8022 为多少？

（2）利用 PLC 实现 24 盏流水灯控制，要求灯以正、反序间隔 0.1s 轮流点亮。

# 附录：常用电器分类及图形符号、文字符号举例

| 分类 | 名称 | 图形符号 文字符号 | 分类 | 名称 | 图形符号 文字符号 |
|---|---|---|---|---|---|
| A 组件 部件 | 启动装置 | SB1 SB2 KM / KM HL | F 保护器件 | 欠电压 继电器 | U< KV |
| B 将电量变换成非电量，将非电量变换成电量 | 扬声器 | B（将电量变换成非电量） | | 过电压 继电器 | U> KV |
| | 传声器 | B（将非电量变换成电量） | | 热继电器 | FR / FR / FR / FR |
| C 电容器 | 一般 电容器 | C | | 熔断器 | FU |
| | 极性 电容器 | + C | G 发生器 发电机 电源 | 交流发电机 | G ~ |
| | 可变 电容器 | C | | 直流发电机 | G |
| D 二进制 元件 | 与门 | D & | | 电池 | GB − + |
| | 或门 | D ≥1 | H 信号器件 | 电喇叭 | HA |
| | 非门 | D | | 蜂鸣器 | HA HA 优选形 一般形 |
| E 其他 | 照明灯 | EL | | 信号灯 | HL |
| F 保护器件 | 欠电流 继电器 | I< KA | I | | （不使用） |
| | 过电流 继电器 | I> KA | J | | （不使用） |

续表

| 分类 | 名称 | 图形符号<br>文字符号 | 分类 | 名称 | 图形符号<br>文字符号 |
|---|---|---|---|---|---|
| **K**<br>继电器<br>接触器 | 中间继电器 | KA ─/─ KA | **M**<br>电机 | 并励直流<br>电机 | M |
| | 通用继电器 | KA ─/─ KA | | 串励直流<br>电机 | M |
| | 接触器 | KM ─/─ KM | | 三相步进<br>电机 | M |
| | 通电延时型<br>时间继电器 | 或 KT KT<br>KT 或 KT KT<br>KT | | 永磁直流<br>电机 | M |
| | 断电延时型<br>时间继电器 | 或 KT KT<br>KT KT 或 KT KT | **N**<br>模拟元件 | 运算<br>放大器 | ▷∞ N |
| **L**<br>电感器<br>电抗器 | 电感器 | L（一般符号）<br>L（带磁芯符号） | | 反相<br>放大器 | N<br>▷1 |
| | 可变电感器 | L | | 数模<br>转换器 | #/U N |
| | 电抗器 | L | **N** | 模数<br>转换器 | U/# N |
| **M**<br>电机 | 鼠笼形<br>电机 | U V W<br>M<br>3~ | **O** | | （不使用） |
| | 绕线式<br>电机 | U V W<br>M<br>3~ | **P**<br>测量设备<br>试验设备 | 电流表 | PA<br>A |
| | 他励直流<br>电机 | M | | 电压表 | PV<br>V |

续表

| 分类 | 名称 | 图形符号<br>文字符号 | 分类 | 名称 | 图形符号<br>文字符号 |
|---|---|---|---|---|---|
| **P**<br>测量设备<br>试验设备 | 有功<br>功率表 | KW PW | **S**<br>控制记忆<br>信号电路<br>开关器件<br>选择器 | 行程开关 | SQ |
| | 有功<br>电度表 | KWh PJ | | 压力继电器 | P SP<br>P |
| **Q**<br>电力电路的开<br>关器件 | 断路器 | QF | | 液位继电器 | SL SL SL |
| | 隔离开关 | QS | | 速度继电器 | SV<br>n SV n SV |
| | 刀熔开关 | QS | | 选择开关 | SA |
| | 手动开关 | QS QS | | 接近开关 | SQ |
| | 双投刀开关 | QS | | 万能转换<br>开关凸轮<br>控制器 | SA<br>2 1 0 1 2 |
| | 组合开关<br>旋转开关 | QS | **T**<br>变压器<br>互感器 | 单相<br>变压器 | T |
| | 负荷开关 | QL | | 自耦变压器 | T<br>形式1 形式2 |
| **R**<br>电阻器 | 电阻 | R | | 三相变压器<br>（星形/三角形<br>接线） | T<br>形式1 形式2 |
| | 固定抽头<br>电阻 | R | | 电压互感器 | 电压互感器与变压器图形符<br>号相同，文字符号为 TV |
| | 可变电阻 | R | | 电流互感器 | TA<br>形式1 形式2 |
| | 电位器 | RP | **U**<br>调制器<br>变换器 | 整流器 | U |
| | 频敏变阻器 | RF | | 桥式全波<br>整流器 | U |

| 分类 | 名称 | 图形符号<br>文字符号 | 分类 | 名称 | 图形符号<br>文字符号 |
|---|---|---|---|---|---|
| S | 按　钮 | SB | | 逆变器 | U |
| | 急停按钮 | SB | | 变频器 | U |
| V<br>电子管<br>晶体管 | 二极管 | V | Y<br>电气操作的机械器件 | 电磁铁 | 或　YA |
| | 三极管 | V　V<br>PNP型　NPN型 | | 电磁吸盘 | 或　YH |
| | 晶闸管 | V　V<br>阳极侧受控　阴极侧受控 | | 电磁制动器 | M　YB |
| W<br>传输通道<br>波导天线 | 导线、电缆母线 | W | | 电磁阀 | 或　或　YV |
| | 天线 | W | Z<br>滤波器<br>限幅器<br>均衡器<br>终端设备 | 滤波器 | Z |
| X<br>端子<br>插头<br>插座 | 插头 | XP<br>优选型　其他型 | | 限幅器 | Z |
| | 插座 | XS<br>优选型　其他型 | | 均衡器 | Z |
| | 插头插座 | X<br>优选型　其他型 | — | — | — |
| | 连接片 | 断开时<br>接通时　XB | — | — | — |

# 参 考 文 献

[1] 赵承狄，王新初. 维修电工实习与考级. 北京：高等教育出版社，2005

[2] 孔晓华. 电工技术项目教程. 北京：电子工业出版社，2007

[3] 戴月根，费新华. 中级维修电工技能操作与考核. 北京：电子工业出版社，2008

[4] 杨亚平. 电工技能与实训（第2版）. 北京：电子工业出版社，2005

[5] 曾详富，邓朝平. 电工技能与实训（第2版）. 北京：高等教育出版社，2006

[6] 俞艳. 维修电工与实训. 北京：人民邮电出版社，2008

[7] 刘光源. 电工实用手册. 北京：中国电力出版社，2001

[8] 李惠贤，李花枝. 中级维修电工应试完全指南. 北京：科学出版社，2005

[9] 李敬梅. 电力拖动控制线路与技能训练. 北京：中国劳动社会保障出版社，2007

[10] 任致程. 画说电工工艺与操作技巧. 北京：中国电力出版社，2005

# 关于组织出版高等职业教育理工类教材的征稿函

## ✧ 背景：

为贯彻落实国家大力发展职业教育的政策方针，提升我国高等职业教育教材建设水平，电子工业出版社在出版了大批高职高专教材的基础上，计划新组织出版高职高专层次的优秀教材。

电子工业出版社是教育部确定的国家规划教材出版基地，享有"全国优秀出版社"、"全国百佳图书出版单位"等荣誉称号。理工类教材（含机械、机电、自动化、电子、建筑等）是我社的传统出版领域，近年来，我们联合多所全国示范与骨干院校，开发了很多优秀教材，2013 年教育部组织的"十二五"职业教育国家规划教材选题评审中，我社共有 200 余种获评通过。在机械行指委和工信行指委等省部级优秀教材评选中，电子社出品的教材也取得了不俗的成绩，近期我社计划继续推进上述专业方向的教材建设，具体征集选题如下。

## ✧ 征集范围：

| 专业中类 | 课程举例（包括但不限于以下课程，名称可修改） |
|---|---|
| 电子类<br>（含电子信息、应电、微电子、智能产品、电子工艺等） | 如：数字电子、模拟电子、电路分析、单片机、电工电子、LED 技术、生产工艺、电子产品维修、智能家居控制、小型智能电子产品开发、EDA、嵌入式、ARM 等 |
| 通信类<br>（通信技术、通信运营等） | 如：通信工程设计制图、移动通信终端维修、通信工程监理、通信原理、移动通信技术、高频电子线路等 |
| 机电设备类<br>（含自动化生产设备、机电设备安装、维修与管理、数控设备应用与维护等） | 如：PLC（各种品牌、机型）、自动生产线、机电设备维护与维修、数控机床故障诊断等 |
| 自动化类<br>（含机电一体化、电气自动化、工业过程自动化、智能控制、工业网络、工业自动化仪表、液压与气动、电梯工程、工业机器人等） | 如：自动控制技术、液压与气动、传感器与检测技术、电气控制与 PLC、变频器、触摸屏、可编程控制器、电机拖动与控制、现场总线、工控组态、智能控制技术、集散控制技术、电梯控制技术、工业机器人技术、过程检测等 |

## ✧ 出版相关：

我们欢迎有特色的、能够体现教学先进性的优秀选题，选题经讨论决定立项后，我们会与作者方签订正式出版合同，对于计划出版的选题，我们**不要求作者负担用书量或支付出版经费**，在教材出版后，我们会根据合同约定向作者方支付稿酬，并在全国范围内通过我社设立在各地区的分部进行推广。

我们会不定期地参加省部级的教材评优，并在国家级教材评优活动中择优申报。

## ✧ 联系方式：

● 郭乃明（高级策划编辑）

TEL：13811131246    QQ：34825072

电子工业出版社    高等职业教育分社

# 反侵权盗版声明

电子工业出版社依法对本作品享有专有出版权。任何未经权利人书面许可，复制、销售或通过信息网络传播本作品的行为；歪曲、篡改、剽窃本作品的行为，均违反《中华人民共和国著作权法》，其行为人应承担相应的民事责任和行政责任，构成犯罪的，将被依法追究刑事责任。

为了维护市场秩序，保护权利人的合法权益，我社将依法查处和打击侵权盗版的单位和个人。欢迎社会各界人士积极举报侵权盗版行为，本社将奖励举报有功人员，并保证举报人的信息不被泄露。

举报电话：（010）88254396；（010）88258888
传　　真：（010）88254397
E-mail：　dbqq@phei.com.cn
通信地址：北京市万寿路 173 信箱
　　　　　电子工业出版社总编办公室
邮　　编：100036